戦争の物理学

THE PHYSICS OF WAR FROM ARROWS TO ATOMS

弓矢から水爆まで兵器はいかに生みだされたか

Barry Parker

バリー・パーカー＊著

藤原多伽夫＊訳

白揚社

『戦争の物理学』目次

序文

「物理学が戦争と何の関係があるんだい？」戦争の物理学にまつわる本を書いているんだと友人に話すと、こんな言葉が返ってきた。そして、こう続ける。「ああそうか、原子爆弾のことだね」。確かに、原子爆弾が物理学と何らかの関係があるのは、よく知られていることだろう。だが実際のところ、物理学は原子爆弾の開発以外にも数多くの貢献をしているし、人々に被害と悲しみをもたらす攻撃的な兵器の開発にばかり使われているわけではなく、人の命を守る防衛にも大きな役割を果たしてきた。その好例が、第二次世界大戦の開戦直前に発明されたレーダーだ。この技術のおかげで、イギリスは飛来するドイツの戦闘機を探知し、防御策をとることができた。レーダーの発明によって一九四〇年の「ブリテンの戦い」で数多くの命が救われたのは確かだ。ドイツの物理学者レントゲンが発見したX線も戦時中に大きな役割を果たし、負傷者の治療に活用されて、数多くの人々の命を救っている。

物理学の原則に基づいているのは、何も近代の兵器に限ったことではない。古代のエジプト人やアッシリア人、ギリシャ人、ローマ人も、物理学に関する知識がほとんどなくても、兵器を考案する際には知らず知らずのうちに物理学を使っていた。有史以来、物理学が兵器の開発に重要な役割を果たしてきたことは、紛れもない事実だ。

ガリレオやニュートン、ホイヘンス、アインシュタインといった科学者たちによって物理学の基本的な原理が発見されるにつれ、物理学は確固たる基盤に基づいた学問となった。その一方で、物理学はより複雑になり、一般人には理解しがたい難しい学問にもなってしまった。とはいえ、科学者でない人々にも、科学の世界で何が起きているかを、たとえ少しであっても知ってもらうのは大事なことで、本書がそうした科学知識の普及の一助となるよう願っている。また、物理学が戦争で広範囲に利用されているとはいえ、人類のより良い生活のためにも数多く活用されているということも、知っておいてほしい。

執筆にあたっては、なるべく多くストーリーを盛り込んで、読者が興味をもって読みやすくなるように心がけた。物理学の公式も少しは登場するが、どうかそこで怖がったりしないでほしい。公式は、兵器にまつわる物理学をもっと詳しく知りたいと思う読者のために付け加えたもので、内容を理解するうえでそれほど大事なものではなく、読み飛ばしてもかまわない。

最後に、アーティストのローリ・ビアーにも感謝したい。本書に収録された彼女のイラストによって、読者の理解がいっそう進むことだろう。

1　はじめに

歴史上、詳細な記録が残っている最古の戦いは、紀元前一四五七年にエズレル平野で繰り広げられたものだ。現在のイスラエルにあった都市メギドの近くが戦場で、「メギドの戦い」と呼ばれることが多い。パレスチナやシリアの一帯にあるほかの都市とともに、メギドはカデシュ王のもとで同盟を組み、エジプトの支配から逃れようとしていた。だが、当時のファラオ（エジプト王）だったトトメス三世は彼らの反乱を抑えようと、歩兵や弓の射手、騎兵など、一万人から一万五〇〇〇人の兵士を従えて行軍を開始し、四月にはメギドまで数キロの地点まで迫った。ヤハムと呼ばれる場所で野営しているとき、トトメスは将軍たちと作戦会議を開いた。ヤハムからメギドへのルートは三つあり、そのうち二つは比較的簡単に通れるルートだが、もう一つは直線距離は短いが山岳地帯を抜けるきわめて難しいルートだ。途中で狭い山道を通るため、そこでは部隊が一列縦隊で進まざるを得ないうえ、騎兵は馬を下りて引いていかなければならない。このように一列で進んでいるときに、カデシュ王が攻撃を仕掛けてくれば、その被害を受けやすくなる。将軍たちは簡単なほうのルートを通るようトトメスに勧めた。だが、敵はこちらが山道を通らないと予想しているだろうと、トトメスは考えた。簡単に通れる二本のルートのどこかで待ち伏せしているとみて、がっかりする将軍たちをよそに、山道を通ることに決めた。[1]

実際、トトメスの予想は正しかった。カデシュ王の部隊は、二本の簡単なルートの終点で待っていたのだ。王は部隊を二つに分け、一つのグループを南のルートに、もう一つを北のルートに配置していた。しかも、メギドには市街地を守る部隊がほとんど残っていなかった。

翌日、トトメスが部隊を率いて危険な山道を抜け、開けた場所に出ると、メギドの市街地が目の前に見え、その防御が手薄になっていることがわかった。しかし、この時点でメギドを襲撃することは避けた。まずはカデシュ王の部隊を打ち負かす必要があったからだ。すでに日が暮れていたので、トトメスはそこで野営し、翌朝の戦闘に備えることにした。戦闘では部隊を三つのグループに分け、すばやく動いて、ほかのルートの終点で待っていたカデシュの部隊を側面から攻撃した。予期せぬ方角から襲撃されたカデシュの兵士たちは、大半が散り散りに逃げ、城壁の中へと避難した。[2]

トトメスの部隊はあとを追い、メギドに着く頃には、敵の兵士の多くを追い込んでいた。メギドの防衛部隊は味方の兵士たちが逃げてくるのを見て、城壁の門を開けていたが、トトメスの部隊が視界に入るとすぐに門を閉じ、多数の味方兵士を外に閉め出す格好になっていたのだ。しかしながら、城壁の中にいた市民はすばやく行動し、布で作ったロープを垂らして、外に取り残された兵士たちを城壁に引き上げた。

トトメスはメギドに攻め入りたかったが、その頃、彼の部隊の大半は敵の野営地を好き放題、略奪することに夢中になっていた。部隊の再編成を終えた頃には、カデシュ王も含めた敵の大半が、高い城壁に囲まれた市街地へと逃げ込んでいた。この状況で直接攻撃するのは自殺行為だ——。そう考えたトトメスは包囲戦に持ち込むことに決めた。もともと食料や物資はたっぷり用意してあるし、周辺の地域を探せばさらに多くの物資を手に入れることができる。一方、城壁の中にいるメギド市民は補給路を断たれているから、食料や物資が底をつくのは時間の問題だ。七カ月に及ぶ包囲戦の末、メギド市民と兵士たちは降伏した。しかし、カデシュ王は何とか逃げ延びていた。

思っていたよりも時間はかかったが、トトメスはカデシュ王の部隊を打ち負かし、メギドを攻略したのだった。

本書の概要

戦場に向かう支配者や将軍なら誰でもそうだろうが、トトメス三世も自分が有利になる何かを探して、それを見つけた。彼の場合は敵の裏をかく作戦だった。過去も現在も軍事指導者というものは、戦略を練るだけにしろ、戦闘に参加するにしろ、敵よりも有利な状況をつくる何かを探している。トトメスは意外な戦略を使って優位に立ったが、歴史を見ていくと、軍事指導者の大半は新しい「驚異の兵器」、つまり敵が持っていない兵器を追い求めている。本書で追々述べていくが、こうした新兵器の開発で完成への道筋をつけるのは物理学であることが多い。物理学や一般的な科学は軍事指導者にとってきわめて重要だ。大砲の命中精度を高めるために弾道学の理解を深めたのは物理学であるし、敵をいち早く探知できるレーダーの発明にも物理学が大きな役割を果たした。物理学は電磁スペクトルの理解も進め、軍事分野において放射線がさまざまな形で応用されることになった。ロケットやジェットエンジンの開発にも応用されたほか、原子構造の解明によって、超強力な爆弾の開発を後押しすることにもなった。

本書では物理学のたいていの分野に触れ、それらが軍事にどのように応用されているかを解説する。初めて弓矢やチャリオット（古代の戦闘馬車）が使われた時代の話から、原子爆弾や水素爆弾の登場まで、戦争の歴史をひと通り盛り込んでいるのも本書の特徴だ。まず第2章では、古代のエジプト人やアッシリア人、ギリシャ人が使った、バリスタ（弩砲）や、投石機のオナガーとトレビュシェットなど、興味深い兵器を紹介する。どの兵器にも、物理学の基本的な原理が使われている。

第4章では、それまでで最大の軍事組織を備えていたローマ帝国の勃興に焦点を当てる。英仏のあいだで繰り広げられた初期の戦闘についても触れる。なかでも有名なのが「アジャンクールの戦い」だ。イングランド軍がロングボウ（長弓）という秘密の新兵器を使って、規模や兵力で上回るフランス軍に圧勝したことで知られている。

第5章では、戦争の性質を一変させた新技術、火薬と大砲がどのように生まれたかを見る。大砲はその効果があまりにも大きかったために、一〇〇年も続く戦争を引き起こした。しかし当時、物理学はほぼ存在していないに等しかったため、物理学が戦争の技術に大きな貢献をしたとは言いがたい。第6章で触れるように、ガリレオをはじめとする三人の人物が重要な進展をもたらし、物理学の基礎を築くこととなった。

物理学が進歩するに従って、ヨーロッパで戦争が起きる頻度も増してきた。特に大きく改良されたのが小銃で、最初にマッチロック式の火縄銃が登場した数年後にはフリントロック式の銃が発明された。船もだんだん大型化し、まもなく大砲を備えるようになった。また、イギリスの物理学者ウィリアム・ギルバートが磁気にかかわる発見をすると、航海の技術も向上して海で位置や方角を把握しやすくなり、船員たちは安心して未知の世界へ出航できるようになった。

次の大発見は、かのアイザック・ニュートンによるものだ。第7章で紹介する彼の偉業によって、物理学はまた新たな高みへと進むことになった。次の大きな進展は、第8章で説明する産業革命である。わずか一〇〇年足らずのあいだに、文明社会の姿はがらりと変化した。特に、大量生産などの新たな技術によって、戦争がもたらす破壊の規模はさらに大きくなる。

第9章では、ナポレオンの人物像や、彼が使った武器と戦術を見ていく。ナポレオンは歴史上、指折りの偉大な戦術家であることは確かだが、不思議なことに、革新的な新兵器はそれほど導入していない。この頃には、物理学の世界で別の革命が起きていて、戦争の姿が大きく変わることになる。まず、「電池」と呼ばれる単純な装置によって電気の「流れ」が生じることが発見された。この発見は瞬く間にヨーロッパ中に伝わり、エルステッドやオーム、アンペール、ファラデーといった当時屈指の物理学者たちの興味を引きつけた。その後、発電機やモーターといった電気装置が発明されると、当然の成り行きとして、電気は戦争に欠かせないものとなった。

第10章では、アメリカの国土で最も大きな被害をもたらした戦争である南北戦争を取り上げる。この頃には技術が急速に進歩し、特に、火薬の点火に使われる雷管の発明によって小銃の命中率と威力が大幅に向上した。また、潜水艦や気球、電信技術が戦争で初めて使用された。

第12章では、飛行機について見ていく。ライト兄弟が初飛行した一〇年後には、第一次世界大戦が勃発した。飛行機が戦争で使われるようになるのは、それからまもなくだ。空中戦がたびたび繰り広げられるようになり、飛行機が果たす役割はかつてないほど大きくなった。ほかにも、巨大な新型の大砲や世界初の戦車、毒ガス、火炎放射器などが、第一次世界大戦中に開発された。

第一次世界大戦が終わってすぐ、レーダーが発明され、やがて戦争で重要な役割を果たすようになる。潜水艦の性能は劇的に上がり、ソナー（水中音波探知機）も使われるようになった。ドイツ軍は第一次世界大戦と第二次世界大戦の初期に、潜水艦を効果的に使用して大きな戦果をあげた。

一九三九年には第二次世界大戦が勃発する。この時期にも、驚くべき新兵器が登場している。レーダーの性能は大幅に向上したほか、世界初のジェット機やロケット、大型コンピューター、そして原子爆弾が開発された。これらすべてについても、本書で取り上げる。

最終章では、水素爆弾と、今後登場するであろう未来の兵器について解説する。

2　古代の戦争と物理学の始まり

本書で追々見ていくことになるが、どの時代にも「驚異の兵器」はあるもので、その最初期の例の一つが「チャリオット」だろう。二頭か三頭の馬を動力に使う古代の戦闘馬車で、当時としては圧倒的なスピードで移動することができた。通常、チャリオットは一人の御者が操り、数多くの矢を持った射手が一人乗っている。猛スピードで敵の歩兵隊に突入して射手が矢を放てば、たいてい敵はパニックになる。現代の戦車と同じように、チャリオットは当時の軍隊にとって主要な兵器となり、何千台もが戦闘に投入された。

カデシュの戦い

チャリオットが使われた戦闘のなかで最大規模の戦闘の一つが、現在のシリアにあった村、カデシュの近くで紀元前一二七四年に起きたエジプトとヒッタイトの戦いだった。投入されたチャリオットの数は、実に五〇〇〇台以上。大規模なエジプトの軍隊を率いていたのは、生意気で自信家だが戦闘経験はほとんどない若干二五歳のラムセス二世だ。三万五〇〇〇人の兵士におよそ二〇〇〇台のチャリオットを備え、射手も数多く引き連れていた。それに対し、敵のヒッタイトの軍隊を率いるムワタリ二世は、数々の戦闘経験があるベテランの軍人だ。二万七〇〇〇人の兵士を従え、三五〇〇台近くのチャリオットを用意していた。ヒッタイトのチャリオットは三人乗りだったが、エジプト側のチャリオットは二人乗りで軽く、軽快に動き、操縦もしやすかった。

ラムセスは四つの師団を率いており、それぞれには「アメン」「ラー」「セト」「プタハ」というエジプトの神の名前を付けていた。さらに、ネアリンと呼ばれる傭兵の師団も配下に従え、ラムセスはカデシュめざして一カ月ほどの行軍を始めた。目的地まであと一〇キロほどの地点に来たとき、二人のベドウィン（アラブの遊牧民）に出くわした。ヒッタイトの軍隊に徴兵されたが、逃げ出してきたのだという。二人を尋問したところ、ムワタリの軍隊はそこからおよそ二二〇キロ離れたアレッポという場所にいると聞き、ラムセスは喜んだ。しかも、ムワタリはラムセスとその軍隊を恐れているというのだ。

これはつまり、ヒッタイトと戦わずしてカデシュを攻略できるということだ。自信を深めたラムセスは、情報の裏もとらず、すぐさま前進することにした。だが、彼があまりにも急ぎすぎたため、部隊の大半はついていけず、かなりの遅れをとった。カデシュの手前にはオロンテスという川が流れていて、なかなか渡れる場所はなかったのだが、カデシュの近くでは渡ることができる。ラムセスは小さな護衛団を従えて川を渡り、森を抜けて、カデシュを望める開けた場所に出た。そこで野営をしようと準備を始めてまもなく、アメン師団が追いついたが、その他の師団はまだはるか後方を進んでいた。

野営地の設営が進むなか、護衛が捕らえたというヒッタイト兵二人がラムセスの前に連れてこられた。だが、捕虜たちはラムセスの尋問に何も答えようとしない。手荒な暴行を受けてようやく、口を割り始めた。ヒッタイト軍は歩兵やチャリオットとともにカデシュの旧市街の背後に集結していて、しかもその数は砂浜の砂粒よりも多いという。その告白を聞いて、ラムセスの心にかなりの動揺が走った。

ラムセスは今聞いたことが信じられなかった。最初に話を聞いた二人のベドウィンは嘘をついていたのだ。ムワタリがこちらを罠にはめようと送り込んだに違いない。すでにカデシュまで数キロの地点まで近づいているにもかかわらず、自分の軍隊は兵力の半分しかいない。ヒッタイト軍は今にも攻撃を仕掛けてきそうだ。ラムセスは遅れている師団に伝令を派遣して、急ぐように伝えた。プタハ師団がそれほど遠くない地点まで来ていることはわかっていた。彼らが加われば、兵力は本来の四分の三まで増えるから、心配はいらない。

一方、ムワタリは軍隊を大きく二つのグループに分けていた。一つはエジプト軍の後方から攻撃を仕掛ける。もう一つは一〇〇〇台のチャリオットと大規模な歩兵団を擁し、ムワタリとともに側方から攻撃して、エジプト軍の退路を断つ。

ヒッタイト軍のチャリオットは展開して陣形をつくり、攻撃を開始した。遅れをとっていたラー師団がちょうど森を抜けて開けた場所に出てくると、ヒッタイトの二五〇〇台のチャリオットがそこに割り入って、不意を突かれたラー師団の兵士の大半を殺害した。生き残った兵士たちは慌てふためき、本隊の野営地へと逃げ出した。ヒッタイトのチャリオット隊は猛スピードでそのあとを追ったが、ラムセスが護衛として周囲に配置していた精鋭部隊に歯が立たず、交戦を始めていくらも経たないうちに多くの犠牲者を出してしまう。

ヒッタイト軍が攻撃してきたとき、ラムセスは部下の将校たちを叱りつけている真っ最中だったが、それでもすぐに指揮をして、残った部隊で反撃した。ラムセスはいくつかの点で優位に立っていた。チャリオットはヒッタイト軍のものよりスピードが速く、機動性で勝っていたし、射手が使っている弓は異なる素材を組み合わせたもので、その威力は敵を上回っていた。まもなくラムセスの部隊はヒッタイト軍に大打撃を与えた。

奇妙なことに、ヒッタイトの歩兵は戦闘がほとんど終わったものと思い込み、エジプトの野営地を略奪し始めていた。その結果、彼らは反撃に出たエジプト軍の格好の標的となり、多くの死者を出してあっけなく敗走した。ムワタリ陣営の優位で始まった戦闘だが、今やエジプト軍に追い風が吹き始めていた。それにもめげず、ムワタリは新たな攻撃命令を出したものの、その頃エジプト側にはネアリン師団も到着し、ほぼすべての兵力が揃っていた。エジプト軍が総攻撃を始めると、ヒッタイト軍はすぐに圧倒され、多くの兵士がカデシュに逃げ帰っていった。

それでもムワタリ二世はあきらめず、攻撃命令を出した。しかし、チャリオット隊の大半はオロンテス川の対岸に残っていて、エジプト軍を攻撃するには川を渡らなければならない。ラムセスは状況をよく観察すると、ある計画を思いつき、敵に攻撃させることに決めた。ヒッタイトのチャリオット隊は川を渡ったあと、急な土手を上がらなければならない。そのときスピードががくんと落ちたところで、ラムセスのチャリオット隊が攻撃を仕掛けるのだ。この作戦が功を奏し、ヒッタイト軍を押しとどめて、大打撃を与えることができた。

ムワタリは再び攻撃命令を出すが、エジプト軍に跳ね返される状況は変わらず、兵力の損失だけが増えていった。その後の三時間、ムワタリは同じ戦術を繰り返し、将校の大半を失ったほか、多くのチャリオットの御者を溺死などによって死なせた。そして、遅れていたエジプト軍のプタハ師団が到着したところで、ムワタリはもはや見込みがなくなったと判断した。部隊は退却し、カデシュやアレッポまで引き下がっていった。

一方、ラムセスも多くの兵士を失っていたため、カデシュへの侵攻はやめ、エジプトに引き返した。だが、どちらの指導者も勝者は自分だと言い張った。確かにラムセスはヒッタイト軍を退却させたが、カデシュ攻略という目的は果たせなかった。ムワタリはエジプトの進軍を押しとどめたと主張してはいるものの、実際、戦場からすごすごと引き下がったのは彼らである。(1)

古代の戦闘馬車

カデシュの戦いではチャリオットが大きな役割を果たしたのは明らかで、それから長い年月にわたってチャリオットは戦争で主要な兵器として使われることになる。初めて実戦で導入されたときには、敵の部隊を恐怖に陥れた。初期のチャリオットは二人乗りが大半だったが、その後、三人乗りや四人乗りが使われるようになった。

チャリオットが現代の人々に広く知られるようになったのは、俳優のチャールトン・ヘストンが出演した映画『ベン・ハー』によるところが大きいだろう。映画のなかに九分間に及ぶ大迫力のチャリオット・レースのシーンがあるのだが、これは映画史に残る有名なシーンであり、チャリオットの操縦法やそれに乗っている感覚をよく伝えている。

登場した頃には「驚異の兵器」と思われていたチャリオットだが、しばらくすると多くの軍隊が配備

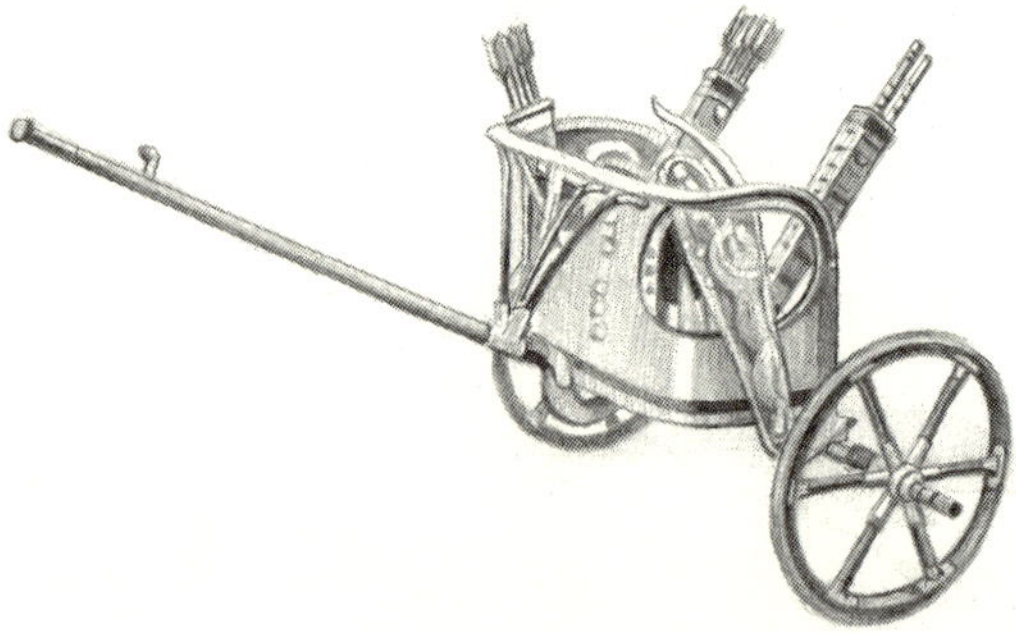

初期のチャリオット

するようになる。そうなると、また新たな驚異の兵器の探究が始まるのは自然な流れだ。当時、科学という概念はなかったため、兵器の開発者が科学に頼ることはなかったものの、敵にショックと恐怖を与える新兵器の探究は続いた。その後も、この営みは延々と続くことになる。

銅、ブロンズ、鉄

実際、それまでにも驚異の兵器や武器はあった。世界で最古級の武器は木製の槍や、石を尖らせて作った尖頭器だろうが、紀元前五〇〇〇年頃になると、ペルシャやアフガニスタンで自在に成形できる奇妙な塊が見つかり始めた。しかも、その塊は比較的低い温度で溶かすことができる。それが、現在「銅」として知られている金属だ。銅はすぐに当時の人々の生活で大きな役割を果たすようになる。溶かして型に流し込めば、さまざまな形を作れるが、その反面軟らかいため、銅でナイフを作ってもすぐに刃先が丸くなってしまう。もっと硬い材料が必要だと思われていたとき、たまたまなのか、あるいは、広範な実験の結果なのかはわからないが、さらに軟らかい金属である錫(すず)を銅に溶かして加えると、銅や錫よりもはるかに硬い金属ができることがわかった。それがブロンズ（青銅）である。ブロンズはすぐにナイフや槍など、鋭く尖った武器に使われるようになった。[2]

金属の加工技術の研究（冶金学）は、まもなく発展し始めた。斧や短剣、盾、さらには兜までもがブロンズで鋳造されるようになり、それらは戦争の世界で「驚異の武器」となった。とはいえ、当時の人々は地表近くで見かける赤茶色の鉱物の存在にも気づいていて、それを採掘して製錬すれば新たな金属になることをやがて発見した。それが鉄である。鉄器時代がいつ始まったのかは、正確にはわからない。古いもので紀元前三〇〇〇年の鉄は見つかっているが、適切な製錬技術が確立されたのは紀元前一二〇〇年頃だった。鉄が溶ける温度は銅より高いため、鉄の製錬は銅よりもはるかに難しい。また、当初作られていたのは比較的純度の高い鉄で、銅よりもそれほど硬いわけではなかったが、そのうち鉄に炭を加えて硬度を大幅に増す製鉄法が発見された。

ブロンズよりも優れた金属の探求が始まった要因の一つとしては、ブロンズの原料である錫が手に入りにくく、不足しがちだったことが考えられる。また、何千台ものチャリオットを製造する余裕のない国が、それに匹敵する武器を求めていたからでもある。歩兵はチャリオットには太刀打ちできないが、それなりの武器を携行できれば立ち向かえると考える軍事指導者もいた。鉄の冶金技術が発達し、炭を使って鉄の強度を上げる手法がわかってくると、より長い剣や槍、さらには矢を貫通させせない鉄の盾が登場した。矢を簡単に跳ね返す盾と鉄兜、そして、鉄製の長い剣と槍。こうした武器を手にした結果、歩兵はチャリオットと互角に渡り合えるようになった。

アッシリア人

とはいえ、チャリオットは長きにわたり、殺傷能力の高い兵器としての地位を保った。その地位が揺らぎ始めたのは、馬に乗った兵士が現れてからだ。アッシリア人の主な敵である北の国の遊牧民や未開人は、馬を中心とした生活を営み、幼少の頃から乗馬に親しんでいる。弓矢と剣で武装して馬に乗った男のほうがチャリオットよりも有利なことに、アッシリアの人々は気づき始めた。乗馬した兵士は自由に軽々と動き回り、その機動性はチャリオットよりはるかに高いうえ、地面から手が届かないところに位置していて手ごわく、チャリオットよりもすばやく攻撃してくる。(3)

ここからは、乗馬した兵士たちからなる部隊のことを騎兵隊と呼ぶが、当時の騎兵隊はその言葉から想像するほど組織化されていたわけではなかった。とはいえ、彼らが戦場で活躍したことは確かで、当初、兵士は鞍を使わずに乗馬していたが、とても器用に乗りこなしていた。鐙（あぶみ）が登場するのは、ずっとあとになってからのことだ。

北の国の騎兵は、たびたび攻めてきてはアッシリア人を巧みに攻撃した。このため、アッシリア人のほうも独自の騎兵隊を編成し始め、ついにはこの地域で最も強大な帝国を築くことになる。アッシリア人は、チグリス川上流域（現在のイラクの辺り）で栄え、紀元前二一〇〇年頃まで帝国を維持していたアッカド人の子孫だ。アッカド帝国は最終的に北のアッシリアと南のバビロニアに分かれるが、この地域を最初に支配したのはアッシリア人だった。

アッシリア帝国の初期は青銅器時代の全盛期で、ほとんどの武器がブロンズで作られていた。その勢力は時期によって変動したが、特に支配力が強かった時代が二つある。最初の時代は紀元前一三六五年

アッシリアの戦士

から紀元前一〇七六年。この時期、アッシリア軍はエジプトやバビロニア、ペルシャ、フェニキア、アラビア、イスラエルといった周辺国のほとんどを征服していた。アッシリアは紀元前一〇七六年を過ぎるといったん支配を弱めたが、紀元前九一一年になると再び大きな支配力を発揮し始め、やがてアッシリア帝国はそれまでで最大の軍事力を誇るようになる。復活の主な立役者となったのが、紀元前七四五年に王位を継承したティグラト・ピレセル三世だ。

ティグラト・ピレセル三世は王位に就いてすぐ、大胆な改革に着手した。手始めに帝国の行政の効率化を推し進めると、今度は弱体化が顕著だった軍にメスを入れる。当時、残っていた唯一の軍隊はきわめて小規模で、大きな兵力が必要になったときには、徴兵担当者が農民などを手当たりしだいにかき集め、たいていは満足な訓練も受けさせずに実戦に投入した。ティグラト・ピレセル三世は、それまでほとんど例のなかった常駐の大規模な軍を設けた。兵士たちに制服を支給し、当時最高の武器を与えたほか、アッシリア中の道路を大幅に改良した。

チャリオットはまだ使われていたが、ティグラト・ピレセル三世は騎兵の強みを即座に理解すると、大規模な騎兵隊を設けることにした。アッシリア人は馬の扱いにあまり慣れておらず、当初は蛮族ほどうまく乗馬できなかったが、訓練を重ねるうちに能力は向上していった。最初のうちは二人が馬に乗り、一人が馬を操って、もう一人が射手を担当していたが、そのうちに兵士一人ひとりが槍を持ちながら馬を操るようになった。やがて騎兵の数は数千人規模に達し、騎兵隊はアッシリア軍に欠かせない部隊となる。当然ながら必要な馬の数も多くなった。ティグラト・ピレセル三世は大きな厩舎をいくつも設け、馬を飼育する体制も整えた。

そもそもの始まりから、アッシリア帝国が「好戦的な国」であったことは確かだ。実際、彼らは支配していた時代の大半で戦争をしていた。ティグラト・ピレセル三世もその方針を変えず、ほかの国を次から次へと征服した。彼は騎兵隊を創設しただけでなく、歩兵隊を大幅に強化してもいる。歩兵隊には射手と盾持ち、投石兵、槍兵(そうへい)が含まれているが、そのうち投石兵は石を投げる兵士で、主に敵の注意をそらす目的があった。矢による猛攻撃から身を守る手段としては、大半の国で大型の盾が使われた。通常、矢は上空高く放ち、敵兵の頭上から雨あられと降らせる。したがって、敵の盾持ちは歩兵を守るために盾を頭上に掲げることになる。こうした敵の防御を解くために、ティグラト・ピレセル三世は投石兵を投入した。投石兵が敵に向かって石を放つと、盾持ちは身を守るために盾を降ろさざるを得ない。その隙を狙って、射手が敵の頭上から矢を大量に降らせるのだ。ティグラト・ピレセル三世は槍騎兵も導入した。馬に乗った兵士たちが持っているのは「ランス」と呼ばれる長い槍で、剣や短剣よりも格段に長く、それで攻撃されれば、剣ではほとんど太刀打ちできない(4)。

とはいえ、アッシリアには一つ重大な問題があった。当時、戦争をしていた国があまりにも多く、都市や町は常に侵略される危険にさらされていたのである。侵略してくるのは他国に限らず、国内の近隣地域の支配者が攻め入ってくることもあったから、防衛体制の整備は必須だった。エゴの塊のような貪欲な王や支配者が、近隣の地域や国に資源や富がないか常に目を光らせている。現状に満足している支配者はほとんどいない。新たな土地を征服するだけでなく、国富を増やすために戦わなければならなかった。戦争は日常茶飯事だった。

こうなった原因がアッシリア人にあったのは確かだ。彼らの残虐さは周辺の敵国に知れ渡っていた。敵国の住民を無差別に一人残らず殺すことも多かったうえ、反乱が起きた場合には、何千人という住民たちを国外へ追放することもあった。無差別殺人や国外追放をちらつかせて、住民を恐怖に震え上がらせたのである。ティグラト・ピレセル三世は国外追放の手法を使うことでよく知られていた。たとえば、紀元前七四四年には、六万五〇〇〇人をイランからアッシリアとバビロニアの国境地帯まで追放しているし、紀元前七四二年には三万人をシリアから現在のイランに位置するザグロス山脈まで追いやった。

こうした蛮行が繰り返されていたことから、大勢の人々が多大な労力を注いで、防御のために町や都市の周りに巨大な壁を築いた。壁はたいてい厚さが一メートルを超え、高さは少なくとも六メートルはあり、その建設には数年もかかった。初期の壁は泥にさまざまな材料を混ぜたもので作られ、厚さが十分あればそれなりの防御効果はあったが、泥は強度があまりなく、壊されやすいことがそのうち明らかになる。とはいえ、壁があまりにも厚くて高ければ、敵は攻略にかかる手間を考えて、侵攻を避けることが多かった。

しかし、アッシリア人にとって、壁は数ある障害の一つでしかなかった。彼らはただ指をくわえて壁を見上げているのではなく、壁を乗り越えるための攻城兵器の開発と設計に着手した。それは、城門を破壊するための破城槌（はじょうつい）を大きくしただけの木製の兵器で、戦車を巨大にして車輪を付けたような見かけだった。四輪のものが多かったが、後期には六輪型も登場した。巨大なだけでなく重さも相当なもので、多くの場合、動かすだけでも数千人の兵力を必要とした。

恐ろしいことに、防御するほうもたいてい総力戦で反撃してくる。矢や石を浴びせられるため、攻城兵器を壁際まで押していくときには、押す兵士にも、中に乗っている兵士にも、何らかの防御手段が必要なことがすぐに判明した。しかも、壁に近づくと、今度は攻城兵器を燃やそうとしてくる。このため、アッシリア軍は攻城兵器に小さな塔を作り、射手をそこに配置することにした。前進しているあいだ、射手が敵に矢を放って反撃するのだ。

高さ何メートルもある攻城兵器が壁に到達すると、先端を鉄（またはブロンズ）で補強した巨大な破城槌を繰り返し壁に打ちつける。それを動かすのは大人数の部隊だ。壁が徐々に壊されていくあいだに、アッシリア軍と迎え撃つ相手が激しい戦闘を繰り広げる。相手は主に火を放ってくるため、アッシリア軍は動物の皮でできた巨大なシートを水に濡らし、それで攻城兵器を覆って守らなければならなかった。

時が経つにつれて、壁はだんだん厚くなり、やがて壁の建造に石材が使われるようになる。だが、アッシリア人もそれに対抗して攻城兵器を大型化し、破城槌の先端に使う金属を改良した。石造りの城壁が増えるにつれて、攻城兵器で壁を打ち壊すこともだんだん難しくなったが、それでも何回かに一回は攻略に成功した。古代で最大級の攻城兵器の一つが、ギリシャの「ヘレポリス」だ。高さは三〇メートルを超えたが、安定性は抜群で、決して転倒することはなく、その規模はアッシリアの攻城兵器をも上回った。

アッシリア帝国はやがて勢力を弱め、紀元前六一〇年頃には崩壊した。

ギリシャ人と物理学の始まり

アッシリア帝国が衰退し始めると、バビロニアなどほかの国が勢力を強めてきた。ペルシャ帝国は紀元前三三〇年まで続き、海洋国家のフェニキアは紀元前五三九年頃まで続いた。とはいえ、物理学に最も強く影響を及ぼした古代文明はギリシャだ。複数の都市国家からなるギリシャは紀元前八〇〇年頃から勢力を強め始めた。それ以前には、物理学と呼べるものはおろか、科学と呼べる学問もほとんどなく、最初期の科学者たちは「哲学者」と呼ばれていた。それでも彼らが今の科学者と同じように周りの世界を理解しようと取り組んでいたことは確かだ。彼らが特に興味をもっていたのは、物体の動きと物質だ。なぜ物は落ちるのか？ 空気や水、火、そして、地面の土は、いったいどんな役割を果たしているのか？ 時間とは何か？ 彼らの好奇心は太陽や月、星にまで及んだ。地球とどれくらい離れているのか？ 大きさは？ なぜ動いているように見えるのか？

最初の科学が物理学の一種だったことは確かだ。いま物理学と言って思い浮かべる学問とは異なるが、天文学や力学、光学、そして、幾何学をはじめとする数学などから派生したもので、現在の物理学と共通するテーマは多い。初期のギリシャの哲学者は、地球と、当時知られていた宇宙の謎を解き明かそうとしていた。彼らが考え出した説のなかには現代人から見れば奇妙なものもあるが、それでも彼らの功績は大きい。何より大きな進歩は、目に見える現象の説明に神話を用いる当時の慣行から脱却したことだ。そうする代わりに彼らは論理を構築して、合理的に説明する手法を追い求めた。

こうした哲学者の一人が、紀元前六二四年に生まれたタレスである。彼は論理的に説明することの重要性を主張した最初の人物で、さまざまな物事が起きる理由にとりわけ興味をもっていた。このような実績から、タレスは「科学の父」と呼ばれることもある。紀元前五八五年五月二八日の日食を予測したとも言われているが、現代の天文学者の大半は当時日食の予測はできなかっただろうと考えていて、このエピソードの信憑性には賛否両論がある。とはいえ、タレスの最も重要な功績には疑いの余地がない。当時、ギリシャの航海者たちは陸が見えない海域での航海術を知らなかったため、遠洋へ船を出すことはなかった。そこでタレスは北極星を目印にして航海する方法を彼らに伝授した。また、「磁力」と琥珀にまつわる不思議な現象についても研究したほか、時間の概念や物質の基本的な性質についても大きな関心を抱いていた。

タレスに続いて登場した主な哲学者は、ソクラテスとプラトンだ。二人とも合理的な思考の達人で、主に論理学と哲学、数学に関心をもっていた。ソクラテスは当時最高の賢人の一人とみなされていたが、その思考の中心に科学があったわけではなかった。プラトンはソクラテスの弟子であり、その最も有名な功績は、学園「アカデメイア」の設立だろう。

紀元前三八四年になると、最もよく知られた古代の哲学者、アリストテレスがこの世に生まれる。彼の影響力は当時も大きかったが、現代でも依然として失われていない。科学に強い興味を抱き、その発展にいくつかの貢献をしたが、時代を超えてあまりにも長いあいだ影響を及ぼし続けていることから、科学の発展を妨げた人物だとみなされることも多い。とはいえ、アリストテレスが掲げた目標は立派なものだ。その著作に記されているように、自然界に見られる変化を単に記述するだけでなく、変化の原理と原因を見いだすことを主にめざしていた。しかし、アリストテレスが唱えた説の大半は、間違っていた。たとえば、あらゆる物質は土と水、空気、火という四つの基本的な元素で構成されているとの仮説を唱えているほか、運動という現象に強い興味を抱いていた彼は、すべての運動を「自然運動」と「強制運動」の二つに分類してもいる。物体の落下は自然運動だが、物体が放り投げられるのは強制運動、といった具合だ。さらに、太陽や月、星といった地球の外にあるものすべては、「エーテル」という第五の元素でできているとも考えていた(5)。

当時のギリシャで、重要な貢献をした科学者はほかにも数多くいる。たとえば、紀元前二七六年に生まれたエラトステネスは地球上の位置を緯度と経度で表す仕組みを発明したほか、さまざまな地点で棒の影を観測して、地球の外周の長さを導き出してもいる。仮に地球が平らなら、太陽が真上にあるとき、どの地点に立てた棒にも影ができないはずと指摘しているのは特筆すべきだ。エラトステネスはこの知識を利用して、地球の外周を算出し、二五万スタディオンだと結論づけた（ただし、一スタディオンがどの程度の長さなのかは、いまだにはっきりわかっていない）。また、きわめておおざっぱな推定値ではあるが、地球から月まで、そして地球から太陽までの距離を初めて算出してもいる。

紀元前一七五年に生まれたヒッパルコスも、古代ギリシャの重要な科学者だ。地球から月まで、そして地球から太陽までの距離をより正確に算出したほか、目に見える恒星の大半を世界で初めて目録にまとめた人物でもある。

物理学は、こうした哲学者たちの研究や思索の結果としてまず登場したが、ここで大事なのは、彼らの成果のほとんどすべてが「思考」から導き出されたものだということだ。当時はそもそも実験物理学の概念がなかったし、古代の哲学者はみずからの説を証明する実験を行ったわけでもない。とはいえ、現在呼ばれているところの「理論物理学」と「応用物理学」に違いがあることは、古代の哲学者たちも気づいていたようだ。理論物理学は、宇宙や時間、物質、運動の基本原理など、地球や宇宙に関する物理学的な知識の集積だと通常みなされ、これらの知識をどのように応用すべきかまでは対象にしていない。一方、応用物理学では、理論物理学の知識を応用して、社会に何かしらの貢献をすることをめざす。古代ギリシャの時代に、物理学の知識を応用するといえば、主に兵器の設計と製作だった。ソクラテスやプラトン、アリストテレスといった古代の哲学者は、科学は必ずしも応用という目的をもつべきではなく、とりわけ戦争になど応用すべきでないと考えていた。知識はそれ自身のためだけに集積すべきだというのだ。

戦争への応用に反対する主張があったにもかかわらず、物理に関する新たな発見があると、いくらも経たないうちに兵器の製作に利用された。古代ギリシャ人が製作した新兵器の多くは、「ねじれ」と呼ばれる重要な物理的概念に基づいて作られていた。物理学で「ねじれ」というと、回転する力によって物体がねじられることを指す。この「ねじれ」を利用する機械的な仕組みを取り入れた驚異の新兵器が、まもなく次々に登場することになる。

投石機

古代ギリシャの物理学を基に生まれた新兵器（ただし、必ずしもギリシャ人が製作したわけではない）で最もよく知られているのは、バリスタ（弩砲（どほう））や、オナガーやトレビュシェットといった投石機（カタパルト）だ。城壁を破壊する攻城兵器についてはすでに説明したが、一部の投石機もやがて攻城兵器として使われるようになる。ここでは、それぞれの新兵器について見ていこう。バリスタはギリシ

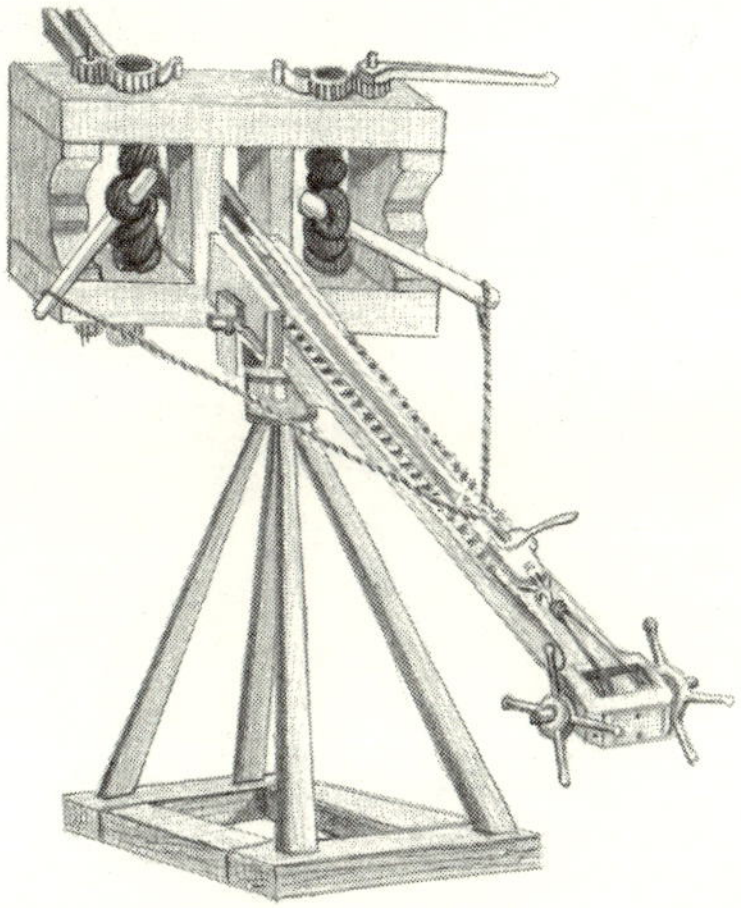

バリスタ

ャ人が発明し、その後ローマ人が改良して広く使われるようになった兵器だ。クロスボウ（弩）を大きくしたような形だが、太い綱をねじって蓄えたねじれのエネルギーを利用するのが特徴で、二本の太い綱に取りつけた木製のアーム（腕木）を使って綱をねじる。それぞれのアームの端に取りつけられたロープが、投射物を収める「ポケット」までつながっている。手元にあるウインチを使ってロープを手前に引っ張り、すべての準備が整ったところで、引き金を引くと投射物が発射される仕組みだ。投射物には、石やダーツ、成形した棒のほか、死体の一部が使われることもあった。飛距離は数百メートルに及んだという[6]。

少しあとには、バリスタから派生したオナガーという兵器が登場し、主にローマ人に使われた。同じくねじれを利用しているが、基本的には投石機の一種である。地面に据え置いた大型の枠に、垂直に立てた木製の枠がしっかりと固定されている。この垂直の枠には一本の軸が通っており、そこから突き出

オナガーを操る兵士

すようにアームが取りつけられている。アームの根元にはロープの束が取りつけられ、それをねじるにつれて、アームが手前に引かれる仕組みだ。ねじる力を十分にためたら準備完了だ。アームを固定しているピンをハンマーで叩いて外すと、アームの先端に仕掛けた投射物が目標に向けて放たれる。投射物には大きな石が使われることが多かった。

最後のトレビュシェットは、三つの新兵器のなかで最も威力が大きい。ローマ人によって発明され、主に三つの特徴がある。

- ねじる力を利用するのではなく、釣り合いおもり（カウンターウェイト）にかかる重力を利用する。
- 「てこの原理」を使う。てこの一方の腕の長さが他方よりはるかに長い。投射物を仕掛けるほうの腕は、おもりが付いた腕より通常四倍から六倍長い。
- 投射物の速度を上げるため、投射用の腕の先には、袋が付いたスリング（投石器）が付いている。

この装置では、スリングの袋に大きな重い石を載せると、おもりの重さに抵抗して、投射用の腕が下がる。準備ができるまで、ロープで腕を固定しておく。ロープを外すと、重さ一三〇キロを超える石が、数百メートル先まで飛ぶ仕組みだ。ただし、命中精度はバリスタやオナガーほど高くはなかった[7]。

トレビュシェットとオナガーは、どちらも「カタパルト」と呼ばれる投石機の仲間だ。カタパルトとは、力に抵抗してアームを引き、それを放すことで物体を投射する装置である。カタパルトにはほかの種類もあったが、主に使われていたのはトレビュシェットとオナガーだ。これらの物理学については次章で説明する。

アレクサンドロス大王

こうした新兵器を駆使した人物の一人がアレクサンドロス大王だ。紀元前三五六年にマケドニアの首都ペラに生まれ、当時最強の軍事指揮官となって、当時知られていた世界のほとんどの地域を征服した。一六歳からアリストテレスの薫陶を受け、科学や物理学に強い興味を抱くようになった。一九歳になると、父親のフィリッポス二世に随行して、軍事行動に参加し始めるが、それからいくらも経たないうちに父親が暗殺される。父親には複数の妻がいて、アレクサンドロスの母はその一人でしかない。つまり、王位を継承できる可能性は高くなかったのだが、それでも彼は父親の後を継ぐため、何人かを殺害するなど、必要な措置を講じて権力を掌握したのだった[8]。

王位に就くと、すぐに軍事遠征に乗り出した。一〇年近く続いたこの遠征で、アレクサンドロス大王はエジプトとメソポタミア、ペルシャ、中央アジアのほか、インドまでも攻略する。三〇歳になる頃には、史上最強の軍事指揮官とみなされるまでになっていた。

彼はアリストテレスから知識を愛することを教え込まれ、その知識愛は王になってからも消えなかった。それが高じて、世界最大の学術拠点まで建設したほどだ。エジプトを征服したあと、紀元前三三一年にアレクサンドリアを築き、科学研究の一大拠点に仕立て上げた。この都市に滞在したのは数日間だけだったが、アレクサンドロス大王は総督となる武将プトレマイオスに、自分のやりたい仕事の概略を伝えておいた。[9]アレクサンドリアには、工学や天文学、航海術、物理学、そして兵器の研究のために、「ムセイオン」と呼ばれる施設が設けられ、国内や近隣諸国からエラトステネスやヒッパルコスといった一流の科学者を招いて研究させた。

アレクサンドリアに新設されたムセイオンの最大の呼び物は、図書館ではないだろうか。それはやがて、七〇万冊を超える写本を収蔵する世界最大の図書館となる。その後、何世紀にもわたってその地位を維持したが、結局は火事によってその大半を失うことになった。

アルキメデス

アレクサンドリアで研究した人物の一人に、アルキメデスがいる。紀元前二八七年にシチリア島のシラクサで生まれ、物理学に大きな貢献をした。そのなかでも重要な功績の一つは、「アルキメデスの原理」と呼ばれているものだ。流体中の物体には、それが押しのけた流体の重量に等しい浮力がかかるという原理である。また、彼は「アルキメデスの螺旋(らせん)」を発明したことでも知られている。古い記録によれば、シラクサの王がアルキメデスに大型船の設計を依頼したが、できあがってみると、とてもかき出せないほど大量の水が船体に入り込むことが判明した。そこでアルキメデスは、回転する螺旋状のブレードを円筒に収めた装置を設計し、その装置で船体の底から水を汲み上げたのだという[10]。

アルキメデスは、てこの原理をいち早く説明した人物の一人でもあるほか、紀元前二一四年にシラクサが攻撃されたとき、住民を助けたとも言われている。湾曲した大型の鏡を設置し、その鏡で太陽光を反射させて、攻撃してくる船を焼き払ったというのだが、現代の科学者のほとんどは、当時そんなことが可能だったとは考えていない。

3　古代の兵器の物理学

古代の兵器も、その後の高度な兵器と同じように物理学とかかわっている。ここまでは、チャリオットや騎兵隊、弓矢、槍のほか、バリスタ、オナガー、トレビュシェットといった投石機について主に説明してきたが、これらすべてに物理学は関係している。この章では、これらが物理学とどうかかわっているかを紹介するが、その前に、物理学の基本的な概念を説明しておく。まず、速度や加速度といった簡単な概念から始め、エネルギーや運動量といった複雑な概念へと話を進めていく。

速度と加速度

空に向かって矢を放ったとき、矢はある高さまで上がると、向きを変えて地面へ落ちてくる。これは誰でも知っていることだろうし、また、矢が弓を離れる瞬間の速度は、弓の弦で矢を押し出す強さによって変わることも、理解できるだろう。さらに、放たれたあとの矢の速度が刻々と変化することも想像できる。たとえば、矢を真上に放った場合、ある高さで矢の速度がゼロになったあと、矢が地面に向けて落ちてくる。

ただし、こうした物体の運動が地球上で起きていることを考えると、少し考慮しなければならない問題がある。それは空気の存在だ。地球上で動くどの物体も空気中を移動しているため、物体の速度にもその軌跡にも空気の影響が及ぶ。とはいえ、空気の影響を考え始めると、話がかなり複雑になってしまうので、ここでは無視することにする。

運動する物体についてまず言えるのは、地表に対して一定の速さをもっていることだ。速さというのは便利な概念だが、（物理学に関する限り）「速度」のほうがいいだろう。速さとは、一秒あるいは一時間など、一定の時間内に物体が移動する距離をいう。たとえば、矢の速さは秒速一五メートルになることがある。ただ、こう表現すると、矢がどの方向に飛んでいるのかがわからない。速さと方向を明示する場合には「速度」を使う。たとえば、この矢の速度は「北へ秒速一五メートル」といった具合だ。

矢の動きをもっと詳しくみると、速度は一定でなく、常に変化し続けていることがわかる。矢を真上に放った場面を考えるのが一番わかりやすい。矢は最高点に到達すると速度がゼロになる。こうした速度の変化のことを「加速度」と呼んでいる。矢が弓を離れた瞬間の速度が秒速一五メートルだったとすると、数秒後には秒速三メートルまで減速するだろう。加速度は速度とは異なるため、違う単位で表さなければならない。この場合の加速度の単位は、メートル毎秒毎秒（m/s^2）となる。速度（v）は加速度（a）×時間（t）、つまり v = at という式で簡単に表すことができる。[1]

力と慣性

速度や加速度に密接にかかわっているのが、もう一つの重要な物理概念である「力」だ。矢が速度を上げるためには——つまり、加速するためには——力を受けなければならない。前に書いたように、矢に力を与えるのは、弓の弦だ。力は押したり引いたりしたときに生じるものであり、大きさと向きをもっているという点では速度に似ている（こうした量のことを「ベクトル」と呼んでいる[2]）。

力と加速度を結びつけることはできるが、その前に、重要な物理概念をもう一つ紹介しておこう。「重量」や「重さ」という言葉は誰でも知っているだろうし、チョコレートを食べすぎたときに自分の体がいかに重さを増していくかもよくわかっているはずだ。ここで説明したいのは重量とかなり似ているが、厳密に言うと違う概念である。それは「質量」と呼ばれるもので、mという記号で表される。物体の質量は、重さを重力加速度（g）で割ったものだ。なぜ重量ではなく質量という概念が必要かは、もう少しあとで説明する。

力と加速度の関係を説明したのは、イギリスの物理学者アイザック・ニュートンだ。運動の三法則にこの関係を盛り込み、一六八七年に著書『プリンキピア』を出版した。ニュートンの説明では、物体に作用している力によって生じた加速度は、力の大きさに比例し、物体の質量に反比例する。これは代数では、加速度（a）、力の大きさ（F）、質量（m）を使って、a＝F/mという式で表され、メートル法にもマイルといったヤード・ポンド法よりも、メートル法を使うほうが便利だ。ただ、メートル法にも、フィートやcgs（センチメートル、グラム、秒）とmks（メートル、キログラム、秒）という二つの単位系がある。mksの場合、加速度にはメートル毎秒毎秒が、質量にはキログラムが、力にはニュートンという単位が使われる。一ニュートンは、質量一キログラムの物体を一メートル毎秒毎秒で加速させるのに必要な力だ。一方、cgsの場合、加速度はセンチメートル毎秒毎秒、質量にはグラム、力にはダインという単位が使われる。一ダインとは、質量一グラムの物体を一センチメートル毎秒毎秒で加速させるのに必要な力だ。

前述の式はF＝maと記述されることが多い。つまり、力は質量と加速度の積で表せるということだ。たとえば、質量が〇・〇一キログラムの矢で二五メートル毎秒毎秒の加速度を得ようと思ったら、0.01×25＝0.25ニュートンの力が必要になる。

力の概念と密接にかかわっているのが、「慣性」と呼ばれるものだ。慣性は日常のさまざまな場面で見られるもので、たとえば、物体を押すときや持ち上げるときには、力を加えないと物体は動かない。物体は止まっている場合、動きに抵抗する性質があり、動かすためには力が必要だ。物体が重ければ重いほど、動かすために必要な力は大きくなる。動きの変化に抵抗するこの性質を慣性と呼び、ニュートンは運動の第一法則でこう記述している。「静止しているか等速直線運動をしている物体は、外部から力（外力）を加えなければいつまでもその状態を続ける」。静止している物体だけでなく、等速運動をしている物体にもこの法則が当てはまることに注目してほしい。

つまり、慣性に打ち勝とうとすれば力が必要で、前述の式から考えれば、この力によって加速度が生じることになる。また、力には常に二つの物体が関係している。一つの物体が押されるということは、その物体を押すもう一つの物体が存在するということだ。これは床の上に置かれている物体にも当てはまる。物体はその重さで床を押しているが、このとき床自体も同じ大きさの力で物体を押し返していると、ニュートンは考えた。「一方の物体が他方の物体に対して力を加えたとき、その他方の物体も一つ目の物体に対して力を加えている」というのが、ニュートンが唱えた運動の第三法則である。これらの力は、大きさが同じだが、その向きが反対であり、「作用」と「反作用」の力とよく呼ばれている。たとえば、ホースで庭に水をまいているとき、ホースを持っている手を押し返す力を感じるだろう。これが反作用の力だ。反作用はロケットにも応用されている。ロケットの基底部からガスを勢いよく噴射すると、その反作用によって前進する推力が生まれる。

運動量と力積

物理学で大切な概念をもう一つ紹介する。それは「運動量」というもので、質量と速度の積（m×v）で表され、一つの物体が別の物体と衝突したときにとりわけ重要になる概念だ。重い物体が軽い物体とぶつかったとき、軽いほうの物体がより大きな影響を受けることは、簡単に想像できるだろう。この現象をさらによく理解するには、「力積」の概念を知る必要がある。たとえば、兵士が剣で敵兵の盾を打った場面を考えてみよう。このとき兵士が盾に力を加えているのは確かだが、その力はごく短い時間しか作用していない。兵士が加えた力の大きさと、それが作用した時間の積が力積だ。さらに、この力積によって敵兵の盾はある速度で動くことになるが、このときの速度は盾の質量によって異なる。つまり、力積は運動量と何らかの関係があるということでもある。力積は運動量を生む。もっと正確に言えば、衝突によって盾の運動量はゼロから変化するから、力積は運動量を「変化」させるのだ。力積は運動量の変化に等しいということである。[3]

二つの物体が衝突した場面に話を戻すと、こうした衝突の際にとりわけ重要なのが、「運動量保存の法則」である。孤立系における運動量の合計は変わらないというのがその説明だが、別の言い方をすれば、外部から力が加わらない限り、衝突の前後で運動量は変わらないということだ。一例として、正面衝突の場合を考えてみよう。二つの物体の運動量は同じだが、向きは反対になる。この場合、どちらの物体も衝突後にぴたりと動きを止めるだろう。まるで運動量が消え去ってしまったかのように見えるが、実際にはそうではない。衝突前にそれぞれの物体がもっていた運動量の大きさが同じで向きが反対だったということは、その二つの運動量の和はゼロであり、それは衝突後も変わらない。正面衝突が起きると、それぞれの物体はもう一方の物体に、ある大きさの力積を与えるが、どちらの物体が与える力積も大きさが同じであるために、二つの物体は動きを止めるのだ。

この事例から考えると、一方の物体が他方よりも大きな運動量をもっている場合、他方に与える力積も大きくなるのは理解できるだろう。この二つの物体が衝突後に合体すると、合体した物体は大きな運動量をもっていた物体の移動方向に、ある速度で動き続けることになる。

重力の影響

矢をある角度で上方に放ったとき、矢はその方向にまっすぐ飛び続けるわけではない。最初は上に向けて飛んでいくが、ある程度進むと、下へと向きを変え、やがて地面に落ちてくる。これは、矢が重力で地面（地球）に引っ張られているからだが、実際には二つの物体は互いに引き合うので、このとき矢も地球を引っ張っている。しかし、地球は矢よりもはるかに大きくて重く、その重力が大きいために、地球が矢を引っ張っているように見えるのだ。この現象も、ニュートンが説明している。全宇宙のすべての物体は互いに引き合っているという仮説を立て、二つの物体の間に生じる力を表す式まで考えた。

まず、地上からある高さまで石を持ち上げた状態を考えてみよう。石はある大きさの重力を地球から受けているため、持っている手を放すと、下方向へ加速しながら落下し、やがて着地する。このときの加速度は比較的簡易な器具を使って計測でき、九・八メートル毎秒毎秒（m/s^2）であることがわかっている。

重力は、矢や砲弾、弾丸などあらゆる物体に影響を及ぼすため、戦争においてとりわけ重要だ。こうした投射物が描く軌道は、それ自体の質量や速さ、周りの気圧など、いくつかの要因に左右される（軌道についてはのちほど詳しく説明する）。

重力の加速度は、宇宙のどの場所でも同じというわけではなく、惑星の質量によって異なる。宇宙旅行で火星や木星に旅した場合には、重力の影響も異なり、人の体重も地球上とは違ってくる。たとえば木星では、体重が地球上の二・三四倍に増えてしまう。これは体重が重力の大きさに左右されるためだが、その一方で、体の質量は変わらない。質量はどの重力場にあっても不変であるため、基本的な物理学の等式の多くに使われている。質量（m）と重さ（W）は、重力加速度（g）を使って、W＝mgという関係式で表される。

エネルギーと仕事率

物体を一定の距離だけ持ち上げるのは、物理学でいうところの「仕事」であり、それにはエネルギーが必要だ。エネルギーにはいくつかの種類があるが、最もよく知られているのが、運動と位置に関係するエネルギーである。運動にかかわるエネルギーは「運動エネルギー」と呼ばれ、速度にも関係している。運動エネルギーは質量にも左右され、物体の質量が重いほど大きくなる。速度をv、質量をmとすると、運動エネルギーは$1/2mv^2$と表すことができ、mks単位系ではジュール、ヤード・ポンド法ではフートポンドという単位で示す。

位置にかかわるエネルギーは「位置エネルギー」と呼ばれ、運動エネルギーと同じく、物理学で言うところの「仕事」をすることができる。地上からある高さで石を持っている場面を考えよう。その高さから石を落とすと、当たった地面を少しだけへこませ、わずかな熱を生じる。質量をm、重力加速度をg、落下の開始点の高さをhとすると、位置エネルギーはmghと表される。(4)

運動量と同じで、エネルギーも保存される。「保存」とはつまり、エネルギーは新たに生まれることも消えることもなく、種類を変えるだけだということだ。たとえば、ボールを上に向かって投げる場面を考えよう。投げた瞬間、ボールは大きな速度をもっているから、そのエネルギーの大半は運動エネルギーとなる。しかし、高度を上げるにつれ、重力の影響を受けてボールは徐々に減速し、ある高度まで達すると動きを止める。このとき速度はゼロになり、したがって運動エネルギーもゼロになる。すべての運動エネルギーが位置エネルギーに変換された状態だ。その後、ボールが落下し始めると、その速さは増し、運動エネルギーも再び増える。それに伴って位置エネルギーは小さくなり、ボールが着地する直前には、すべての位置エネルギーが運動エネルギーに変換された状態となる。

エネルギーの種類はこれら二つだけではなく、変形エネルギーや熱エネルギー、音エネルギー、電気エネルギー、化学エネルギー、核エネルギーといった種類もある。たとえば、上に放り投げたボールが落下して地面にぶつかったとき、その運動エネルギーはどうなるのか。消えてしまったようにも思えるが、実はそうではなく、変形エネルギーと熱エネルギーに変換されたのだ。

多くの場合、行われた仕事（またはエネルギー）よりも、仕事の速さ、あるいは、単位時間当たりの仕事量が重視される。これは「仕事率」と呼ばれ、mks単位系ではジュール毎秒（J/s）で表され、一ジュール毎秒は一ワットと定義されている。

角運動量とトルク

戦争や兵器に関連する物体の運動では、回転運動も重要だ。直線運動に速度や加速度があるように、車輪など軸の周りを回転する物体の運動には「角速度」や「角加速度」というものがある。角速度は、単位時間当たりの回転数で表されるほか、単位時間当たりに回転した角度（ラジアン）の大きさで表すこともある。一ラジアンは360/2πで、これはおよそ五七・三度となる（三六〇は円を一周したときの角度で、πは円周率三・一四一六）。当然ながら角速度も時間とともに変化し、その変化の大きさを角加速度と呼んでいる。単位はラジアン毎秒毎秒（rad/s^2）だ。[5]
同様に、回転運動には力に似た概念もある。回転運動を生む力のことで「トルク」と呼ばれるものだ。トルクは回転する軸からある程度離れた地点にかかるため、軸との距離も関係し、力（F）と距離（r）の積（F×r）と定義される。スパナを使ったり、ドアを開けたりしたときに、トルクが加わる。
回転運動には、直線運動で言うところの運動量もあり、それは「角運動量」と呼ばれている。式で表す場合には、質量（m）と速度（v）を、回転運動にかかわる量に置き換える。速度は単純に角速度（ω）に置き換えればよいが、質量については少々複雑だ。回転する物体は質量をもつ小さな点が数多く集まったものと考えられ、一つひとつの小さな点と軸との距離がそれぞれ異なるからだ。そうした小さな点からの影響をひっくるめて「慣性モーメント」と呼び、Iで表す。したがって角運動量は$I\omega$と表される。

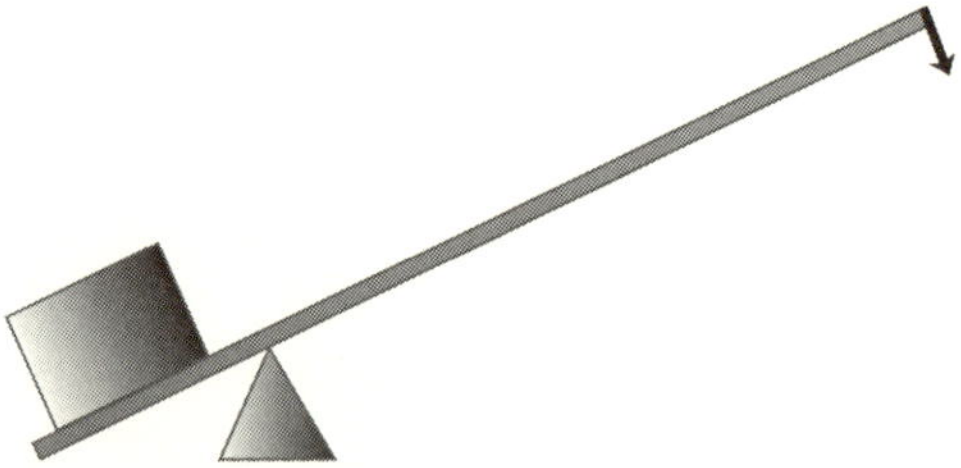

機械

初期の兵器の多くは、物理学で「機械」と呼ばれるものに相当する。機械は仕事を簡単にするための装置であり、重い箱などを楽に持ち上げられるようにする長い板がその単純な例だ。板の上に箱を置き、そこから一メートルほど離れたところに支点となる台を設置して、板の反対側の端を下に向かって押すと、重い箱を簡単に持ち上げることができる。この現象を理解するには、仕事が力と距離の積であることに着目するといい。箱が持ち上げられる距離は、板の反対側の端が移動した距離よりも短い。つまり、大きな力を加える代わりに、余分に長い距離を移動しているということだ。箱を直接持ち上げる場合と仕事の量は同じだが、加える力の大きさはそれよりはるかに小さくなる。これはあらゆる機械の基礎である(6)。

機械の種類は数多くあり、それぞれにまつわる原理はさまざまな初期の兵器に利用されている。以下に挙げるのが、典型的な機械の例だ。

滑車　物体の移動距離よりも長くロープを引くだけで、重い物体を小さな力で持ち上げられる。

車輪と車軸　車輪の外側を回すことによって、車軸の近くに大きな力を加えられる。ただし、車軸付近が回転する距離は、車輪の外側を回した距離よりも短い。

螺旋状の回転翼　容易に得やすい大きな回転力を利用して、物体を前進させるが、前進する距離は短い。

弓矢の物理学

弓矢は初期の戦争で広く使われていた。弓の射手は幼少の頃から訓練を受け、実戦では、盾で身を守りながら徒歩で敵に近づく場合もあれば、チャリオットに乗って戦う場合もあった。前章で取り上げたように、チャリオットには御者一人と射手一人が乗り、敵に十分近づいたところで射手が攻撃を始め、できるだけすばやく矢を放つ。

弓の仕組みは、実質的にある種のエネルギーを別種のエネルギーに変えるだけの単純なもので、射手が矢を難なく高速で放てるようになっている。速度を上げるには、矢に強い力を加えてすばやく移動させる必要があるが、射手がみずからの筋肉を使ってその両方の動作を同時にこなすことはできない。弓矢の物理学を理解するため、まず射手が矢を弓につがえて弦をゆっくり引き絞る場面を考えよう。射手が筋肉を使って弦を目一杯引くと、それによって弓がしなる。射手の筋肉が収縮して生じたエネルギーが、弓のしなりとして蓄えられた。これは位置エネルギーだ。ここで射手が弦を放すと、弦は通常の状態へ一気に戻り、その過程でエネルギーを弓から矢へと伝える。つまり、落下するボールと同じように、位置エネルギーが運動エネルギーに変わるということだ。エネルギー変換が急速に行われると、矢のスピードが速くなる。この一連の動作で、射手が生み出したエネルギーの量は、エネルギー保存則によって、増えることも減ることもなく保たれる。しかし、矢を力強くかつ高速で放ったのは、射手の腕ではなく、弓だ。弓はエネルギーを蓄える機械だと言える。射手の筋肉の力が矢を低速で引き、弓が蓄えたエネルギーを高速で解放したのである。このとき、矢の質量や、弓がしなった距離、加えた力など、関係する変数の値がわかっていれば、位置エネルギーが運動エネルギーに等しいと考えて、矢が弓を離れるときの速さを求めることができる。また、矢を放つ角度がわかっていれば、矢がどこまで飛ぶかも算出できる（ただし、空気抵抗を無視した数値になる[7]）。

弓矢は年月を経るにつれて、徐々に改良されていった。弓の威力を決めるのに重要な要素はいくつかあるが、そのうちの三つは、弓の長さ、形、材料だ。一般的に弓は長ければ長いほど威力を増すが、そのほかの要素も弓の性能に大きな影響を及ぼす。のちの章で紹介するが、イギリス人は「ロングボウ」という高性能の長弓を考案し、フランスとの戦いで使用して大成功を収めている。

弓全体の形も重要だ。初期の弓は木製でカーブが一つだけだったが、やがて、弓の両端を射手とは反対の方向に反り返らせると矢の飛距離が延びることがわかってきた。逆向きに反り返らせることで、未使用時に弓と弦の間隔が狭まり、その結果、矢を放つときに弦を引き絞るまでの移動距離が長くなるからだ。この最後のもう一押しによって、矢が得る運動量と速さが少しだけ大きくなる。この種の弓は「リカーブボウ」と呼ばれる。

弓の材料も、当然ながら重要だ。弓の威力は同じ木製でも材質によって異なるし、木材以外の素材を使えば、また違ってくる。また、弓の密度や弾性、引っ張り強さ（弓の強度）は、蓄えられるエネルギーの大きさや、矢を放ったあとの原形への復元力を左右する。

　単なる木製の弓よりも、複数の素材で作った「複合弓」のほうが高性能であることは、初期の頃から知られていた。複合弓には通常、木材のほかに、動物の角の一部や腱が使われている。弓の縮む側（内側）に薄く切った角を膠で貼りつけると、弓に蓄えられるエネルギーが増す。角はアンテロープやバッファロー、ときにはヒツジやヤギのものが使われ、膠は魚の脂から作られる。弓の伸びる側（外側）に動物の腱を貼りつけても、蓄積されるエネルギー量が増す。弓の先端（反り返った部分）も、骨の一部を使って補強する。(8)

　矢は年月を経るにつれて、だんだん改良されていった。さまざまな問題のなかでも特に大きかったのは、矢の重さだ。軽すぎると風の影響を受けやすくて軌道が安定しないし、重すぎると、今度は抵抗が大きくなって、飛距離が延びない。そのあいだで理想的な重さを探らなければならなかった。また、矢に鳥の羽根を付けると矢の安定性が増すことは、初期の頃からわかっていた。その羽根の長さと幅も矢の飛距離に影響を及ぼし、飛行の安定性を左右することも知られていた。

　通常の弓矢から発展してできた武器に、古代ギリシャ人が使ったクロスボウ（弩）がある。発射するのは鋼鉄製の太い矢で、射手が弦を引ききったら、いったんそこで固定し、引き金を引いて矢を放つ仕組みだ。矢の装塡に時間がかかり、弦を引くのにかなりの力を要するが、やがてウインチを使って矢を装塡する機械的な仕組みが開発され、弦に加えられる張力がはるかに大きくなった。鋼鉄製の矢が弓から離れる速度も一気に上がり、それに伴って飛距離も延びて、最長で四六〇メートル先まで矢を飛ばせるようになった。それでもまだ問題は残っていた。鋼鉄製の矢は空気抵抗を受けやすく、命中精度がそれほど高くないうえ、通常の弓を使った場合よりも装塡するのがかなり難しく、時間がかかる。通常の

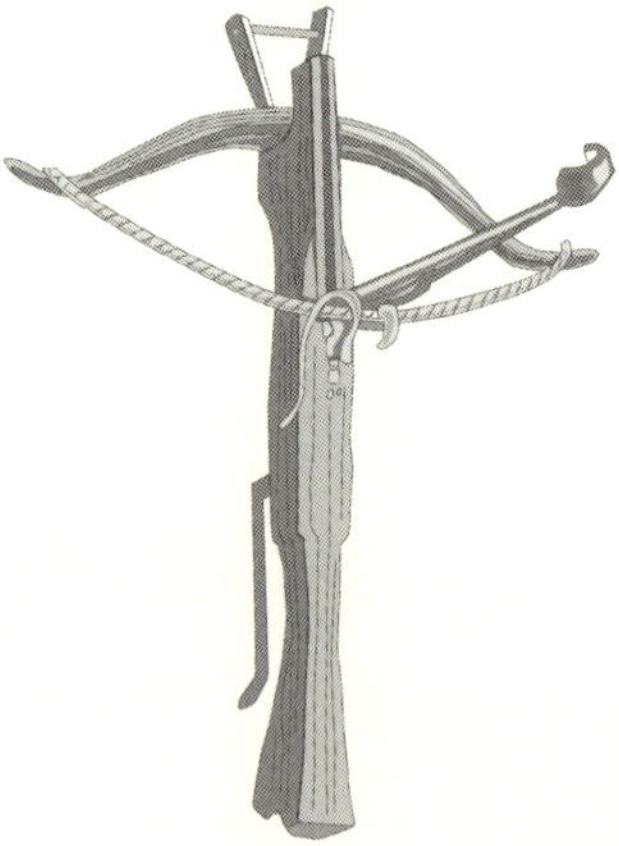

クロスボウ

弓であれば一分間に一二本から一五本の矢を放てるが、クロスボウの場合は一分間にせいぜい二本がいいところだった。とはいえ、当初クロスボウには、鋼鉄製の矢で敵の鋼鉄の鎧や盾を貫通でき、馬も簡単に倒せるという大きな強みがあった。やがてイギリス人は、同等の威力をもったロングボウを発明することになる。

時代が進むにつれて、弓は大きく進歩する。弓を引き絞るのにはかなりの力を要するが、弓を引くときに加えたエネルギーが大きいほど、矢に伝えられるエネルギーも大きくなる。このため弓を引き絞る作業にも、機械が活用された。弓には滑車が導入され、弓に対して小さな力で大きな仕事を実行し、加えられる位置エネルギーを増やせるようになった。また、複合弓にすることで、射手が弦を引いて狙いを定めるときの体への負担と疲労を軽減した。

投石機の物理学

昔の武器のほとんどは矢を放つか石を投射する形式の装置で、実際のところ、ほとんどがカタパルトの仲間だった。

すでに説明したが、なかでもよく知られているのが、バリスタとトレビュシェット、オナガーだ。バリスタはねじった太い綱にエネルギーを蓄える「ねじりばね」を利用して、先端を鉄で作った重いダーツやさまざまな大きさの石を投射する。木製の浅い溝にダーツを装填し、その後ろに弦を引っかけ、巻き揚げ機を使って弦を引くと、ダーツも溝の中を後方に移動し、それと同時に太い綱がねじれる仕組みだ(弦は二本のアームにつながり、それぞれのアームはねじれた太い綱につながっている)。装填中の誤射防止のために、ラチェット(歯止め)と歯車が付いている。装填が完了したら、引き金を引いて発射する。このとき、ねじれた太い綱に蓄えられた位置エネルギーが、ダーツの運動エネルギーに変換されるというわけだ。

最古のバリスタは紀元前四〇〇年頃に開発され、最も性能が良いもので約四六〇メートルの飛距離がある。投射物がそれほど重くなかったため、威力はあまりなかったが、命中精度は比較的高かった。

トレビュシェットはバリスタよりはるかに強力で、動く原理がまったく異なる。「平衡錘投石機」と呼ばれることもあるように、物体を投射するエネルギーを得るために、釣り合いおもりを使うのが特徴だ。フランスが一二世紀に使ったのが最初と言われ、てこの原理で動く。トレビュシェットの主な構成要素は長いてこで、その支点が端の近くに置かれている。てこの長いほうの腕の先端には、投射物(主に大きな石)を入れる袋を備えたスリングが取りつけられている。エネルギーはてこの短い腕に設置した重いおもりから得る。おもりを上へ移動し、発射準備ができるまで固定しておく。こうしておもりに蓄えた位置エネルギーを、投射物の運動エネルギーに変換するというわけだ。引き金を引くと、てこの長い側とスリングが一気に上昇し、地面に対して垂直になる。このときスリングが解放され、袋が開いて、投射物が高速で前方に放たれる。言ってみれば、重力がこの装置の動力源だ。

最大で重さ約一四〇キロの石を投射できるのが、トレビュシェットの強みである。これで、たいていの城壁の上半分に大打撃を与えることができる。飛距離はおよそ二七〇メートル。この装置で重要な役割を果たしているのは、スリングだ。これがあるおかげで、ない場合に比べて投射物の飛距離が二倍になる、つまり、トレビュシェットの威力も二倍になる。

三つ目のオナガーは、ねじったロープが生み出す「ねじり力」を使っている点でバリスタと似ている。地上に据え置いた大きな枠に、垂直に立てた枠が取りつけられているという構造だ。垂直の枠に通っている軸にはアームが付いていて、この棒の先端に取りつけられた深鉢形の容器に投射物を入れる。ねじれたロープの張力に抵抗するようにアームを手前に引き寄せ、アームを固定しているピンを外すと、アームが弧を描いて上方へ高速で動き、頂点に達したところで投射物が放たれる。ほかの装置と同様、投射物には主に大きな石が使われた。オナガーの射程は三七〇メートルほどだった。

4　ローマ帝国の勃興と、英仏の初期の戦い

ローマ帝国は史上屈指の規模を誇る軍事国家であり、一〇〇〇年にわたってヨーロッパを支配した。世界制服をめざすローマの戦いの始まりは、紀元前二六四年に開戦したポエニ戦争だ。その最初の戦闘では、地中海で勢力を争っていたカルタゴと海を主戦場に戦い、ローマが長期戦を耐え抜いて勝利を手にした。しかし、第二次ポエニ戦争（前二一八～前二〇一年）では、カルタゴの偉大なる将軍ハンニバルが、幾多の戦闘の末にまずローマ軍を圧倒した。ハンニバルがローマ軍をうまく出し抜いたことが、この快進撃の主な要因である。最初から楽勝ムードを漂わせていたローマ軍は、ハンニバルの仕掛けた罠にやすやすとはまり、一七年間で一〇万人以上の兵士を失うことになる。しかし、ローマの将軍たちも戦闘を重ねるごとに学び、最後にはハンニバルを打ち負かしたのだった。

ローマ軍とその武器

カルタゴを破ったあとも、ローマ軍は軍事行動を続け、地中海沿岸のほとんどの地域と、ギリシャ、中東の大部分、ドイツ、北アフリカ、イングランドを手中に収めた。当時の文明世界の大半を征服したこの事実が、史上最大の軍事国家と言われるゆえんである。しかも、戦いで使った武器も戦術も、当時最高のものだった。鎧は数多くの板を重ねて作られていた。ローマ人は鋼鉄を発見しておらず、鎧や兜、武器のほとんどはブロンズか鉄でできていた。攻撃には、グラディウスと呼ばれる刀剣が使われた。剣のなかでは短めだが、主に突き刺す攻撃で威力を発揮した。そのほかに、弓矢や投げ槍、槍も攻撃に投入された。防御に使われた「スクトゥム」と呼ばれる盾は、高さが約一メートル、幅約八〇センチで、やや湾曲しているのが特徴だ。

攻城戦では、バリスタやオナガーといった、ねじりばねを組み込んださまざまな投石機を投入した。敵と対峙するときには、盾を構えた兵士が横に並んで敵の攻撃を防御するというのが、ローマ軍の標準的な戦術だ。前線を担当する兵士は体力の消耗を防ぐため、一五分ごとに入れ替えられた。兵士は過酷な訓練を受け、規律の遵守を厳しく求められた。

ローマ人はギリシャ人が使っていたバリスタやオナガーなどの兵器を利用していたが、それを改良しようとはしなかった。実際のところ、ローマ人は兵器に関してほとんど何の進歩も生み出していない。とはいえ、敵が何か革新的な新兵器を使っているのを見ると、すかさずそれを取り入れた。科学への興味はまったくと言っていいほどなかったようで、科学それ自体を探究することも、科学を新兵器の開発に応用することも考えなかった。ローマ人は概して科学を軽蔑していた。ギリシャやアレクサンドリアを征服したとき、何十万冊もの科学文献を手に入れたにもかかわらず、一冊たりとも手間をかけて翻訳しようとせず、そこに記された知識を利用することもなかった。戦争に勝つために必要なものはすべて持っていると考えていたのだ。[1]

意外なのは、科学を見下していたにもかかわらず、ローマ人が抜群に優れた工学技術をもっていたことである。強大な権力を握っていた何百年ものあいだに、ローマ人は総延長何千キロにもわたる道路を整備し、その一部は当時のヨーロッパで最高の水準にあった。さらに、数多くのダムや水道網を整備して、領土の隅々まで水を供給できるようにしたほか、それまで前例がないほど大規模で壮麗な建造物を建ててもいる。その多くがアーチを基にした設計だ。橋梁の建設技術も優れていた。物理学の知識はほとんどなく、関心もなかったにもかかわらず、物理学の基本原理の多くを実際に使いこなしていたのだ。こうした見事な工学技術を駆使するためには、力や重量、応力と歪み、水圧などの概念を理解していなければならない。[2]

ローマ帝国は紀元前七五三年頃から紀元四七六年頃まで続いた。紀元前二五〇年頃にその絶頂期にあったときには、当時知られていた文明世界の大半を手中に収めていた。しかし、その規模の大きさが足かせになり、やがてさまざまな問題が起き始める。遠く離れた領土は数多くあり、その土地と人民を監督することはローマ人の手に負えなかったうえ、祖国でも争いが起きた。将軍どうしの権力争いが、そのうちいくつかの内戦へと発展する。カエサルが暗殺されたあと、オクタヴィアヌス（アウグストゥス）とアントニウスは手を組んで暗殺者の軍を迎え撃ったが、やがてこの二人が戦火を交え始めた。さらに、広大な帝国を維持するため、傭兵を含めて、占領した地域の部隊がローマ軍に次々に編入され、やがて軍の大部分をそうした部隊が占めるまでになった。その結果、ローマ軍の姿ががらりと変わる。

兵士たちが厳しい訓練を受けなくなり、ローマへの忠誠心も一気に小さくなった。

帝国の国境地帯にはローマ人の唯一の敵である蛮族がいたが、彼らは組織的に戦うことも、攻城兵器や鎧のことも何も知らず、ローマ人は大きな脅威とみなしていなかった。

ローマ軍が弱体化するなかで、蛮族は戦いを有利に運べる手立てを探していた。すでに説明したように、その答えは騎兵隊の投入だ。ほとんどの蛮族は若い頃から乗馬を覚える。馬に乗りながら戦闘する際に最も大きな問題となるのは、矢を放ったり、槍や刀剣を使ったりしながら馬を操ることだが、その問題を解決する最初の突破口となったのが、鞍の開発である。初めて簡単な鞍を考案したのは、東欧のスキタイ人だ。馬の毛をクッションとして騎手の前後に付けただけの粗雑な作りだったが、まもなく、騎手が足を乗せるための布製の輪がそこに付けられるようになる。その後、はみや手綱が追加され、馬を格段に操りやすくなった。さらに、布の輪に代わって鉄製の鐙(あぶみ)が導入されると、戦闘中に兵士が安定した姿勢を保ちやすくなった。鐙は紀元三七六年より前に使われていたとの説もあるが、これについては異論もある。

その三七六年に勃発したのが、ハドリアノポリスの戦いだ。ローマ人に蛮族と呼ばれていた民族の一つで、現代のトルコに居住していたゴート族が、ローマ帝国に使者を送り込み、ドナウ川近くにあるローマの領土へ移住したいとの意向を伝えた。それを聞いたローマの将軍たちは、ゴート族が優秀な兵士になると考え、移住を許可したのだが、それは大きな間違いで、まもなくゴート族と現地のローマ人とのあいだで戦いが始まった。その後も数年間に何度か戦闘が繰り広げられることになる(3)。

当時のローマ皇帝ウァレンスはなかなか終わらない戦争にいらだちを隠せず、この厄介な問題に早くけりをつけたかった。そして三七八年、みずからがハドリアノポリスに乗り込む決心をする。八月初め、およそ三万人もの兵士を従えて、ウァレンスはハドリアノポリスに到着した。事前に入手していた情報では、族長のフリティゲルン率いる兵力およそ一万人のゴート族の軍隊が、ハドリアノポリスのおよそ三〇キロ手前を行軍中とのことだった。ウァレンスはハドリアノポリスへの行軍を続け、野営地の防御を固めて、フリティゲルンの軍隊の到来に備えた。このあとさらに援軍が向かってきていると告げられてはいたが、将軍たちから援軍の到着を待つよう強く求められていたにもかかわらず、ウァレンスは待機を嫌がった。強大なローマ軍なら蛮族を難なく打ち負かせると確信していたのだ。

フリティゲルンは使者を通じて、ローマの領土の一部と引きかえに和平と同盟を提案してきたが、勝利を信じて疑わなかったウァレンスはその提案を拒否し、攻撃の準備にとりかかる。実は、フリティゲルンがそんな提案をしたのは、時間稼ぎが目的だった。高度な訓練を積んだ騎兵五〇〇〇人が到着するのを待っていたのだ。攻撃をさらに遅らせるため、フリティゲルンは部隊を送り込んで、敵軍とのあいだに広がる野原に火を放ったほか、人質を交換する交渉まで始めようとした。これによって確かに攻撃は遅れたが、それはウァレンスをいらだたせることにもなった。

突然、不安を募らせたローマ軍の分遣隊が命令を待たずに攻撃し始めたが、フリティゲルンの兵士たちにあっけなく跳ね返される。しかし、その早まった攻撃の流れを止めるには、時すでに遅し。ローマ軍のほかの分遣隊も攻撃に加わり、ゴート族の陣地に突入したが、四方八方から到着した熟練の騎兵五〇〇〇人に取り囲まれた。騎兵は大型の強靭な馬に乗り、きわめて高い威力をもったランス（槍）を携えている。ランスを構えた兵士が重量級の馬に乗って猛烈な勢いで突進してくるのだから、まともに攻撃を受ければあっけなく命を奪われるうえ、ローマ軍の盾もほとんど役に立たなかった。ローマ軍も騎兵隊を従えてはいたが、ゴート族の騎兵隊にはまったく歯が立たず、恐れをなして逃亡するローマの騎兵があとを絶たなかった。

まもなくローマの部隊は混乱に陥り、数時間のうちにゴート軍に虐殺される。これはローマ史上最大の敗北の一つであり、ローマ帝国に壊滅的な大打撃を与えた戦いだった。帝国東部に配置した軍隊の中核が破壊された格好だが、彼らが受けた最大の衝撃は、ローマがもはや無敵でなくなってしまったという事実を思い知らされたことである。

さらに、ローマ軍にとって重要な将軍たちの多くが、この戦いで落命している。ヴァレンスがどうなったのかは知られていないが、一説によると、彼は数人の護衛とともに戦場を抜け出し、農家に身を潜めた。そこをゴート軍が襲撃し、ローマの護衛が放った矢をくぐり抜けて農家に火を放ち、ヴァレンスは焼死したという。

この戦いは、ローマ帝国の崩壊の始まりだと一般的に考えられている。確かに、ローマが無敵でないことが明らかになり、大きな打撃を与えたことは間違いない。とはいえ、規模は縮小の一途をたどったものの、帝国はその後も一〇〇年ほど続いた。帝国末期に受けた攻撃の大半は、ほかの蛮族であるフン族によるものだったが、彼らもゴート族と同じ戦術を使ったのだった。

英仏の初期の戦い

四七六年にローマ（西ローマ帝国）が崩壊したあと、世界は「暗黒時代」に突入する。この時代には科学の進歩がほとんど見られなかったうえ、歴史などに関する文書の記録も、その前後の時代と比べて少ない。四七六年から一五〇〇年頃まで続いたこの暗黒時代には、モンゴル、フン、ゴートといった民族や、北からやって来たヴァイキングなどの蛮族がヨーロッパを席巻した。物理学をはじめとする科学全般は長年にわたって停滞したが、そうしたなかでも唯一繁栄した科学分野がある。それは「冶金学」だ。この時代になると、軍隊が騎兵をもつのは当たり前になった。騎兵が鎧などで身を守るようになると、やがて、小さな金属の輪を重ねて全身を覆う「鎖帷子（かたびら）」という鎧も登場した。馬の腹部を狙う射手が増えると、今度は馬の身を守る防具も考案される。そのため、防具を改良するための金属探しが続けられた。矢が鎖帷子を貫通することが明らかになると、鋼鉄の板を使った鎧が開発された。

長年にわたり、攻撃の際には、防具に身を包み、長い槍（ランス）や剣を携えて馬に乗った騎士が先頭に立っていた。乗馬した騎士による攻撃はきわめて効果的なだけでなく、相手にもたらす打撃も甚大だ。騎士が馬に乗って猛スピードで突撃してきたら、それに立ち向かえる歩兵はほとんどいない。しかも、馬の走る速さは兵士が走るよりはるかに速く、歩兵には逃げ場がない。馬の蹄が立てるすさまじい音とともに、兵士の心理に及ぼす効果は相当大きかった。

騎士を投入するうえで大きく問題になっていたのは、それにかかる経費だった。防具は高価なうえ、鎖帷子が矢による攻撃に弱いことが判明すると、冶金の専門家に新たな防具の開発を依頼しなければならなくなった。だが、そのうち鋼鉄の生産技術が発達し、鋼鉄製の小さな板を使った鎧が、鎖帷子に取って代わることになる。とはいえ、その鋼鉄の板でさえもクロスボウ、さらにはロングボウに弱いことが明らかになった。

クロスボウでは、「ボルト」と呼ばれる鋼鉄製の太い矢を放つ。初期のクロスボウで最大の問題だったのが、矢を引き絞るのに多大な力を必要とし、そのため、発射するまでに時間がかかったことだ。しかし、一一世紀になると、機械式のウインチが導入され、矢の装填に時間がかかる問題は解決されたうえ、弦に加えられる張力がはるかに大きくなって、ボルトを放つときに注ぎ込める運動エネルギーと速度を大幅に増すことができた。

クロスボウの欠点は、鋼鉄のボルトの空気抵抗が通常の矢より大きく、そのため命中精度が低かったことだ。とはいえ、鎖帷子でしか身を守っていない騎士にとって、クロスボウは大きな脅威となった。

この時代の戦術の例として、一〇六六年に起きたヘイスティングズの戦いを紹介しよう。これは同時代で最も重要な戦闘の一つで、イングランド王ハロルド二世率いる軍とノルマンディー公のギヨーム二世率いる軍隊が、イングランドのヘイスティングズからおよそ一〇キロ離れた地点で繰り広げた戦いだ。(4)

戦闘が進むにつれて、ギヨームの戦術がハロルドのそれよりもはるかに効果的であることが明らかになった。兵力は両者ともおよそ二万人と同じだったが、ギヨームが率いていたのは射手と騎兵、歩兵が一体となった部隊だったのに対し、ハロルドのほうはほぼ全員が歩兵だった。イングランド軍の歩兵は盾を手に、円錐形をした金属製の兜をかぶり、金属製の胴衣に身を包んでいた。主な武器は戦斧だったが、なかには剣を使った兵士もいた。

先制攻撃を仕掛けたのは、ギヨームの軍隊だ。矢を一斉に放ってイングランド軍に雨あられと浴びせたが、ほとんどの矢は敵の盾に跳ね返されるだけで、ほとんど何の打撃も与えなかった。ギヨームはこの攻撃で敵を弱らせたと思い込み、さらに攻撃を仕掛けたが、イングランド軍はあらゆるものを投げる反撃に出て、この白兵戦でギヨーム側の兵士を数多く死傷させた。

大打撃を受けたノルマン軍が退却すると、イングランド兵士は列を崩してあとを追った。戦闘はしだいに激しさと混乱の度合いを増す。ギヨームは馬を殺されて落馬したが、さいわい彼自身の命は助かった。何とか自分の部隊を再結集し、反撃に出たものの、最初に浴びせた矢の一斉射撃の効果がほとんど何もなかったことがわかると、盾を持ったイングランド兵士が防御を固める最前列ではなく、無防備な後列を狙って矢を放つよう射手に命じた。この攻撃が相手に大打撃を与え、ハロルド自身も目に矢を受ける傷を負った。

イングランド軍はだんだん攻撃力を失い、盾の背後の隊列を乱し始めた。ギヨームが命じた次の攻撃で、ノルマン軍はイングランドの防御を破り、ハロルドにとどめを刺した。指導者をなくすと、イングランド兵の多くはしっぽを巻いて逃げ出していった。まもなく戦闘は終わり、イングランドは新たな王を迎えることになる。一〇六六年のクリスマスの日、ウェストミンスター寺院でギヨームは戴冠し、ウィリアム一世となった。

この戦闘が示しているのはまず、射手による攻撃がいかに有効だったかということだ。ノルマン軍はおよそ八〇〇〇人の射手を戦場に投入した。

イングランドとフランスの衝突は、その後も長きにわたって続く。なかでも大きな問題は、イングランド王となったウィリアム一世が、ノルマンディー公の地位にもとどまっていたことだ。このため、イングランド王はフランス王に忠誠を誓っていた。しかし一三三七年、イングランド王のエドワード三世がフランス王のフィリップ六世への忠誠を拒否したことがきっかけで、英仏間で幾度となく戦争が起こり、その一連の戦いは一三三七年から一四五三年まで一〇〇年以上も続いた。このいわゆる「百年戦争」では、兵器の歴史のなかでも最大級の進歩があった。それは一三四六年のクレシーの戦いで初めて投入された兵器「ロングボウ」である。

このときイングランド軍を率いていたのは、エドワード三世だ。イングランド軍は歩兵の射手を五〇〇〇人、騎兵の射手を三二五〇人、その他の部隊を三五〇〇人投入していたが、フィリップ六世のフラ

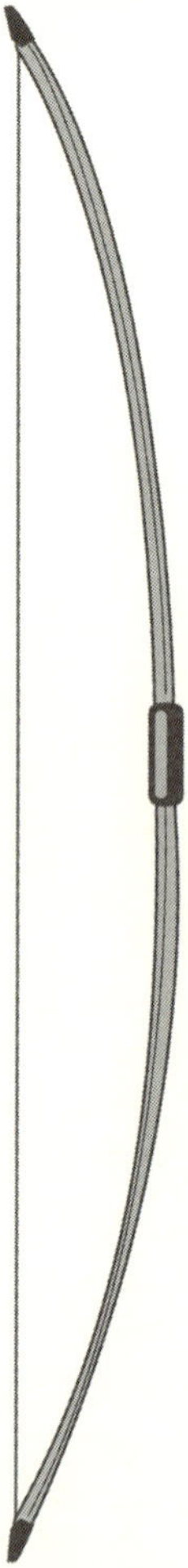

アジャンクールの戦いで使われた種類のロングボウ

ンス軍はおよそ六〇〇〇人のクロスボウ部隊とともに大規模な歩兵隊を擁し、イングランド軍のおよそ二倍の規模を誇っていた。戦闘が繰り広げられたのは、フランス北部のクレシー村に近い森だった。[5]

フィリップはクロスボウ部隊を前列に、騎兵を後方に配置した。そしてなぜか、唯一の防御手段である木製の盾を載せた馬車を、陣形の最後尾に配置している。フランス軍はまずクロスボウ部隊による一斉射撃で戦闘の火蓋を切ったものの、敵にほとんど打撃を与えられなかった。クロスボウ兵は矢を一分間に一本か二本しか放つことができなかったが、イングランド軍が投入した新兵器のロングボウは、一分間に五本か六本の矢を発射できた。さらに、ロングボウのほうが射程がはるかに長く、その貫通力も大きいうえ、殺傷能力も高かった。さらにフランス軍にとって運が悪いことに、戦闘の直前に起きた暴風雨で、クロスボウの弦が弱まってしまっていた。ロングボウ部隊のほうは、弓から弦を外して濡れないよう周到に保護していた。

クロスボウ部隊が放った矢の雨は敵まで届かなかったが、そのあとに襲来したイングランド軍の矢の一斉射撃は飛距離が十分で、大きな成果をあげた。一斉射撃はやまず、フランスのクロスボウ部隊は射程の範囲まで近づけない。みずからの置かれた不利な状況に気づくと、大勢のクロスボウ兵が退却し、後ろにいたフランス騎士の戦列の背後まですごすごと引き下がった。騎士たちはそんな情けない姿に怒り、逃げてきた兵士をめった打ちにして、多くの味方を殺してしまう。それが終わると、騎士たちが攻撃に出た。馬を前に走らせ、退却してくるクロスボウ兵を大勢踏みつけながら突撃する。イングランドのロングボウ兵は攻撃の手を緩めず、騎士に向かって矢を放つ。すると驚いたことに、その矢が次々とフランス騎士の防具を貫通するではないか。多くの騎士が矢を受けて馬から落ちた。落馬する人数が増えるにつれて、後続の騎士たちの進路がふさがり、遺体の上に遺体が重なる惨状を呈するに至った。

戦闘が終わってみると、フランス軍にはおびただしい数の死傷者が出ていた。ある推定によると、フランス軍の死者は騎士が四〇〇〇人、射手が二〇〇〇人にも及んだという。一方、イングランド軍の死者は三〇〇人に満たなかったという見方が大勢だ。この差の決め手となったのは新兵器のロングボウであり、ロングボウはその後一〇〇年以上にわたって重要な役割を果たすことになる。

ロングボウは一四一五年一〇月に起きた英仏によるアジャンクールの戦いでも、決定的な役割を果たした。この頃にはその威力をさらに増していた。ヘンリー五世率いるイングランド軍はおよそ六〇〇〇人、フランス軍は二万五〇〇〇人を超えていた。戦闘が繰り広げられたのは、アジャンクール近くにある細長く開けた土地だった[6]。

フランス軍は相手の四〜五倍の兵力を擁し、おそらく自信満々だったことだろう。重装備の兵士が八〇〇〇人もいたが、その能力を生かすには白兵戦に持ち込まなければならなかったため、まず敵に近づく必要があった。ただ、両軍の陣地のあいだには耕したばかりの畑があり、戦闘の前には大雨が降っていた。重装備の兵士を多く抱えたフランス軍にとって、このぬかるんだ地面は大きな障害となった。一方、イングランド軍は、長期にわたる行軍で兵士の多くが体調を崩し、疲労困憊していた。

イングランドの射手は、先端を尖らせた長い杭を用意し、その先端をフランスの戦線に向けて地面に打ち込んでいた。これで、フランス軍の騎士たちによる攻撃を防ごうというのだ。対するフランス軍は重装備の歩兵を前線に、射手とクロスボウ兵を後方に配置し、敵は正面から攻撃を仕掛けてくるだろうとみていた。しかし、イングランド軍が始めたのは、矢の一斉射撃だった。その頃には、訓練の行き届いたロングボウ兵なら一分間に一五本の矢を放てるようになっており、瞬く間に何千本もの矢が空中に放たれた。矢はフランス兵の防具を難なく貫通しただけでなく、多くの矢が馬の背や脇腹に命中し、それに驚いた馬が大混乱を引き起こす。負傷した暴れ馬が前方の歩兵隊のあいだを全力で駆け抜け、兵士を踏みつけた(7)。

フランスの重装備の歩兵は防御しながらの前進を強いられた。防具のなかで最も弱いのが兜だったため、矢が兜の呼吸穴や目に当たらないよう、兵士のほとんどが頭を下げていて、これが視界を狭めることになった。視界の悪さに加え、ところどころに広がるぬかるんだ泥に膝まではまりながら進まなければならず、敵の攻撃を受けて倒れた兵士をまたいだり迂回したりする必要もあった。敵の一斉射撃はやみそうにない。まもなくフランス兵は疲れ果て、戦意を喪失した。白兵戦に持ち込める距離にさえ、まだ到達していなかった。

さらに悪いことに、二列目、三列目のフランス兵は前線で味方が苦戦していることなどつゆ知らず、前進を続け、同じ運命に遭った。三時間続いた戦闘で、フランス軍は四〇〇〇人から一万人を失ったと推定されている。一方、イングランド軍の死傷者は数百人程度にとどまった。公爵や軍総司令官、王族など、エリート階級の多くが命を落とした。この戦いでもまた、イングランドのロングボウが決定的な役割を果たしたのである。

ロングボウの起源と物理学

ロングボウは複数の国で個別に開発された。イギリスで初めて開発したのはウェールズ人だった。彼らはロングボウの構造を大幅に進化させたが、それは科学的に理解したうえでの改良ではなく、主に試行錯誤によって成し遂げられたものだ[8]。

イングランド人は、ウェールズ人が作ったロングボウの効果に早くから気づいていた。当初は待ち伏せや小さな戦闘で使われていたが、そのうち大規模な戦闘にも投入されるようになる。たとえば、一四〇二年にはウェールズ軍がイングランド軍に対してロングボウを使い、大きな成果をあげている。イングランドにとって、この武器は相当大きな悩みの種になった一方で、好奇心の的にもなった。しばらくすると、イングランドはウェールズの射手を自軍に編入させ、その技術を学んだ。

イングランドの最初のロングボウは一本の木材だけで作られ、弾力性と強度にとりわけ優れているイチイがたいてい使われた。ただ、イチイの木はイングランドでは比較的珍しく、手に入りにくいのが大きな問題だった。このため、ニレやトネリコが使われることもあった。

慎重に選び抜かれた木材は、比較的長い製造工程を経て仕上げられていく。弓に使う木材にはオイルやワックスを塗って防水加工を施し、耐久性を高めた。ある程度薄くしなければならなかったうえ、射手の体型に合わせて長さを調整する必要もあった。長いものでおよそ一九〇センチ、短いもので一五〇センチ強といったところだ。弓の長さはその威力に直結していて、長ければ長いほど威力は増す。通常、太さは最も太い箇所で五センチほどだった。弓の弦を目一杯引くのに必要な力は三六キロから五四キロ、引く長さは七四センチから八一センチで、弦を目の位置まで引いたときが最も効果的であることがそのうち判明した。

矢に使われた木材の種類は、ヤマナラシ、ポプラ、ニワトコ、ヤナギ、カバノキなど多岐にわたる。矢の長さは平均でおよそ九〇センチ。矢に羽根を付けると安定性が増すことは以前から知られていて、軸に糊付けされた羽根の長さは一八~二三センチが多かった。弦には主に麻が使われたが、時代を経るにつれて亜麻や絹が使われるようになった。

ロングボウで大きな問題の一つは、技術を習得するために相当な訓練が必要なことだった。怪力の持ち主でないと弦を引き絞れないため、特に戦闘でロングボウの威力を発揮するには、かなりの訓練を受ける必要があった。このため、イングランドの少年はたいてい七歳になる頃には訓練を始めていた。訓練は多岐にわたり、村という村でロングボウの競技会が開催されて、最高の射手が兵士として選抜された。軍の射手はエリート集団の一員とみなされ、射手として従軍するのは大いなる栄誉だと考えられた。

平均的な訓練を受けたイングランドの射手は、一分間に少なくとも一二本の矢を放つことができ、およそ一八〇メートル先の標的に命中させることができた。一分間に一〇本しか放てないと、下手な射手とみなされた。

弓矢の物理学についていては前章で簡単に説明済みで、その大半はロングボウにも適用できるが、ここではもう少し詳しく見ていこう。物理学が関係してくるのは、弓の動きと矢の飛行である。前に説明したように、射手が弦を引くと、その仕事は位置エネルギーとして保存され、弦が解放されると、位置エネルギーが矢の運動エネルギーに変換される。厳密にいうと、位置エネルギーの一部は矢を放ったあとの弓の動き（わずかな振動）に投入されるが、エネルギー全体に占めるその割合は通常小さい。ここで重要なのは、弦を引く距離が長いほど位置エネルギーが大きくなるということだ。ロングボウは弓が長く、そのぶん弦を引く距離も長くなる。ほかの弓に比べて、ロングボウが大きな運動エネルギーを矢に与えることができるのは、このためだ[9]。

矢の飛距離は、以下の要因に左右される。

- 初速度
- 矢の重さ
- 矢を放つ角度
- 空気抵抗
- 風の影響

矢の初速度（v）は、弦を引き絞ったときに弓に蓄えられた位置エネルギー（F×d　Fは力の大きさ、dは弦を引いた距離）と矢の運動エネルギー（$1/2mv^2$　mは矢の質量）を等式で表すことによって求めることができる。放つ角度は、矢の飛行経路（軌道）や飛距離に大きく関係する。空気抵抗と風の影響を考慮に入れなければ、四五度の角度で矢を放った場合に飛距離が最も大きくなるが、のちほど述べるように、空気抵抗と風の影響も重要であり、飛距離を制限する要因になる。

矢の軌道は放物線を描く。車のヘッドライトの反射面に見られる曲線だが、空気抵抗があるために、ややゆがんだ放物線になる。空気抵抗で生じる力によって、矢は減速するが、これは矢の運動量の一部が空気に移ったために起きる現象だ。矢が受ける空気抵抗（抗力）には、摩擦抗力と形状抗力（圧力抵抗）の二種類がある。摩擦抗力は、矢が飛行中にその周りの空気を引きずるために生じる抗力だ。飛行中の矢を詳細に観察することができたなら、矢の周りに形成されたいくつかの層のうち、最も矢に近い層が最も強く引っ張られ、矢から離れるほど引っ張られる度合いが小さくなっているのがわかるだろう。摩擦抗力は、矢のそばを通り過ぎる空気の速度に比例している。[10]

この摩擦抗力によって矢の背後に渦ができるために生じるのが、形状抗力である。渦状の流れは矢の背後に生じた乱流であり、モーターボートが水上を高速で移動する際に後方にできる流れと同じようなものだ。矢の速度が速ければ速いほど、乱流もそれによる形状抗力も大きくなり、数学的には速度の二乗（v^2）に比例する。形状抗力は矢の進行方向に対して直角に加わり、矢が横から押される格好になるため、飛行中に一定周期で振動する原因になっている。

また、矢が放たれたときには、横方向の運動エネルギーも生じる。右利きの射手なら、矢を放ったときに弦がわずかに左方向へ動き、それによって矢が右方向へ曲がることになる。その後、今度は弦が右方向へ戻り、矢は左方向へ曲がる。こうした現象は、まだ矢が弦に接しているあいだの短時間に起きるが、矢が弓を離れたあと、この左右に動くわずかな振動が飛行中も続く。射手が左利きなら、振動も逆になる。

振動の大きさは矢の柔軟性に左右される。矢の柔軟性が高いと、振動が極端に大きくなり、矢のスピードが落ちて標的に貫通する力も弱くなる。一方、柔軟性が低いと、矢は振動しなくなるが、命中精度が下がってしまう。このため矢を製作する際には、柔軟性が高くも低くもない、ちょうど良い堅さを探らなければならない。

ロングボウが登場した初期の頃、その有効射程はおおむね一八〇メートルほどだった。この距離なら、たいていの騎士がまとっていた鎖帷子を難なく貫通できた。やがて鎖帷子は鋼鉄の板を使った頑丈な鎧に取って代わられるが、ロングボウの矢は標的が九〇メートル以内にあれば、鋼鉄の板を貫くことも可能だった。ロングボウの最長射程は三七〇メートルほどだ。戦闘では、最初に射手が何千本もの矢を空高く放ち、攻撃してくる騎士の頭上から矢を雨あられと降らせるのが、通例だった。その後、騎士が近づいてきたら、個々の騎士を標的にして矢を放った。

5　火薬と大砲――戦争の技法と世界を変えた発見

モンゴル帝国の指導者であるチンギス・ハンは、何年も前から中国に目をつけていた。中国は裕福で繁栄していて、モンゴル帝国が欲しているもの、必要としているものを数多く持っていたからだ。そして一二〇五年、チンギス・ハンは中国北西部に攻め込む決断を下す。それは小規模部隊による、奇襲に毛が生えたような攻撃だったが、それでも中国人は恐怖におののき、大混乱に陥った。モンゴル人は冷酷で、恐怖を武器に使うことで悪名高かった。捕虜をとることはなく、村全体を壊滅させることが多かった(1)。

中国は何か手を打たなければならなかった。しかも、早急にだ。モンゴル軍に対抗するための武器が必要で、しかもそれは相当大きな破壊力を秘めていなければならない。そこで投入したのが、花火に使っていた「白い粉」である。

チンギス・ハンは一二〇七年に再び中国に攻め入り、さらに大きな恐怖をもたらした。この攻撃を受け、中国は「火槍（かそう）」と呼ばれる武器を開発することになる。長さ一～二メートルの竹筒を利用し、節は一番下のものだけ残して、ほかは穴を開けてある。竹筒の底の近くには点火口として使う小さな穴がある。白い火薬を底に詰め、その上に矢などの投射物を入れて、点火口を通じて火薬に火をつけると、矢が高速で竹筒から発射される。ただし、その飛距離は三メートルほどしかなかった。火槍のほかにも、中国人は単純な火炎放射器や、さまざまなロケット弾、カタパルトを使って投射できる爆弾、地雷といった武器も開発している。

モンゴルは一二一一年に中国と本格的な戦争に突入する。何千もの騎兵を投入して襲撃したが、中国は手持ちのあらゆる武器を使って勇敢に戦い、開戦から二年はモンゴルを寄せつけなかった。しかし、最後にはモンゴルが中国を圧倒し、手に入れた中国の新兵器を他国との戦争に利用することになる。

その後数十年で、戦場での戦い方はがらりと変わる。とはいえ、当時、火薬が戦争でこれほど重要な役割を果たすことになろうとは、誰も考えていなかった。火薬について詳しく説明する前にまず、火薬の原料がどうやって発見されたかを紹介しよう。原料のなかで重要な成分の一つである硝石は、硝酸カリウムと呼ばれるもので、モンゴルが中国を侵略した時代には、中国でも比較的手に入りにくい物質だった。最初に見つかったのは、洞窟の壁だ。壁を削ってみると結晶質の白い粉が得られ、それを火に振りかけてみると激しく燃え上がったことから、人々が注目するようになる。その後、同じ物質が馬の厩舎の床でも見つかり、馬の尿に含まれている成分であることを、錬金術師が見いだした。

当時の硝石で最も大きな問題は、純粋な硝酸カリウムではなく、硝酸カルシウムが混じっていたことだ。やがて純度を高める手法が開発されると、錬金術師は不死の霊薬として硝石に関心を寄せるようになる。しかし、紀元八〇〇年代に入ると、彼らは硝石をほかの化学物質と混ぜ始める。なかでも大きく注目されていたのは、硝石と硫黄、炭素（木炭）の混合物だった。それを紙で筒状に包んで火をつけると、大きな音を立てて爆発した。まもなくこれは、祝い事の際に悪霊を追い払う目的で使われるようになった。

当初、中国の錬金術師はこれら三つの物質を同じ分量ずつ混ぜていたが、やがて、硫黄と木炭をそれぞれ一に対して、硝石を四の割合で混ぜると、爆発力が高まることを発見した。硝石はこの混合物のなかで酸化剤の役割を果たし（空気がなくても爆発する）、硫黄と木炭が燃料になる、というのが爆発の仕組みだ。三つの物質の割合は当然ながら重要であり、ほかの割合で混合することでさらに爆発力が高まることが、後年明らかになる。とはいえ、火薬の主原料がこれら三つの物質であることに変わりはない。

火薬が発見されて数百年経っても、中国では祝い事の場で使うか、子どもの「おもちゃ」として使う以外の用途は生まれなかったようだ。その状況を変えたのが、モンゴル軍の襲来である。当初は、北部のいくつかの村を支配しただけだったが、最終的に中国全土を征服しただけでは飽きたらず、ヨーロッパ各地でも数々の暴挙を繰り広げた。戦いでは、中国の新兵器を使っただけでなく、ほかの兵器も開発して、のちの侵攻に活用した。(2)

チンギス・ハン

新兵器が登場したというニュースは、瞬く間に広まった。アラブの人々は一二五〇年までに、「マドファ」と呼ばれる単純な「大砲」で火薬を使い始めていた。火薬を詰めた木製の容器を筒に入れ、その上に矢や石などの投射物を載せる。導火線で火をつけると、矢や石が筒から敵のほうに向かって飛ぶ仕組みだ。言うまでもないことだが、マドファの命中精度はきわめて低かった。(3)

ロジャー・ベーコン

奇妙な爆発物が新たに登場したとのニュースは、一二〇〇年代半ばにイングランドに伝わり、哲学者でフランシスコ会修道士であるロジャー・ベーコンの耳にも入った。商人か宣教師の一人が、中国製の「爆竹」を持ってきたのである。ベーコンは科学に強い興味を抱いていて、のちに、光学や天文学など、科学や数学の数多くの分野に多大なる貢献を果たすことになる人物だ。化学に関してもまずまずの知識をもっていた彼は、渡された爆竹を慎重に分解し、中に入っていた粉を詳しく調べた。その粉が硝石と硫黄、木炭からなることを見いだすと、この混合物を応用すれば戦争で大きな役割を果たす武器が作れるのではないかと考えた。悪者の手に渡ることを心配していたベーコンは、数年後に自著『技工と自然の秘密の働きと魔法の無効性に関する書簡』で火薬の発見について記述した際にも、詳しい製法を明かそうとしなかった。最終的に暗号文のかたちで出版することに決めたとも言われているが、それには異論もある。(4)

当時の火薬で問題だったのは、その性能が硝石の質に大きく左右されることだった。ベーコンは、中国の火薬に使われていた硝石に不純物が混じっていることに気づき、研究を重ねて、硝石の純度を高める方法を発見した。

ベーコンが独自の発見をしていた頃、中国も独自の武器の開発に取り組んでいた。数年後には、大砲

初期の中国のハンドキャノン（手砲）

の原形となる武器を作ったが、使い方が難しかったうえに、発射には大きな危険を伴い、当然ながら命中精度も著しく低かった。しかし、耐火性と耐爆性を備えた砲身に爆発時に生じるガスを閉じ込めることによって「爆発力」が大幅に高まることを、中国人は発見した。

中国人が火薬の研究に取り組んでいることが明らかになったのは、大規模な火薬庫で火事が発生した一二八〇年のことだった。そのときに起きた爆音は何キロも先まで聞こえ、この事故で一〇〇人を超える歩哨が命を落としたと伝えられている。火薬庫から吹き飛ばされた破片は、三キロ以上先でも見つかった。

初期の大砲

大砲の原形は中国やアラブ、モンゴルの人々によって作られていたが、現在の形の大砲が最初に作られたのはドイツとイタリアだった。英語のcannonという名称は、大砲の円筒状の砲身を表すラテン語cannaから付けられた。また、のちにラテン語のcanonは「火砲」全般を指すようになった。[5]

一三二七年には、イングランド製の最初の大砲が登場した。その頃には、ドイツ人のベルトルト・シュヴァルツ（別名「黒のベルトルト」）が火薬の原料を混ぜ合わせて、単純な大砲を作っていたとの言い伝えも残っている。それによると、彼は混合物を容器に入れ、その上に大きな石板をかぶせて火薬に火をつけたところ、大きな石板は吹き飛ばされ、実験室の屋根を突き破ったという(6)。

一三二六年には、イングランドの学者ウォルター・ド・ミルメートの著書に世界で初めて大砲の絵が掲載された。一三四一年には張憲が「鉄礮行（てつぼうこう）」という詩を発表している。それによると、大砲から発射された砲弾は「心臓や腹部を貫き……一度に数人の体を貫通することもできる」という。

一方、一三四〇年代のヨーロッパでは、大砲はまだそれほど普及しておらず、依然として矢などを発射しているだけだった。矢は火をつけて放つこともあった。また、初期の大砲で使われていた火薬は粒子が細かく、実際には火薬のごく一部しか爆発しなかったため、爆発力は驚くほどのものではなかった。火薬が入っていたのは、底が閉じてあるブロンズか鉄の円筒で、その上に砲弾をこめた。当初、砲弾には大きな石が使われていたが、やがて鉄の弾が登場する。空中で回転することから、弾の形は球状にされた。火薬に火をつける導火線は、実際には火薬を細長く連ねたものだった。点火口を通して点火すると、火薬は一気に固体から気体へと変わり、体積がおよそ四〇〇〇倍まで膨張する。気体はかなりの高圧で膨らむと、莫大な力を発生させて、砲身から砲弾を押し出す。

大砲の製作にあたっては、科学技術を駆使しなければならない。砲身や尾栓を作る際には、冶金学が重要な役割を果たしている。火薬に最適な原料の割合や大砲に投入する分量を決定するためには化学の知識が必要だ。分量が少なすぎると砲弾の飛距離が延びず、逆に多すぎると大砲自体が爆発して、近くにいる兵士が一人残らず命を落としてしまう。実際、大砲が出始めた時代には、多くの兵士がそうした事故で死亡した。

当時、砲弾を発射する際、砲手は次のような手順に従っていた。

（1）適切な分量の火薬を砲弾に投入し、軽く叩いて突き固める。
（2）詰め物か栓のようなもので、火薬に蓋をする。
（3）その上に砲弾を置き、詰め物や栓をしっかりと押し込む。
（4）点火口に火薬を注ぐ。
（5）点火口に炎を近づける。

百年戦争

一三三七年から一四五三年まで英仏が繰り広げた百年戦争のとき、イングランドは大砲を使っている。百年戦争の後半には、農家に生まれた一七歳の少女ジャンヌ・ダルクがフランス軍を率い、イングランドとの戦いで重要な勝利を果たしたのち、わずか一九歳で火刑に処された。この出来事があった戦争として覚えている読者が多いのではないだろうか。

百年戦争の初期には、大砲はほとんど使われていなかった。当時は城壁に穴を開けることもできず、さまざまな問題を抱えていて、まだ攻城兵器よりも劣っていたからだ。しかし、最後の戦闘となる一四五三年のカスティヨンの戦いに突入する頃には、性能が大幅に向上し、戦場で大きな効果を発揮する武器となっていた。この戦いに、三〇〇門の大砲が投入された。

ウルバン砲の砲身

ウルバン砲とコンスタンティノープル包囲

この時代で最も重要な戦闘の一つにおいても、大砲は決定的な役割を果たした。一四五三年のコンスタンティノープル陥落につながった戦闘である。コンスタンティノープルに都を置いていた東ローマ帝国とオスマン帝国のあいだには、長きにわたって緊張状態が続いていた。そして一四五一年にメフメト二世がオスマン帝国の皇位に就くと、まだ若すぎるとの大方の見方を覆すような活躍を見せる。就任から二年も経たないうちに、大規模な軍隊を従え、コンスタンティノープルにあったキリスト教徒の牙城に侵攻する準備を進めた。だが、この都市は全長二四キロに及ぶ長大な城壁に守られ、難攻不落と考えられていた。[7]

しかし、メフメトの決意は固かった。彼の指揮のもと、世界最大級の大砲であるウルバン砲（バシリカ砲）が製作された。設計と製作を担当したのは、ウルバンという名のハンガリーの技術者だ。彼に関する情報はほとんどないが、大砲の知識を豊富にもっていたことは確かだろう。当初、ウルバンはコンスタンティノープルのコンスタンティヌス一一世にこの話を持ちかけたが、断られたため（記録によれば、要求した金額が高すぎた）、オスマン帝国のメフメトに話を持っていき、受け入れられたのだった。

ウルバン砲は、当時のどの大砲よりも長い八メートル強の砲身を備え、重さ二七〇キロもの巨石を一・六キロ以上先まで投射することができたと言われている。実際のところ、弾があまりにも大きく、一発発射したあと次弾を装填するのに三時間を要したという。とはいえ、この巨砲は城壁を打ち破る破壊力を十分に備えた初期の大砲の一つだった。しかも、オスマン帝国が持っていた大砲はこれだけではない。オスマン軍はコンスタンティノープルの外に集結したとき、六八門の大砲を城壁に向けていた。その大半がウルバン砲よりはるかに小さかったが、これだけの数があったため、大きな打撃を敵に与えることができた。

オスマン軍は五〇日にわたって、コンスタンティノープルにひたすら砲弾を浴びせた。このすさまじい砲撃によって、難攻不落の城壁もところどころで崩壊し始める。オスマン軍はある程度の成果をあげてはいたが、城壁の内側にいる敵兵のほうも、砲撃で穴が開くたびにすぐ修復する防御を続けた。城壁の内側の都市には防衛のために七〇〇〇人の兵士が配置されていたが、外側では、城壁の崩壊後すぐに攻撃を開始できるよう、メフメトが一〇万人から一五万人の兵士を配置していた。オスマン軍が有利なのは明らかだったとはいえ、まずは城壁を打ち破らなければならない。五〇日にわたって砲撃を続けてもまだ城壁を崩せない状況に、メフメトはいらだち始めた。それまでにかなりの打撃を与えていたことから、城壁の最も弱い部分から突破できるかどうかを確かめるために、分遣隊を派遣した。しかし、東ローマ軍による攻撃に行く手を阻まれ、分遣隊の兵士の多くが命を落とした。

それでもメフメトの決意は揺るがない。新たな分遣隊を派遣して、さらに組織的な攻撃を仕掛けるよう命じる。分遣隊は何とか城壁の内側へ侵入したものの、待ち受けていた敵兵の反撃を受け、大激戦の末に、生き残った分遣隊の兵士は撤退を余儀なくされた。

そして五月二九日の真夜中、メフメトは総攻撃を命じる。部隊には、彼のお気に入りである、高度な訓練を受けた歩兵の精鋭部隊「イェニチェリ」もいた。あらゆる力を総動員した大規模な攻撃だったが、それでも敵に打ち負かされそうになる。一時は劣勢かと思われたそのとき、オスマン軍に幸運が巡ってきた。城壁の門の一つに鍵がかかっていないことに、誰かが気づいたのだ。数人の兵士がその門から中へ侵入し、ほかのいくつかの門を開錠すると、まもなくオスマン軍は城壁の内側へ一気に突入した。メフメトは、追加の兵士を乗せた数隻の船を港に停泊させてもいた。突入の知らせを受け、彼らも攻撃に加わると、戦闘はまもなく終結した。五〇日間の激戦の末に、コンスタンティノープルは陥落した。メフメトはこの都市がイスラム教徒のものだと宣言し、その名をイスタンブールと変え、数年のうちに寺院やモスク、神殿を次々に建設する。

イングランドとスコットランドの戦いで使われた大砲

イングランドは百年戦争に先駆けて、一三二七年のスコットランドとの戦いで大砲を使っている。対するスコットランドは、一三四一年に城の防衛のために初めて大砲を使った。スコットランドのジェームズ二世はとりわけ大砲の導入に熱心で、一四六〇年にロクスバラ城を攻撃する際に使っている。この城はイングランドの手に渡っていた最後のスコットランドの城で、それを取り戻そうと固く決意していたのだ。

しかし、攻撃に使われた大砲のうち、「ライオン」と名づけられた一門が使用中に爆発して、脇に立っていたジェームズ二世の命を奪ってしまう。それでも、スコットランド軍は包囲の手を緩めず、数日のうちにイングランド軍を圧倒して、城を取り戻した。

スコットランドの大砲で特によく知られているのは、「モンス・メグ」と呼ばれる大砲だ。一四五七年にジェームズ二世に贈呈されたもので、今でもエディンバラ城に展示されている。全長は四メートルを超え、砲身の内径は約五〇センチで、重さおよそ一八〇キロの砲弾を発射できた。

フランス軍

一四一五年にアジャンクールでイングランドに敗れたあと、フランスはロングボウによる敵の攻撃に対して、何か対策をとらなければならないと認識した。国王となったシャルル七世は、すぐにその対策に乗り出す決断をする。フランスからイングランド人を追い出すと誓ったが、これまでの戦術とは異なる新たな手法が必要であることもわかっていた。そこで一流の技術者や物理学者など、国内最高の頭脳をもつ人物たちを集めて、対策を考えさせることにした。大砲は確かに大きな可能性を秘めていたが、その一方で問題も多い。当時の大砲は大きくて重く、移動が困難だったうえ、性能を上げるにはさらに大きな大砲を作るしかないように思えた。しかも、最大級の大砲でさえ、城壁を打ち壊す兵器としてはそれほど効率的と言えなかった。シャルル七世はその問題を解決するよう、チームに指示した。

当時最高の大砲はブロンズ製だったが、製造に費用がかさんだ。チームは手始めに、鋳鉄など、さまざまな種類の鉄で実験を重ねた。また、爆発時のガスの膨張をより良く制御するには砲身を長くする必要があることも、まもなく突き止めた。砲弾の直径は砲身の内径よりわずかに小さいくらいにして、砲身にぴったり収まるようにしつつも、ガスの一部がほどよく抜ける空間を残して、安全に発射できるようにもした。また、砲身は根元から砲口にかけて、だんだん細くした。

砲撃した反動で大砲が後座する問題も、以前からの悩みの種だったが、誰も有効な対策を見つけられずにいた。当初、砲手は大砲を縛りつけて固定していたが、どんな金具を使っても、大砲が後ずさりした勢いで金具が壊れてしまうのが常だった。現代なら、これはニュートンの運動の第三法則で説明できることがわかっているが、当時の砲手はそんな法則など知る由もなかった。そして、ようやく見つけた最善の解決策は、大砲に車輪を取りつけることだ。車輪を使うことによって、発射時の反動で後ろに下がった大砲をすばやく元の位置まで戻し、次の発射準備ができるのである。

車輪を付けたことで、移動しにくい問題も解決した。大砲はきわめて重く、動かすのにひと苦労だったが、車輪があれば難なく移動することができる。また、大砲は城壁にある程度のダメージを与えることはできたものの、それほど効果的な兵器というわけでもなかった。大きな打撃を与えられたのは、とてつもなく重い超重量級の巨砲だけだ。運動量と衝撃に関する物理学的な知識がなかったにもかかわらず、シャルル七世に選ばれたチームは、砲弾を重くしただけでは破壊力が増さないことに気づく。砲弾が城壁に衝突するときの速度も重要であり、速ければ速いほど破壊力も増す。チームは火薬を研究して改良を重ね、火薬を粒状にすれば威力が増すことを発見した。

砲弾が描く軌跡にも問題があった。当初は、空中に放たれた砲弾が、ある地点で真下に落ちると考えられていた。この問題に関して何らかの洞察はあったものの、長年にわたって問題の解決には至らなかった。また、砲身の角度がきわめて重要であることも、当時の人々は突き止めていた。この角度が砲弾の着弾点を決め、角度を変えれば飛距離も変わることから、砲身の角度を変える軸となる「砲耳」が設計された。ロープとくさび、多様なねじを使って、砲身の角度を変える。

ここまで準備が整ったところで、シャルル七世は大砲を実戦に投入し、まもなくイングランド軍を追い出すことができた。

シャルル八世とナポリでの勝利

シャルル八世は、シャルル七世が進歩させた多くの技術を利用した。一四〇〇年代後半には大規模な軍隊を結成して、イタリアのいくつかの都市を攻撃することに決める。一四九四年、ミラノ公らにナポリ王国への攻撃を勧められると、シャルル八世は二万五〇〇〇人の兵力を従えてナポリをめざし、翌一四九五年二月にこの都市の外れに到達した。だが、行く手にはモンテ・サン・ジョヴァンニの巨大な城塞が立ちはだかる。高くそびえる城壁は厚さが一メートルを超え、数百年間にわたって幾多の攻撃を跳ね返してきた鉄壁だ。この砦を乗り越えることは不可能だと、誰もが思っていた(8)。

シャルルは車輪を備えた新型の大砲を、城壁からおよそ一四〇メートル離れた地点に配備させ、重さ約二三キロの鉄の砲弾による攻撃を開始した。こんな小さな砲弾ではとてもじゃないが城壁は壊せないと、砦を守る敵兵は考えていただろうが、実際にはシャルルのほうが上手だった。八時間にわたって城壁に砲弾を浴びせ続け、ついに壁を打ち崩したのである。それから数時間ののちに、シャルルは誰一人として兵士を失うことなく戦闘を終わらせた。ナポリに入城し、戦闘を繰り広げることなくこの都市を陥落させ、シャルルは戴冠してナポリ王となったのだった(9)。

ナポリ陥落の知らせはまもなくイタリア全土に広がり、国中の人々に衝撃をもたらした。イタリアの都市国家を治める指導者は、新兵器から領地を守る対策をすぐにとらなければならない。まもなく、城壁の裏側に土の山を築けば砲弾の威力を大幅に弱め、ほとんど被害を受けないことが判明した。

当時、戦闘の行方を左右した重要な要因は科学であり、とりわけ物理学と化学が大きな役割を果たした。とはいえ実際のところ、戦争を除けば、科学それ自体への関心はほとんどなかった。占星術と錬金術が社会に根深く浸透し、王宮には占星術師や錬金術師がいたが、科学者はいなかった。神秘主義の影響力が依然として強かったのである。

6　時代を先取りした三人——レオナルド・ダ・ヴィンチ、タルタリア、ガリレオ

一五〇〇年頃まで暗黒時代が続いたとはいえ、一四〇〇年代後半までに軍事技術だけでなく、自然に関する研究でも大きな進展がいくつかあったことは確かだ。この時代に自然をめぐる基本的な謎の多くを解明しようといち早く取り組んだ人物の一人が、レオナルド・ダ・ヴィンチである。その独創的な発明のなかで実際に製作されたものはほとんどなく、文献や図面が生前に発表されることもなかったため、レオナルドは当時の科学に大きな影響を及ぼすことはなかったが、現在では人類史上屈指の天才の一人であると考えられている。彼のアイデアの多くが何年も先、あるいは何世紀も先を行くものだった。現在では、「モナ・リザ」や「最後の晩餐」といった誰もが知っている絵画を描いた画家として最もよく知られているが、実は技術者や発明家、科学者でもあり、自然に多大なる関心を寄せ、驚くほど豊かな発想の持ち主だった。物理学から、天文学、数学、光学、流体力学、化学、解剖学まで、研究分野は多岐にわたり、まさに天才中の天才だった。

レオナルドはイタリアのフィレンツェに近い小さな町ヴィンチで、一四五二年に裕福な公証人と農家の娘のあいだに生まれた非嫡出子だった。五歳までは母親と住んでいたが、その後、父親とおじ、祖父と同居するようになる。彼の知的生活に強い影響を与えたのは、父親ではなく、おじと祖父だ。おじからは自然と科学の魅力を教え込まれ、祖父からは日々の出来事を記録する日記を書くことを学んだ。レオナルドは祖父にならい、生涯にわたってほぼ毎日、自分の考えや発明などを手稿に書き留めた。

一四六六年、一四歳になったレオナルドは、フィレンツェの著名な画家で、イタリア屈指の芸術家だったヴェロッキオに弟子入りする。この時期に多くの知識を学んだが、一四七八年、二六歳のときにヴェロッキオの工房を去り、父親の家からも出て、自力で生活することにした。このときすでに芸術家のギルド（組合）から「マスター」（親方）の資格を得ていたが、実際に芸術家としての仕事を獲得するのは難しかった。だが幸い、レオナルドには芸術以外の才能もあり、長きにわたって新兵器のスケッチを数多く手稿に書き残していた。軍事技術者を求める声が多かったことから、彼はミラノに赴き、この地を治めていたミラノ公ルドヴィーゴ・スフォルツァに職を求めたが、未来的かつ非現実的な兵器の図面に何の感銘も受けることなく、スフォルツァは彼の申し出を断った。それでもレオナルドはミラノに残り、一四八二年から一四九九年まで働いた。そのあいだも科学や工学装置の研究を続け、みるみるうちに力をつけて、才能豊かな発明家になったのだった。

一四九四年、フランスのシャルル八世がイタリアを攻撃した。フランス軍が一四九九年にミラノに達すると、レオナルドはヴェネツィアへ逃れた。そして、ヴェネツィアまで攻撃の手が及ぶと、軍事技術者としての職を見つけ、都市を守る新たな手法の開発と既存技術の改良に取り組んだ。

一五〇二年には、再び軍事技術者の職を見つける。今度の雇い主はチェーザレ・ボルジアで、彼の本拠地周辺の詳細な地図を製作するというのが、レオナルドに与えられた任務だった。当時、地図というのは新しい概念であり、地図自体が大変珍しいものだった。レオナルドはこの仕事に熱心に打ち込み、距離を歩測するなどの作業を丹念に行った。そうして彼が製作した地図にボルジアはいたく感銘を受け、すぐにレオナルドを軍事技術の総監督に任命した。

その頃レオナルドには弟子や見習い、信奉者が多くいて、一五〇六年にミラノに戻るときには彼らの大半を同行させた。その後、ローマのヴァチカンに移ることになる。

レオナルドと物理学

レオナルドは丹念にメモを取っていた。自然や科学に対しては観察して研究するアプローチを主にとっていたが、そのなかでも常に想像力を働かせていた。条件の違いで水の流れがどう変わるのか、水がさまざまな障害物の周りをどう流れるか、そして、流れの速さがどのように違うかを記録した。とりわけ高い関心をもっていたのは乱流と、それが生み出す力学だ。こうした観察や研究から、水の力を利用する装置を数多く開発した。

レオナルド・ダ・ヴィンチ

同じように、物体の周囲での空気の流れにも大きな興味を抱いていたレオナルドは、流れの速さを測るための風速計も発明した。生涯を通じて「空を飛ぶ」という概念に魅せられ、大空を舞う鳥たちを何百時間も観察しては、その研究に打ち込んだ。

なぜ鳥は空中に滞在し続けることができるのか。空高く舞い上がり、あれほど見事に空中を移動できるのは、どうしてなのか。こうした鳥の謎を何としても解き明かしたいと、固く心に決めていた。

レオナルドは、ガリレオやニュートンほど多くの実験は行わなかったが、観察と研究から多くの知識を得ていた。また、当時のほかの学者とは異なり、正式な教育はほとんど受けておらず、大学に通ったこともなかった。つまり独学で研究していたわけだが、のちに数学者のルカ・パチョーリの下で学んではいる。若い頃には、科学的な研究の多くが芸術や絵画と結びついていた。光の性質について驚くほど深く掘り下げて研究しているし、筋肉の構造など解剖学的な知識を詳しく知ったうえで絵画や彫刻の制作に取り組んでいた。

実験をしなかったとはいえ、自分で観察したり実施したりした記録は詳しく残している。綿密な説明文とデッサンや図面を含んだ彼の手稿は一万三〇〇〇ページに及ぶ。そのなかでも多くのページを割いているのが、軍事にかかわる発明のデッサンや図面だ。

自分の発明が盗作されたり、敵方の手に渡ってしまったりすることをおそれたレオナルドは、手稿に記録するに当たり、文字を左右逆転させた「鏡文字」を使った。手稿を鏡に映して読まないと、内容を理解できない仕組みだ。また多くの場合、重要な情報をわざと抜かしたり、図面をわずかに変えたりしていた。

レオナルドが存命中に研究成果を出版することはほとんどなかったが、彼が残した手稿の大半は出版物としての体裁が整えられ、まるで出版する準備がなされていたかのように見える。

実際、レオナルドはどこまで物理学を理解していたのだろうか。当時、物理学の基本原理については、そのほとんどが科学的にはっきり理解されていたわけではない。基本原理を明確に示したのは、ガリレ

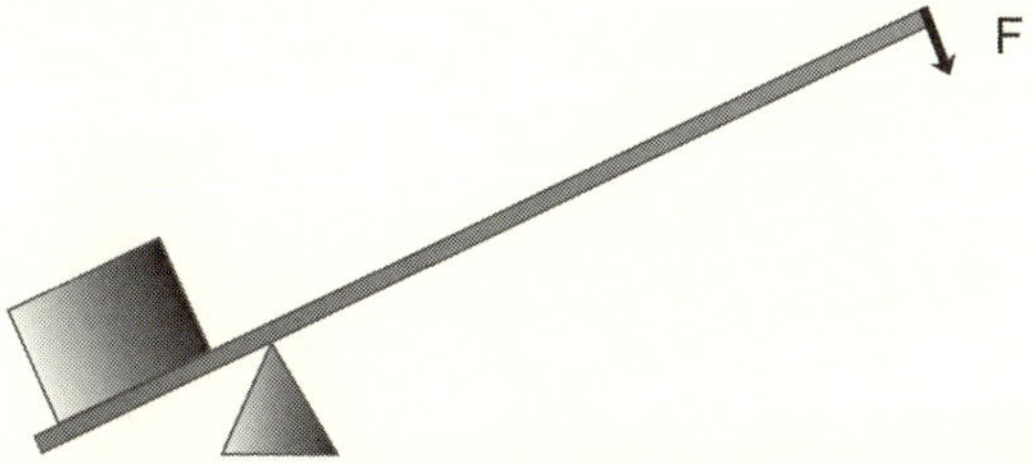

オやニュートンといった後世の科学者だ。しかし、レオナルドは基本原理の多くを直感的に理解していたと言っていいだろう。力や質量、慣性の概念を理解していたのは確かであり、加速運動と等速運動の違いもわかっていたはずだ。彼が発明した装置の多くに車輪や手回しのクランク、円盤が使われていることを考えれば、角速度や角運動のことも理解していたに違いない。

レオナルドが特によく使っていたのは、てこと車輪、車軸、歯車を使ったギア、多様なねじ、滑車、傾斜面を取り入れた単純な機械だった。物理学では、仕事を楽にする装置のことを機械と呼ぶ。簡単に言えば、ある地点で加えた力を、別の地点まで伝えるのが機械である。板と支点を組み合わせた「てこ」は、最も単純な機械の例だ（図を参照）。板の反対側に置いた重い物体を小さな力で楽に持ち上げられるが、そのぶん物体が動く距離に比べて、板の端を押し下げる距離は長くなる。

軍事にかかわるレオナルドの発明

都市国家どうしの戦争は頻繁にあり、いつでもどこでも可能な限り敵より優位に立つことが重要だった。このため、軍事にかかわる技術者や発明家はひっぱりだこだった。ほかの国から侵略される危険は常にあった。

レオナルドは軍事技術者として雇われた経験が豊富にあったため、彼の発明

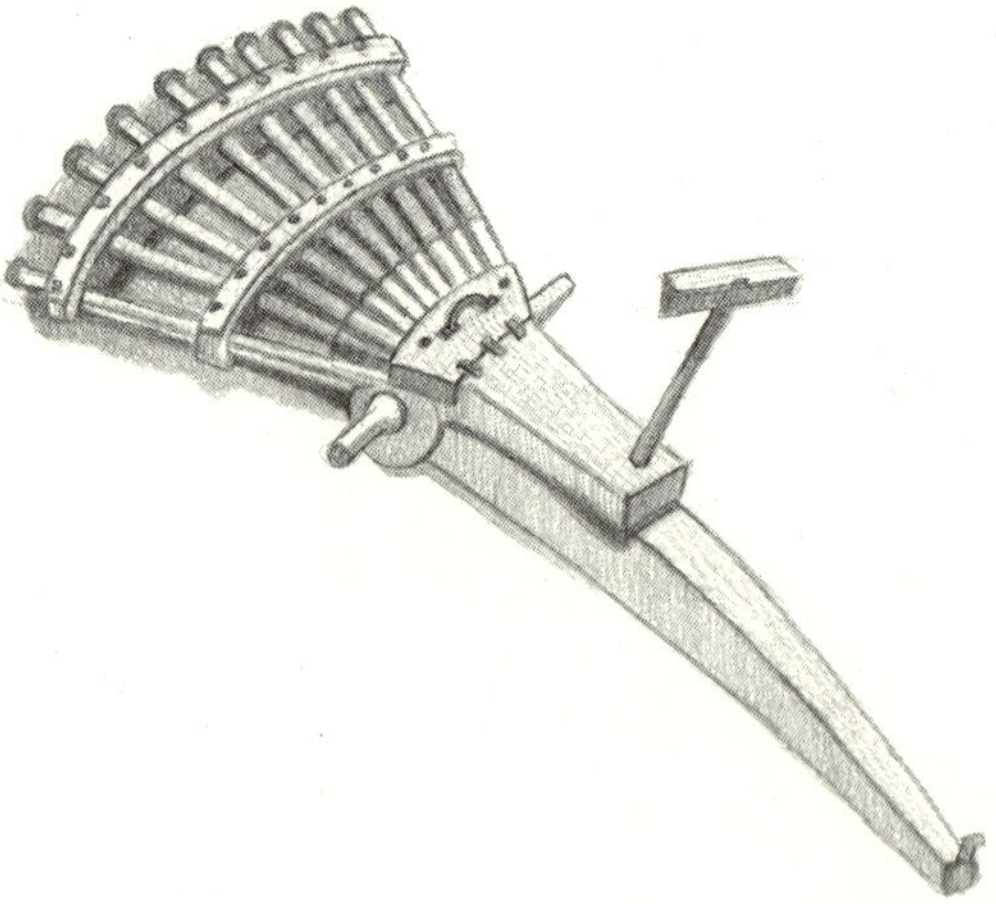

レオナルドの機関銃（何本かの銃を並べている）

のほとんどが兵器だ。ここでは、それぞれの発明について見ていく。(1)

装甲を備えた戦車

レオナルドは、ルドヴィーゴ・スフォルツァの下で働いているとき、装甲を備えた戦車の図案を提出している。その外観はカメの甲羅のような形をしており、いくつものギアを使って操作し、クランクの運動を車輪に伝えることによって前進させる。その原動力となるのは、八人の兵士の筋力だ。戦車の四方に火砲が配置されているため、前線まで突入していって、敵に大きな打撃を与えることができる。外装は防弾仕様になっていて、戦車内の兵士を敵の攻撃から保護する。レオナルドの図面には欠陥が一つあるが、これは彼がわざと書き加えた欠陥であるのはほぼ確実だ。

機関銃

機関銃と言っても、一本の銃身から次々に発射する現代の機関銃とは異なる。レオナルドの機関銃では、三枚の板のそれぞれに一一丁のマスケット銃が三角形に配置されている。銃全体が回転できる構造で、一段目を発射し終えたら放置して冷却し、二段目の発射を終えて冷却しているあいだに、一段目に弾を装填できる仕組みになっている。

飛行機

レオナルドが思い描いた飛行機は後世に戦争に使われることになったが、構想した当時、彼は飛行機を兵器として使うことは考えていなかった。本章ですでに触れたが、彼は生涯の大半を通じて有人飛行の可能性に大きな関心を寄せ、空を飛ぶ鳥の研究に明け暮れた。そうしてついに発明したのが、人間を鳥のごとく大空に舞い上がらせるための装置である。二つの翼を備えているのが特徴で、クランクを使って操縦する。レオナルドが実際に試作機の試験を行ったとの証拠もいくつか残っている。

パラシュート

空を飛ぶだけでなく、レオナルドは上空から飛び降りたあと、ゆっくり安全に降下できる装置にも興味をもっていた。現在人のように重力の知識をもっていたわけではなかったが、重力の概念を理解しており、基本的な空気力学もわかっていたようだ。現在では、高所から飛び降りるとき、重力と空気抵抗という二つの力が関係することが知られている。降下している人は、九・八メートル毎秒毎秒（m/s^2）の加速度で重力に引っ張られると同時に、空気抵抗によって上向きの力を受けるため、降下速度が際限なく上がり続けることはない。空気から受ける上向きの力で降下速度が遅くなり、最終的に落下速度は一定になる。この速度は「終端速度」と呼ばれ、降下する人の体重や体形、気圧によって異なる。たとえば、パラシュートを開いていない状態のスカイダイバーの終端速度は、時速一九〇キロほどだ。もしこの速度で地面に激突したら、ひとたまりもないだろう。こうした事故を防いで命を守るために必要になるのが、着地する前に降下速度を遅くするパラシュートだ。レオナルドは、ピラミッド形の骨組みを布で覆った装置の図案を残している。現代のパラシュートにかなり近く、試験では正しく機能したとみられる。

パラシュートを出発点に、レオナルドはグライダーも設計している。これも正しく機能したとみられるが、実際に世界初のグライダーが登場するのは、まだ何百年も先のことである。

ヘリコプター

飛行機やパラシュートと密接に関連している発明が、単純なヘリコプターだ。レオナルドは、たまたま手に入れた中国のおもちゃからこのアイデアを得たという。考え出したのは、螺旋状の巨大な翼を回す装置である。彼は空気力学に関する十分な知識をもっていたので、翼が回転すると上向きの力が生じることがわかっていた。回転する翼の下部に上向きの力が発生すると、そこで生じた圧力によって機体が浮かび上がる。翼を回すには、数人でクランクを回す必要があった。残念ながらレオナルドはニュートンが発見した運動の第三法則「どの作用にも同じ大きさで反対向きの力（反作用）が働く」のことは知らず、このアイデアはうまく行かなかった。とはいえ、当時としては独創的な考えだった。

潜水服

港町や大きな河川沿いの都市にとって最も大きな脅威の一つは、海や川からの敵の侵攻だ。岸辺から

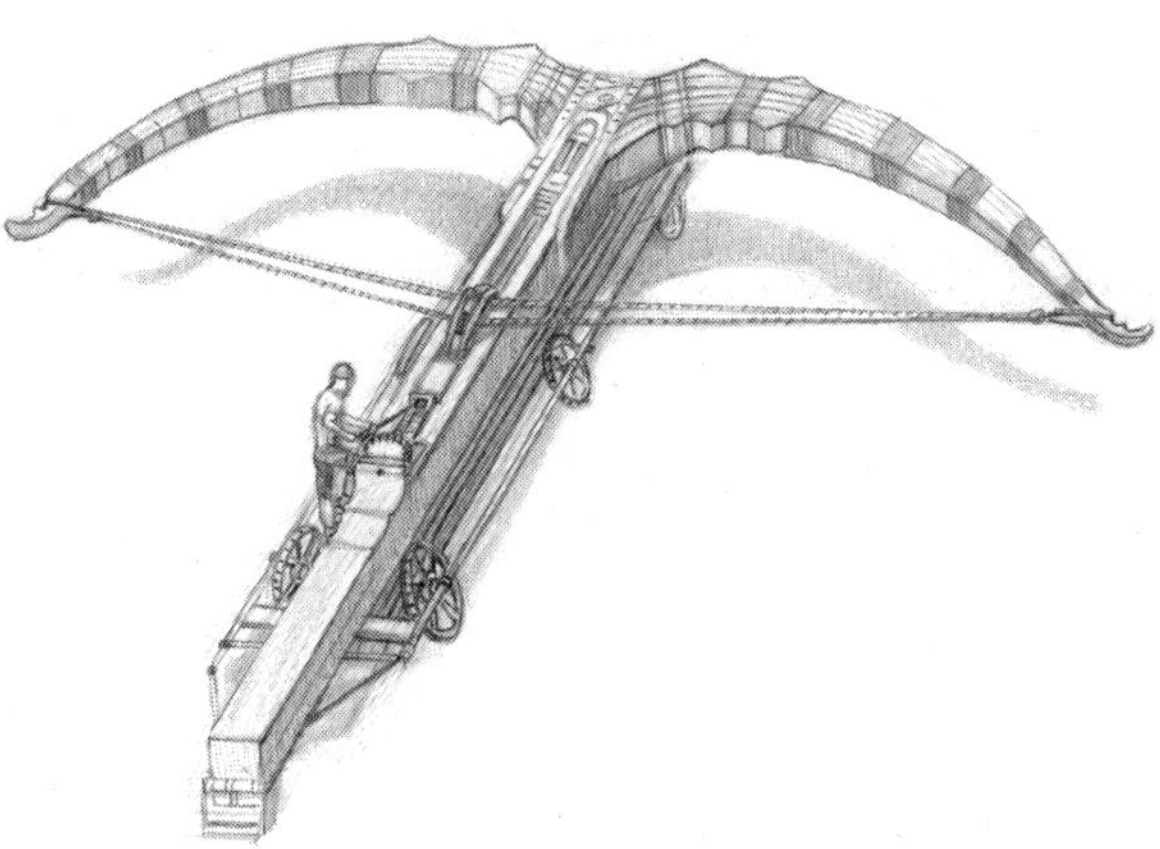

レオナルドの巨大なクロスボウ

大砲で敵の船を砲撃して対抗することはできるが、この防衛策はそれほど効果的でないことが多かった。そこで、船で攻めてくる敵を撃退する方法としてレオナルドが考え出したのが、潜水服だ。彼が残した図面や記録によれば、その潜水服を着用した兵士が水中へ潜り、敵の船の底に穴を開けて船を沈没させるのだという。潜水服に接続されているホースが鐘状の容器につながっていて、その中の空気を吸う仕組みだ。ダイバーが水中を見ることができるよう、ガラスのゴーグルを備えたフェイスマスクまで設計している。まさに、現代の潜水服に使われているアイデアだ。

巨大なクロスボウ

当時はマスケット銃や大砲が普及し始めた頃だったが、それ以前から長く使われていたクロスボウも、まだ敵に大きな恐怖感を与える武器ではあった。レオナルドが設計した巨大なクロスボウは、敵を威圧して恐がらせることが主目的だったようだ。横幅は二五メートルほどもあり、六個の車輪で移動させる。従来のクロスボウのような矢ではなく、大きな石を発射するように設計されている。燃えさかる爆弾も投射物として考えられていた可能性がある。クランクを使って弦を引き、発射準備をする仕組みだ。

水の力を利用した発明

水や流体力学は、レオナルドの発明において大きな役割を果たしていた。すでに説明したように、彼は水がさまざまな種類の表面にぶつかったときの動きを何年にもわたって研究していた。こうした研究を基に彼が設計したのが、水の力を利用したいくつかの機械だ。たとえば、水車のような外輪が、いくつかの装置に使われている。また、軍隊が川を渡る際にすばやく組み立てられる、運搬可能な軽量の橋梁も設計している。

ボールベアリング

ボールベアリング（玉軸受）は、動く部品と部品のあいだに設置して摩擦を軽減するための球体だ。ほかの発明ほど重要に思えないかもしれないが、レオナルドは発明した装置の多くで実に効果的にボールベアリングを使っている。それまで誰も考えなかったような独自の使い方だ。現在ボールベアリングは広く使われていて、たとえば、自動車でエンジンの動力を車輪に伝えるドライブシャフトには欠かせない。

最初の自動車とコンピューター

レオナルドの発明品には自動車もある。しかもそれは、あらかじめ設定したルートを運転手なしで自走する乗り物であり、玩具として考案したものに違いない。大きさは小型の荷馬車ほどで、初期の時計に使われていた部品に似たぜんまいばねの力で駆動し、ぜんまいばねが戻りきるまで動き続ける。注目すべきは、一定のルートを移動させるために、一組のギアが使われていることだ。

レンズ研磨機

望遠鏡や顕微鏡を発明したとの記録は残っていないものの、レオナルドがレンズを製作したことは確かだ。しかも、レンズの研磨は手作業ではなく、研磨機を使っていた。彼はその装置の詳しい図案を残している。

取っ手を使って円盤を回すと、その円盤が歯車を動かして軸を回転させ、歯車が付いた皿状の台が回る。研磨するガラスはその台の上に置く。

臼砲の砲弾と大砲

臼砲の砲弾で大きな課題になっていたのは、空中で砲弾をいかに安定させるかだった。レオナルドは、砲弾に安定翼を取りつけると安定性が高まることを示したほか、臼砲のほかの技術も向上させた。ルドヴィーゴ・スフォルツァに宛てた手紙には、こんな言葉を残している。「私はまた、きわめて利便性が高く輸送しやすい臼砲も考案しました……高さや位置に問題があって従来の砲撃で歯が立たない標的があれば、あらゆる砦や要塞を破壊できる方策をお教えいたします。岩盤の上に築かれていても木っ端微塵にできます」

レオナルドの手稿には、大砲から発射された数多くの小石が、標的に当たったときにもうもうと煙を上げている図も描かれている。また、三本の砲身を備えた大砲や蒸気砲の図案も残っている。

その他の有用な発明

城壁を乗り越えるために使う攻城梯子は、当時はまだ作りが粗雑で洗練されていなかった。レオナルドは、高さを調整でき、かつ従来のものよりはるかに軽量の梯子を設計している。

ほかに彼が残しているのは、船の二重船殻構造の図案だ。この構造を採用すれば、船が沈没する可能性は大幅に小さくなる。そして最後に紹介するのは、レオナルドの発明のなかで最も意外で革新的なものの一つ、人型ロボットだ。このロボットは立ったり座ったりできるだけでなく、顔を動かしたり、腕を上げ下げしたりできるほか、口の開閉も可能だ。滑車とおもり、歯車を使って動作する仕組みで、主にルドヴィーゴ・スフォルツァの娯楽のために製作された。

戦争に対するレオナルドの姿勢

人を殺すために使われる機関や機械の設計に多大な時間を割いていたことから、レオナルドは戦争に魅了されていた、あるいは戦争を楽しんでいたと考える人もいるだろう。しかし、実際のところは、それと正反対だった。戦争を嫌悪していただけではない。殺人だけでなく、動物の命を奪うこともひどく嫌っていて、動物の肉を食べることさえなかった。生涯を通じてベジタリアンを貫き、市場で食用に売られている鳥を買って、逃がしてやることもしばしばだった。自分の仕事を忌み嫌い、罪の意識を感じているとの言葉もたびたび残しているものの、兵器の設計はつつましい生活を送るために最善の仕事だったのだ。

発明した兵器のほとんどが生前に製作されなかったのが、レオナルドにとってせめてもの救いだ。実際、彼が手稿を出版することはなく、出版されたのは彼の死後一六五年経ってからのことだった。

タルタリア

大砲はだんだん改良されて、射程が延びていったが、依然として大きな問題があった。それは命中精度の低さである。発射した砲弾のほとんどが、敵兵の頭上を越えていったり、そこまで到達する前に落下したりしていたのだ。大砲の射程が発射する角度に左右されることは知られていたが、その他のことはほとんどわかっていなかった。この問題を——少なくとも問題の一部を——解決した人物が、ニコロ・タルタリアだ(2)。

タルタリアは一五〇〇年、イタリア北部の町ブレシアに生まれた。六歳のとき、郵便配達人だった父親が殺害され、母親と妹を含めた一家は貧困生活に陥った。悪いことは続くもので、ニコロが一二歳のときには、ブレシアの町がフランス軍に侵略された。ブレシアの軍隊は七日間にわたってフランス軍の攻撃を食い止め、強敵を手こずらせたものの、最後には町を明け渡す。激しい抵抗に遭っていらついたフランス軍の指揮官は、報復として町民を一人残らず殺すことに決める。タルタリアは母親と妹とともに地元の大聖堂に身を隠すが、それでもフランス兵に見つかり、軍刀で切りつけられて、顔全体と顎に大きな傷を負った。フランス兵は彼が死んだものと考え、その場を去った。フランス軍が町からいなくなると、母親はニコロを自宅に連れ帰り、懸命に看病した。ニコロは一命をとりとめ、再び元気になったものの、顔全体に負った傷は残ったままで、ひどい吃音に苦しめられた。こうしたことから、ニコロは吃音者を意味する「タルタリア」と呼ばれるようになる(3)。

ニコロは少年時代に少し教育を受けたことはあったものの、ほとんどは独学で知識を取得した。勉学に励むうちに数学の才能があることがわかってくると、数年間は数学ばかりを集中的に勉強し、やがて教師になれるほど十分な知識を身につけて、ヴェローナで教職を得たが、給料は低かった。一五三四年にはヴェネツィアに移って数学教師を続け、のちに数学教授となって、その才能と知識で名を知られるようになる。

ヴェネツィア軍の砲手の一人から相談を持ちかけられたのは、ちょうどその頃だった。大砲の命中精度を上げるにはどうすればいいかと、タルタリアは助言を求められ、すぐにその問題に興味をもった。最初に見いだしたのは、空気抵抗を無視した場合、砲身を水平線から四五度の角度に向けたときに、砲弾の射程が最大になることだった。ほかの問題についても調べ始めた。砲弾の軌道はどうか？ 砲身から発射後、砲弾はどんな力で飛び続けているのか？ 当時の砲手はこうした問いに答えられなかった。ちょうどタルタリアは、アルキメデスやエウクレイデスの初期の文献をイタリア語に翻訳し終えたところだったし、投射物の運動に関するアリストテレスの見解についてはよく知っていた。アリストテレスの説によれば、この種の物体の運動はすべて直線運動で、砲身から発射された砲弾はまっすぐに進み、勢いがなくなった地点で真下へ落ちるのだという。

タルタリアは砲手に掛け合って、さまざまな角度で砲弾を発射する試験の様子を観察することにした。砲手は大砲自体や火薬に問題があるのではないかと考えていたが、タルタリアは観察の結果、大砲にも火薬にも問題がないことをすぐに見極めた。問題はもっと根本的なもので、砲弾が砲身を離れたあとの動きに誤解があったために起きていたのである。

アリストテレスの考え方に従って、タルタリアは運動を「自然運動」と「強制運動」の二種類に分けた。自然運動とは、石などの物体が自由落下しているときの運動だ。タルタリアによれば、「重さが均等な」あらゆる物体は――言い換えれば、地球のように密度の高い物質で構成され、なめらかな円形をしていて空気抵抗が小さい物体は――自然運動をする。こうした物体は、一定の割合で加速しながら地面に向かってまっすぐに落ちる。しかし、タルタリアは加速の度合いまではわからず、加速がなぜ生じるかも突き止められなかった。

一方、砲弾などの投射物は強制運動をする。当時は、砲弾が砲身を離れたあと加速すると考えられていた。砲弾の速度があまりにも速かったため、加速していることを肉眼で確認できず、この見方が正しいかどうかもわからなかったが、何となく筋が通っているように思えた。しかし、タルタリアが至った結論は、それとは違っていた。砲弾は砲身を離れた瞬間から減速し始める。砲身内で膨張したガスによって生じた推進力を受けられなくなるからだ。

当初タルタリアは、砲弾が三つの段階を経ると考えた。最初の段階では、砲弾は砲身が向いた方向の延長線上にまっすぐ飛ぶ。しかし、ある時点で「力」をなくし始め、砲弾の軌道はカーブを描くようになる。そして、すべての「力」をなくすと、地面に向けてまっすぐに落下する。タルタリアは一五三七年、この説を著書『新科学』で発表したが、さらに深く考えてみたところ、自分の考えが正しくないことに気づき、実際には砲弾が第一段階でわずかにカーブした軌道をとると、最終的に結論づけた。また、砲弾は空中へ放たれたときに一定の力を与えられ、その力が使い果たされた時点で、強制運動が自然運動に変わると確信するようにもなった。一五四六年に出版したこの問題に関する二冊目の著書では、こうした改善を自説に施し、弾道は砲弾の速さと地面に向けて砲弾を引っ張る力のせめぎ合いによって決まると主張した。また、物体は場合によって自然運動と強制運動を同時に行うとも論じた。

タルタリアはこの研究に基づいて、大砲の照準を定める作業を補助する「砲手用の象限儀」を開発した。この装置の一本の脚を砲身に差し込み、おもりで砲身の仰角を示す。角度を測ったら、砲手はタルタリアが考案した表を見て、射角から射程を知ることができる。この表は長いあいだ使用された。精度はそれほど高くなかったが、当時としてはこれが実行可能な最善の方法だった。とはいえ、「弾道学」という名の新たな科学分野が生まれ、歳月を経るにつれて戦争でその重要性がだんだん増していく。

興味深いことに、後年タルタリアは、同じ人類の仲間を殺す手助けをしてしまったことについて深く苦悩し、後悔している。少年の頃に戦争を直接経験し、嫌悪していた。自分の仕事のことを神はどうお考えになるのかと、気が気でなかったのだ。その心配は相当なもので、あるとき後悔の念にさいなまれて、弾道学にかかわる論文や覚書をすべて処分しようと決めたこともある。

しかし、それからまもなく、フランスがオスマン帝国と同盟を組み、結託してイタリアに侵攻してきた。祖国が再び戦火に見舞われる可能性が出てくると、タルタリアは気を取り直して以前の研究をすべて復元し、イタリアの防衛軍に提供したのだった。

タルタリアの功績は大きかったが、それでも、解明できなかった謎は数多く残った。砲弾を地面へ引っ張る「力」がどんなものかを突き止められなかったし、現在「慣性」と呼ばれているものの存在も知らなかった。こうした概念の理解を進める仕事は、ガリレオに委ねられた。

タルタリアの成果によって投射物の弾道に対する理解は大きく進んだが、それでも疑問は多く残っていた。物体の運動の性質をさらに深く理解しなければならなかったほか、重力に関するある種の理解も必要だった。この問題にまず突破口を開いたのが、イタリアのガリレオ・ガリレイだ。現代物理学の父と呼ばれることも多く、並外れた功績を残したことは疑問の余地がない。それまで何世紀にもわたって受け入れられていたアリストテレスの教えをきっぱりと捨てた、最初の科学者である。すべての謎を解明できたわけではなかったが、その仕事はもう一人の偉大な科学者であるアイザック・ニュートンが成し遂げることになる。

ガリレオ

ガリレオは七人兄弟の長男として、イタリアのピサに生まれた。父親は音楽家で作曲家でもあったが、数学や実験にも取り組んでいた。それだけでなく、ぴんと張った弦を鳴らすとき、その音程（周波数）は張力の平方根に比例することを示すという、物理学においても画期的な発見をしている。確立された学説を疑う心を、ガリレオは父親から受け継いだに違いない。[4]

数ある職業のなかでも音楽家と数学者の賃金がとりわけ低いことを、ガリレオの父親はよく知っていた。ガリレオは高賃金の医学の道に入るよう父親から勧められると、一七歳でピサ大学に入って医学を学び始めた。しかし、入学してまもなく医学に飽きてしまう。数学の講義を受けたことがきっかけで、ガリレオは数学と科学に興味をもち、専攻を変える決心をした。数学者の賃金が音楽家より低いことを知っていた父親は、たいそうがっかりしたが、最終的に息子の決断を認めた。[5]

ガリレオは一五八九年にピサ大学の数学教授に指名され、一五九二年にパドヴァ大学に移り、一六一〇年まで在籍した。

弾道学の問題

それから数年のうちに、ガリレオは砲手にとって大きな問題だった弾道の研究に大きな貢献をする。それは重力に興味を抱いたことから始まった。アリストテレスの説では、すべての物体は地面に向かって落下し、その速さは物体の重さによって異なるとされ、長年この説が妥当だとみられていた。たとえば、非常に軽い羽根が重い石よりもはるかにゆっくり落下するのが、その根拠である。しかし、ガリレオはこの説に疑問を抱いた。言い伝えによれば、重さの異なる球をいくつか持ってピサの斜塔のてっぺんに登り、そこから球を同時に落とすと、すべての球が同時に着地したという。アリストテレスは間違っていたということだ。ガリレオがこの実験を実際に行ったという証拠はないものの、興味深い話であることは確かだ。

ガリレオの研究はそこで終わらなかった。球は明らかに落下しながら加速している。つまり、高さによって落下速度が異なるということだ。落下距離が長いほど、速度は速くなる。ガリレオは球の加速度を測定したいと考えていたが、物体の速度があまりにも速いので、直接測定するのは難しかった。そのため彼は、物体の速度を落とすことにした。最も良い方法は斜面で物体を転がすことである。斜面でも重力が働いているので、物体は自由落下と同じように加速する。この実験でもガリレオは、斜面を転がる球の加速度が球の質量と関係がないことを発見した。つまり、どれだけ重さが違っても、すべての球が同じ速度で一番下に到達したのだ。この運動をさらに詳しく研究した結果、いくつかの重要な結論が得られた。

この発見に先駆けて、ガリレオは振り子に似たようなものも見つけている。教会にいるとき、屋内の空気の流れによって、長いロープでつり下げられた物体が揺れているのに気づいた彼は、その物体が揺れる周期を測ろうと考えた。当時まだ時計はなかったため、自分の脈拍を使って測定したところ、揺れる幅（振幅）の大きさにかかわらず、一回の揺れにかかる時間が同じであることがわかった。ここでも、物体を下方向に引っ張っているのは（空気の流れと）重力であり、それが揺れを引き起こしている。ガリレオは重力加速度を測定することができなかったものの、現在それは九・八メートル毎秒毎秒（m/s^2）であることが知られており、地球上のすべての物体に働いていることがわかっている。とはいえガリレオは、振り子の周期が振り子の長さによって変わることを示したのだ。

重力に関する発見に基づいて、ガリレオは投射物の運動を徹底的に理解しようと詳しく研究することにした。投射物が周囲の空気の影響を受けて動きを変えることを知っていたため、まず空気抵抗がないと仮定して考えることにした。とっかかりとして、空気の存在を無視するのが最善の方法だったのだ。そのうえで、投射物に作用する力について考えた。第一の力は、火薬の点火により膨張したガスが投射物を砲身から押し出す力である。砲身から離れると、この力は及ばなくなり、投射物はほかの力を受けなければ一定の速度で飛ぶはずだ。この現象を説明するに当たり、ガリレオは、現在「慣性」と呼ばれている新たな概念を考えた。運動しているすべての物体にはある程度の大きさの慣性があり、この慣性に打ち勝つ外力が加わらなければ、物体は同じ速度で動き続ける。大砲から発射された投射物の場合、砲身を離れたあとに加わる外力は、重力だ。物体が落下するときと同様に、投射物も重力に引っ張られて落下する。単に落下する物体と異なるのは、投射物が水平方向の速度ももっていることだ。

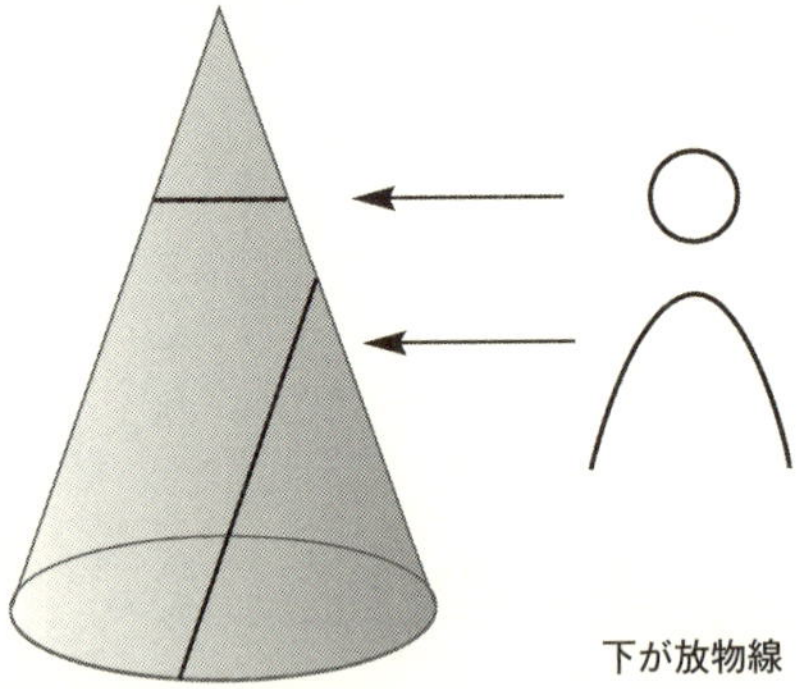

こうした観察によって、ガリレオは投射物の運動に対する理解を進め、次のような結論を得た。

・物体は一定の加速度（等加速度）で落下する（空気など、媒質の抵抗を無視した場合）。
・運動している物体は、外力を受けない限りその運動を続ける。
・加速度の法則「加速している物体の移動距離は、移動時間の二乗に比例する」。

それまでの学説を大きく覆したのは、投射物は力を受けているときにだけ加速するという主張だ。力がなくなると、物体はそれ以上加速せず、ほかの力が加わらない限り一定の速度で運動を続ける。アリストテレスの説では、運動している投射物には絶えず力が働いているとされている。つまり、物体には力の「貯蔵庫」があり、物体はそこから少しずつ力を消費しているとの考え方だ。ガリレオはこの説に異議を唱えたのである。

投射物がたどる軌道の形として最も理にかなっているのは放物線だと、ガリレオは考えた。放物線がどんなものかを理解するときに一番わかりやすいのは、円錐を考えることだ（図を参照）。底面と平行に切ると、その断面は円になる。一方、切断する平面が母線と平行になるように切ると、その断面は放物線の形になる。

軍事用コンパス

投射物の運動に関する研究から、ガリレオは「幾何学・軍事用コンパス」なるものを開発した。これは、タルタリアの砲手用の象限儀をまねたものだが、数多くの改良点がある。このコンパスを使うことで、大砲の照準合わせの精度が上がり、安全性も向上した。さらに、さまざまな重さや大きさの砲弾に必要な火薬の量を知るための目盛りまで付属している。

タルタリアと同様、ガリレオも戦争を嫌悪し、自分が兵器を開発していることに罪の意識を感じていたが、その一方で、兵器の開発は必要であるとも感じていた。本職ではあまり稼げなかったが、兵器の開発では高い収入を得られたのだ。砲手向けのコンパスを開発しただけでなく、それを一〇〇以上も製造して販売し、大きな収益をあげた。さらに、砲手向けにこの新しい装置の使い方を教える講座を開いたほか、使い方を紹介する書籍まで執筆し、それも販売していた。

興味深いことに、この装置はわずかな変更を加えることで、やがて測量にも使われるようになった。

望遠鏡

望遠鏡は純粋な兵器ではないが、戦争に大いに役立つものだ。望遠鏡をいち早く製作した人物の一人がオランダのハンス・リッペルスハイで、彼は一六〇八年にその特許を申請している。ガリレオはまもなくその噂を聞きつけると、自分でもその製作に乗り出した。すでにレンズを研磨する手法は確立していたため、短い期間で望遠鏡を作り上げることができた。一六〇九年に完成したガリレオの最初の望遠鏡は、倍率がおよそ三倍だった。それからまもなく、今度は倍率がおよそ八倍の望遠鏡を製作すると、ガリレオはそれをヴェネツィアの政治家に披露した。すると彼らは、たいそう感銘を受けるとともに、海から攻撃を受けたときに大いに役立つのではないかと考えた。たとえば、敵の軍艦の帆を肉眼で見るよりも二時間早く見つけられ、防衛するうえでとてつもなく大きな強みをもつことになる。ガリレオには望遠鏡の追加注文が舞い込み、それによって俸給を得た。

とはいえ、望遠鏡を軍事利用することに、ガリレオはほとんど興味をもっていなかった。それよりも興味があったのは、夜空を望遠鏡で観察することだった。その後の数年で、ガリレオは天文学に革命をもたらすことになる。木星に四つの衛星があることを見いだし、金星にも月と同じように満ち欠けがあることを発見した。さらに、地球の月を観察して、その表面がクレーターに覆われていることまで示している。土星も観測したほか、太陽にそれまで知られていなかった意外な一面があることも見いだした。当時、太陽は不純物のない透き通った円盤だと誰もが考えていたが、ガリレオの観察によって、太陽の表面にはいくつもの黒い点――現在呼んでいるところの「黒点」――があることが判明したのだ。ガリレオはまた、天の川も詳しく観察し、それが何千もの（ひょっとしたら何百万もの）独立した星が集まって構成されていることも発見した。ガリレオはこうした数多くの天文学的な発見を比較的短期間で成し遂げた。それは、その前後何世紀かのあいだにもたらされた発見よりも多いのではないだろうか。

望遠鏡の開発にとどまらず、ガリレオは顕微鏡も製作した。これも世界初の発明ではなかったものの、当時としては最高水準にあったとみられる。ガリレオは昆虫など、さまざまな小さな物体を観察するのに顕微鏡を使った。

その他の発明

ガリレオが作った装置は、望遠鏡や顕微鏡だけではない。一五九三年には、世界でも最古級の温度計も作っている。球と管で構成され、球の中の空気が膨張・収縮することによって管の中の水が上下する仕組みだった。ガリレオはこの温度計を市販しようともしたが、その試みはうまくいかなかった。

ガリレオは、音の高低に周波数が関係していることをいち早く見いだした人物の一人であるほか、失敗に終わったものの光の速さを求めようとしたこともある。また、水を基準にして金属の比重を測定する装置も発明した。

ガリレオの功績でおそらく最もよく知られているのは、当時受け入れられていた天動説を否定したことだろう。太陽系の中心は太陽であると確信していたため、やがて彼はこの説を唱えたことに対し、教会での宗教裁判で有罪を言い渡された。

7　初期の銃から、三十年戦争、ニュートンの発見まで

ガリレオが世を去ってからの数十年は、ほぼ絶え間なく戦争が続いた。一六一八年から一六四八年にかけての三十年戦争は、世界の歴史において犠牲者の数で最悪の戦争の一つである。犠牲者の数が増えたのは、主に新たに開発された兵器が投入されたためだった。ここではまず、そうした兵器の一つである銃について見ていこう。

戦争と銃

前章までは、大砲がどのように開発され、改良されてきたかを説明した。だが、大砲が使われるようになってからいくらも経たないうちに、人類は携行可能な小型の火砲についても考え始め、まもなく最初の「ハンドキャノン」（手砲）が登場した。鋼鉄の防具が使われ始めると、ロングボウの矢は急所に

命中しない限り大半が跳ね返され、クロスボウの太い矢も歯が立たなくなった。携行型の火砲が開発された背景にはまず、鋼鉄の防具を貫通できる兵器が求められていたことがある。確かに大砲の弾ならその目的を達成できるが、大きくて扱いにくいという問題があった。小型の火砲が求められた結果、登場したのがハンドキャノンである。最初に使われたのは一三世紀の中国だったが、たいていは命中精度が低く、扱いにくかった。とはいえ、至近距離であればほとんどの種類の防具を弾で貫通できた。[1]

ハンドキャノンの砲身は、長さがおよそ一・二メートルで、錬鉄かブロンズでできていた。砲身に取りつけられている床尾は木製だった。使用するうえでまず問題になったのは、砲身を標的に向けてしっかりと支えるのに一人、そして、火種を点火口に押し当てるのにもう一人が必要だったことだ。一人で構えて点火することもできなくはなかったが、難しかった。初期のハンドキャノンは重さがおよそ九キロから一一キロと重く、射程は最大で約九〇メートルだった。

命中精度がそれほど高くなかったにもかかわらず、発砲したときに放たれるまぶしい光と轟音が、敵兵の心理に大きな影響を及ぼすことが多かった。ハンドキャノンを目にしたことのない敵兵に対しては特に効果が高く、多くの敵兵が恐れをなして逃げていった。ハンドキャノンは一五二〇年代頃までヨーロッパやアジアで広く使われていたが、粒状の火薬の登場など、火薬に改良が加えられるにつれて、本体も改良されていった。ハンドキャノンのあとに登場したのが、オランダ語で「鉤の銃」を意味するアルケブス銃だ。「鉤」が何を指しているのかはわかっていないが、木製の銃床が鉤の形をしているからだろうとの見方が大勢だ。なお、後年に改良された銃には、火種を取りつける鉤形の金具が確かに付いている。

呼称に問題があり、のちの銃のなかにも「アルケブス」と呼ばれる銃があるのでややこしい。いずれにしろ、この呼称が最初に使われたのは一四五八年頃で、一四九〇年頃まで一般的に使われていた。射程が短く、弾を込めるのが難しい武器ではあったが、それ以前のハンドキャノンに比べ、現代のライフル銃に近い見かけだった。また、火薬が進歩したために銃の威力も大幅に増した。とはいえ、銃自体は重く、通常は銃を支える銃架が必要だった。

　アルケブス銃のあとに登場したのが、マスケット銃だ。しかし、ここでもまた呼称の問題がある。これ以降、ほとんどすべての小火器がマスケット銃と呼ばれ、そうした銃を扱う兵士はマスケット銃兵（マスケティアー）と呼ばれたのだ。銃口から弾を込める構造で、銃身の内側にはライフリング（施条）と呼ばれる溝がない。手持ちの銃が登場し始めた頃は胸で支えるのが一般的だったが、しばらくして肩で支える種類が登場すると、肩の上に載せて反動を押さえられるよう、やがてカーブした形の銃床が考案された。これでアルケブス銃と比べて性能が大幅に向上し、マスケット銃兵はおよそ三分間で通常二発を発射できるようになった。

　年月を経るにつれ、初期のマスケット銃はマッチロック式のマスケット銃へと進化した。この方式が優れていたのは、火種を手で持って点火薬（口薬）に火をつける問題を解消したことである。火種は銃に取りつけられ、引き金を引くと点火薬に火がつく仕組みだ。やがて火種には、くすぶりながらゆっくり燃える縄が使われるようになった。マッチロック式は点火薬を入れる火皿も備えていた。火縄を取りつけた金属の鉤には、ばね付きのレバーが取りつけられ、銃兵が指でこのレバーを押すと、火縄が下がって、点火薬が盛られた火皿に入る。火皿が取りつけられた点火口は銃身の内部に通じていて、点火薬に火がつくと、銃身に込められた火薬に引火するようになっている。しばらくすると、レバーの代わりに引き金が使われるようになった[2]。

マッチロック式の銃は長いあいだ主要な武器として使われたものの、装填や発射が面倒なのが難点だった。発射するまでに、次のような多くの手順をこなさなければならない。

（1）銃身に火薬を入れたあと、詰め物を入れ、その上に弾を込める。
（2）別の容器から点火薬を火皿に載せる。
（3）火縄を固定している鉤を起こし、息を吹きかけて、火がついていることを確認してから、引き金を引く。

これだけの手順を実行したあげく、弾が発射しないことも多かった。雨が降っているなど、天気が悪いと、火薬に火がつかないからだ。また、火縄が常にくすぶっている状態で、火薬をむきだしにして持ち歩くため、銃兵は危険にさらされ、手に持っている銃が暴発するなどの事故があとを絶たなかった。とはいえ、マッチロック式は長きにわたって使用され、少しずつ改良された。銃身の長さは約一・二メートルから〇・九メートルまで短くなり、銃を支える銃架はやがて使われなくなったほか、火薬の性能も徐々に向上した。

一五〇〇年代初めになると、マッチロック式に大きな改良が加えられ、ホイールロック式という新たな方式の銃が登場した（ただし、高価だったことなどから、軍事用に使われることはほとんどなかった）。それまで主に問題になっていたのは、火縄に常に火がついていることだ。雨になると役に立たなくなるし、敵に見つかりやすい。この問題を解決するには、火皿に盛った点火薬に火をつける火花を起こす機構が必要だった。一四九〇年頃にレオナルド・ダ・ヴィンチがこうした機構の最初の図案を残しているが、彼は自分の発明のほとんどを極秘にしていたため、当時の軍事技術に貢献したのかどうかはわからない。同様の図案は一五〇七年にオーストリアで書かれたドイツ語の書籍に載っており、一五〇〇年代初めにはドイツの銃工によって製作されていた。(3)

この機構は、現代のたばこ用のライターに似ている。やすりのように溝が刻まれた鋼鉄の輪（ホイール）が、黄鉄鉱という硬い鉱物の破片に接するように取りつけられ、ホイールを回転させると黄鉄鉱との摩擦によって火花が散る仕組みだ。火皿に蓋が付き、中に入れた点火薬が濡れないようになったのも、大きな進歩である。発射の準備をする際、銃兵は火蓋をスライドして開け、火薬を注ぎ入れたあと、蓋を閉じる。火皿の内部には鋼鉄のホイールが取りつけられ、火皿の上方には、黄鉄鉱を挟んだレバーがばねで固定されている。引き金を引くとホイールが回転し、火皿の蓋がスライドして、黄鉄鉱がホイールに叩きつけられて、火花が激しく散る。火花によって点火薬に火がつき、点火口の火薬に引火して、銃身内で爆発が起きる。

ドイツの銃工はホイールロック式の製造に相当熱心だったが、この方式は高価で取り扱いにも注意が必要だった。そもそも、軍事用に大量生産するにはコストがかかりすぎたのだ。とはいえ、狩猟用の銃として貴族に使われたほか、後年、同じ機構が拳銃（ピストル）に採用されている。拳銃は持ちやすく発射が簡単なことから、騎兵に好まれるようになった。

海での戦い

手で持てる銃はヨーロッパ中に一気に広まり、ロングボウやクロスボウは使われなくなった。マスケット銃が主要な武器になると、すでに犠牲者が出やすくなっていた戦場で、戦闘がさらに激しさを増した。地上で武器が進歩し、戦争が激化する一方で、海での戦い方にも発展が見られた。とはいえ、たいていその進歩は地上よりも遅く、乗り越えるべき課題の数も多かった。最大の問題の一つは、船の甲板に大砲をどのように据えつけるかだ。大砲は重かったため、あまりにも多くの大砲を積むと、船が不安定になってしまうからだ。

だが、それ以上に深刻な問題があった。当時の航海は行き当たりばったりで、外洋では特にその傾向が強かったため、たいていの船長は陸が見える範囲にとどまりたがった。だが、いつまでもそんな行動をとり続けられたわけではない。まもなく、外洋のはるか先に横たわる地域には高価な品々が眠っていることがわかってきたのだ。黄金のほか、砂糖や茶、スパイスといった、莫大な利益をもたらす商品が、海の向こうにはある。しかし、海には海賊という脅威も存在していた。高速で航行する小型の海賊船が、財宝や貴重な商品を満載した大型船を待ち受け、手当たりしだいにすばやく攻撃してくるのだ。

アジアをはじめとする外国との交易で得られるであろう莫大な利益は魅力的だが、同時に、海上での攻撃に対応できる強大な軍隊も必要だ。当時の列強だったイングランドやスペイン、フランス、ポルトガルは、そうした理由から海軍を創設したいと考えていた。海上で生き残るために強い海軍が必要だといち早く気づいた人物の一人が、ポルトガルのエンリケ王子だ。ジョアン一世の三男として一三九四年に生まれ、二一歳にして軍隊を率いて、ジブラルタル海峡に面したセウタを攻撃し、攻略に成功して、アフリカ進出の拠点となる軍事基地を設けることができた。(4)

この功績にいたく感銘を受けた父親のジョアン一世は、ポルトガル南西端のサグレスに海軍研究所を設ける許可をエンリケに与えた。国の発展には強大な海軍が欠かせないことを理解していたエンリケは、世界最高の海軍の創設に着手した（エンリケはやがて「航海王子」と呼ばれるようになる）。海外の金銀財宝や資源を手に入れるためにも、海軍は欠かせなかった。

まずエンリケは、ヨーロッパ最高の数学者や天文学者、地図製作者、地理学者を探すことから始め、一四一八年に全員を自分の海軍研究所に集めた。この施設の目標はいくつかあったが、なかでも重視していたのは航海の技術を高めることだった。また、船のスピードと性能の向上もめざしていた。エンリケの海軍研究所は、世界屈指の図書館を備えた研究開発施設だった。

まもなくエンリケは、二つの大きな目標を掲げる。アジアの主要な交易地への最良の航路を見つけることと、アフリカ西海岸を探検することだ。当時、アフリカは大いなる未知の大陸で、そこには貴重な宝が眠っているとの憶測が飛び交っていたからである。

エンリケが最初に取り組んだのは、従来の船よりも速く航行し、機動性が高い新型の帆船「カラベル船」を開発して建造することだった。最初のカラベル船が完成すると、エンリケはすぐに探検隊をアフリカ西海岸に派遣した。できるだけ南まで到達するのが彼の希望だったが（エンリケは数多くの探検隊を派遣したが、みずから同行することは一度もなかった）、そこには数々の問題があった。その一つが、航海時に方角を知るのに北極星を目印にしていたことだ。あまりにも南へ行きすぎると北極星が水平線に隠れてしまうことに、船員たちは頭を悩ませた。また、この海域には怪物の目撃談や、急な海流や嵐に巻き込まれたとの噂話が数多くあり、船員たちは南下にきわめて慎重だった。

航海士は方角を知るための羅針盤（コンパス）も持っていた。磁針が支点を中心に回転する仕組みになっていて、はるか以前に中国人が開発したものだ。海図も持ってはいたが、外洋についてはほとんど情報がなく、海図は不正確だった。

意外なのは、エンリケが外洋での航海で大きな発見をできるチャンスがあったにもかかわらず、それをみすみす逃していることだ。当時、イタリアの地図製作者で数学者のトスカネッリが、新しい世界地図の製作に取り組んでいたことが知られていた。フィレンツェ生まれの彼は、一四二四年にパドヴァ大学で数学を学び、当初は主に天文学に興味をもち、数多くの彗星を観察したが、やがて地球全体を研究することに興味をもち始める。世界はどんな姿をしているのか？　古代ギリシャの地理学者による地図を熟知し、プトレマイオスの研究やマルコ・ポーロのアジア旅行に関する知識ももっていたトスカネッリは、先人たちが残した資料を使って、ヨーロッパとアジアを示した地図を製作した。ヨーロッパとアジアは地球の表面積のおよそ三分の二を占めていると、彼は確信していた。地図全体にグリッド（一定の大きさの正方形がいくつも並んだ格子）が描かれ、陸地だけでなく外洋の情報も盛り込まれている。みずから製作した新たな地図に興奮したトスカネッリは、それをエンリケの海軍研究所に持ち込んだ。きっと自分と同じくらい興奮してくれるだろうと自信満々で赴いたが、そんな期待に反して、学者たちはほとんど関心を示さなかった(5)。

それでもくじけず、トスカネッリは地図をスペインへ持ち込むと、今度は熱烈な歓迎を受けた。それはちょうど、コロンブスが一四九二年の航海に出発する前の時期だったのだ。大西洋を横断してアメリカ大陸を発見したという、あの有名な航海である。コロンブスは新しい地図を入手して喜び、航海で使用したと言われている。

ヘンリー八世

ヘンリー八世の名前を聞いたとき、たいていの人が思い浮かべるのは、数多くの妻に対して起こした問題ではないだろうか。彼が当時の世界で屈指の強さを誇った海軍を創設したことは、あまり知られていない。イングランド海軍が所有する軍艦の数を八隻から四六隻に増やしただけでなく、ほかに一三隻の小型船舶も導入した。また、海戦の物理学に重要な進歩をもたらしたのもヘンリー八世だ。科学に興味をもっていたわけではないが、富の源泉であるイングランドの海洋交易を守ることを主目的に、海軍を強化しようと固く決意していた。外国の金や銀、砂糖、茶に大いなる関心を寄せていたが、金など高価な商品を満載した船は海賊の格好の標的となっていたし、スペインやポルトガル、フランスも、外国との交易でもたらされるであろう莫大な利益に注目していたからだ。ヘンリー八世はまた、フランスによる侵略も警戒していた[6]。

海軍を強化するうえで必要だったのは、船を大型化して積載量を増やすとともに、兵器を装備することだった。しかし、造船技師からは、甲板に重い大砲を積めば船の安定性に問題が出るとの声が上がった。大きく問題になるのは、船の重心（質量中心）だ。重心とは、簡単に言えば船のバランス（平衡）がとれる点だ。二次元の物体なら比較的簡単に重心を探せるが、三次元の物体で探すのは複雑な作業が必要になる。当然ながら、船も三次元の物体だ。

基本的に、水に浮かんだ船の安定性を最大限確保するには、重心を水中のなるべく低い位置に置かなければならない。つまり、重い物体の大半を水面下に置く必要があるということだ。重い大砲を甲板に設置すれば、重心の位置は上がる。それを避けるには、大砲を甲板の下に設置するしかない。これをどのように実現するのか。ヘンリーと造船技師は、船体の側面に発射用の穴を設けることにした。使わないときは、防水の扉を閉めて穴を覆っておく。こうした穴は「砲門」と呼ばれるようになった。

しかし、大砲を設置するには、反動の問題も解決しなければならなかった。重量級の大砲を数多く備えれば、発射時の反動も大きく、船全体が不安定になりかねない。この問題を解決するため、大砲に車輪を付け、反動で後ずさりしたときの空間を後方に十分に確保した。

ヘンリーは大砲を備えた大型の軍艦を数多く建造したが、なかでも気に入っていたのが、妹のメアリー・チューダーにちなんで名づけた〈メアリー・ローズ〉だ。一五〇九年から一五一一年にかけて建造され、重さは六〇〇トンほどで、海軍で第二の大きさを誇っていた。接近戦に強い設計で、ブロンズ製の大砲を一五門、それよりも小さい鉄製の火砲を二四門、対人用の火砲を五二門備えていた。砲撃しながら敵の水域に入り、舷側を向けてその側にあるすべての火砲で攻撃したあと、向きを変えてもう一方の舷側にあるすべての火砲で攻撃する。

一五四五年七月、〈メアリー・ローズ〉はイングランド艦隊を率いて、侵攻してくるフランス艦隊との戦闘に挑んだ。ほかの軍艦よりも速い〈メアリー・ローズ〉はフランス艦隊に立ち向かうと、舵を切って、舷側からの攻撃準備に取りかかった。しかしそのとき、突風に見舞われた。砲撃に向けて開いていた下部の砲門から水が一気に流れ込み、〈メアリー・ローズ〉はほとんどの船員とともにあっという間に海へ沈んでいったのだ。

しかし、船が大型化し、威力を増しても、まだ問題が残っていた。外洋を安全に航海する技術である。

ウィリアム・ギルバート

航海で重要な道具の一つが、羅針盤だった。通常、羅針盤の針は北の北極星の方角を指すが、海上ではそうとも限らず、羅針盤が当てにならないこともあった。北極星の方角を指すこともあれば、それとはまったく異なる方角を指すこともある。その違いを矛盾なく説明できる理由は見当たらない。何が問題なのか？　その問いに挑んだのが、ロンドンの著名な医師ウィリアム・ギルバートだ。

ギルバートは一五四四年に生まれ、ケンブリッジ大学のセント・ジョンズ・カレッジに学んだ。一五六九年に医学博士号を取得すると、ロンドンで開業医となった。羅針盤の問題を提示されたとき、彼は磁気についても物理学についても一般的な知識がほとんどなかったうえ、そもそも、当時「琥珀効果」と呼ばれていた磁気に関する理解はほとんど進んでいなかった。たとえば、当時はニンニクが磁場に影響を及ぼすと考えられていたが、このことからも、磁気に関する理解の程度が低かったことがうかがえる。ギルバートはニンニクが磁場に影響を及ぼさないことを示した。(7)

ギルバートが調査と実験による研究を始めたとき、天然磁石（磁鉄鉱）の基本的な性質は一般に知られており、琥珀をこすると帯電するということも知られていたほか、航海士が羅針盤を使い始めて何年も経っていた。研究を始めてまもなく、琥珀で生じる「電気」の場と、磁気に関連する場が異なることを、ギルバートは示した。熱を加えたとき、琥珀の電気の効果は消えるが、磁気は消えなかったのが、その根拠だった。ただし現在では、大きな熱を加えると磁場も変化することが知られている。(8)

ギルバートは「ヴェルソリウム」と呼ばれる装置も発明した。支点の上で自由に回転する金属の針と丸い天然磁石からなる装置で、針は磁気に反応して動く。現在の検電器は、二枚の薄い金属箔が同じ電

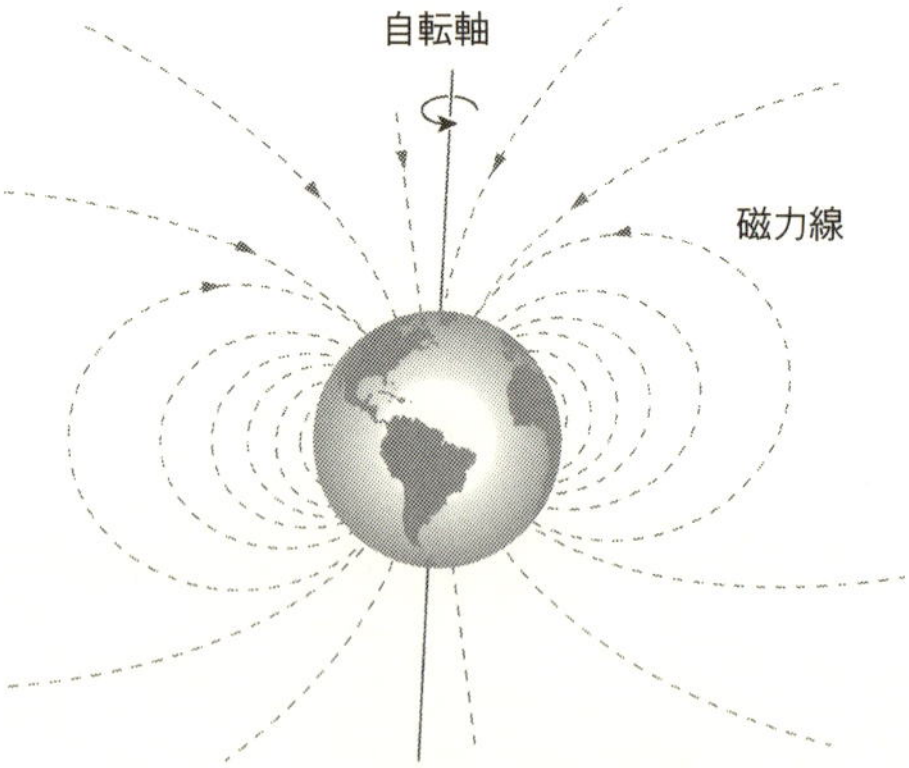

ギルバートの説による地球の磁場

荷を帯びたときに反発し合う仕組みだが、それと似たような装置だった。こうした装置の研究を通じて、ギルバートは地球が巨大な磁石であると正しく指摘し、羅針盤に影響を及ぼしているのが地球の磁場（地磁気）であることも突き止めた。地球の磁極が天然磁石のそれと似ていることを示したのも、彼の重要な功績だ。それまでは、羅針盤の針が北極星に引き寄せられているというのが、一般的な見方だった。さらに、現在知られているように、地球の中心部は鉄で構成されているとも、ギルバートは主張している。磁力に関する重要な性質で彼がもう一つ発見したのは、磁石を半分に切ったとき、分かれたどちらの断片も正極と負極をもつことだ。つまり、大きさは小さくなったものの、同様の磁石が二つできるということである。

ほかにも当時考えられていたのは、星が決まった天球の上に載っていて、その天球が地球の周りを回っているということだった。それに対してギルバートは、星が天球の上に載っているとの説を信じず、回っているのは地球であり星ではないとの説を唱えた。現在では、地動説が正しいことが証明され、航海士が時に羅針盤の問題に悩まされる理由もはっきりしている。ギルバートが指摘したように、地磁気の軸と地球が自転するときの軸（地軸）は一致していない。地球には磁北と真北があり、羅針盤の針は常に磁北を指すが、北極星はおよそ真北の方角に位置している。最大の問題は、真北と磁北のずれの見かけの距離が、場所によって異なることだ。このずれを補正するために使える表がそのうち作成されるだろうと期待され、何人かがこの問題に取り組んだものの、当時の航海士はどの表も使いこなすことはできなかった。とはいえ、少なくとも、羅針盤の針が予想外の向きを示す理由は理解できたのだった。

ギルバートはすべての研究結果をまとめ、一六〇〇年に著書『磁石論』を出版した。この本は長年にわたり、電気と磁気に関する定評ある本として使われ、その結果、ギルバートはかなりの有名人になる。王立内科医協会の会長に選出され、一六〇一年には女王エリザベス一世の侍医に就任した。また、電気、電気力、電気的引力、磁極など、電気や磁気の分野で現在使われている用語の大半は、ギルバートが考案したものだ。このため、ギルバートは電気学と磁気学の父と呼ばれることもある。

琥珀を毛皮でこすると静電気が発生する（琥珀に負の電荷が蓄えられる）ことが、現在では知られている。同様に、ガラス棒を絹の布でこすると、ガラス棒に正の電荷が蓄積される。電気力線は正の電荷から出て負の電荷へ向かうと考えられているほか、同じ電荷どうしのあいだには「斥力」という反発する力が、異なる電荷どうしのあいだには引力が働く。また、電荷の周りに電場ができるのと同じように、磁石の周りには磁場ができる。そのとき磁力線はN極から出てS極へ向かう。電気と同様、同じ極どうしは反発し、異なる極どうしは引き寄せ合う。

ギルバートが電気や磁気に関する発見をした当時、それらがすぐに武器に応用されることはほとんどなかった。しかし、彼の研究は電流や電気回路など、電磁気にかかわる現在のあらゆる知識の礎であり、

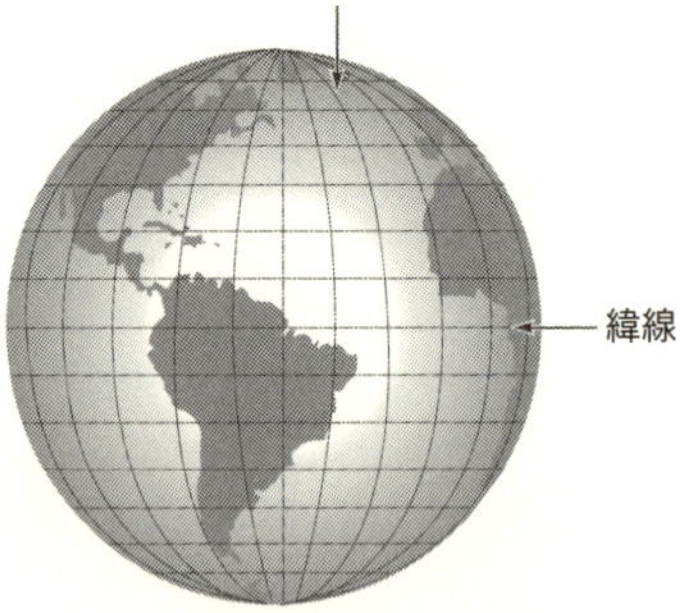

緯線と経線

現在世界中で使われている装置の大半はギルバートの研究が基になっている。結果的にギルバートの発見は、戦争に大きく貢献したことになる。

経度の問題

ギルバートは、北には真北と磁北の二種類があることを示して、航海術向上のための礎を築いた。その後、この違いを活用して航海の安全性を高められるかどうかを確かめようと、科学者や天文学者が研究を重ねた。たとえば、イングランドの天文学者エドモンド・ハレーは何度も航海に出て、真北と磁北との偏角を研究したほか、新たな図法の基礎となる海図を作成したものの、問題は解決できないように思えた。

航海には、緯度と経度の知識が必要だ。すでに紀元前三世紀には、天文学者のエラトステネスが、現在の緯線や経線に似たグリッドを使って地球上の位置を表す手法を提案していた。そして紀元前二世紀には、ヒッパルコスがエラトステネスの手法を一歩進め、経線に相当する線と時間を結びつけて考えるべきだと提案している。

陸でも海でも、緯度を特定するのは当時も比較的簡単だった。太陽の高度を正午に測定し、あらかじめ用意した表と比べることで特定できる。問題は経度の特定だ。陸で測定するのはそれほど難しくなかったが、海上での特定が難題だった。経度の特定には時間を利用する必要があり、当時は振り子時計が使われていた。振り子は陸上では問題なく機能したのだが、激しく揺れる航海中の船の上で使うと、とたんに当てにならなくなったのだ。[9]

こうした問題があったことから、船長はたいてい経度を無視し、まず目的地の緯度をめざして航行し、その緯度に到達してから目的地に向かう航法をとっていた。しかし、最短距離を通るわけではないため、時間がかかりすぎたうえ、危険な目に遭うこともあった。この航法をとったために難破した船も多い。問題があまりにも深刻だったことから、イングランドでは、現在の貨幣価値で何億円にも相当する懸賞金をかけて、解決策を募集した。これは問題解決に向けた大きな起爆剤となった。それ以前にも、フランスやスペイン、オランダといった国も同様の懸賞金をかけていた。

地球が地軸を中心にして一日に一回転することは、当時も知られていた。これは一時間に一五度だけ回転するということだ。距離に換算すると、赤道上では四分ごとにおよそ一〇〇キロ進むことから、西へ一〇〇キロ進むごとに正午の時間が四分遅れることになる。出発地の時刻と船上の時刻が正確にわかっていれば、航海士はこの二つの時刻を比較することによって、出発地からの距離を把握できる。この方法と、緯度と経度の表を組み合わせれば、船の現在地を特定できるのだ。ただ、緯度と経度の表はすでに確立されていたが、船に設置された時計はあまりにも不正確で、出発地からの距離を正確に知るのは容易ではなかった。船上で正しい時刻を把握する方法、そして、航行中に遠くの基準点の時刻を知る方法を改善する必要があった。

紆余曲折の末、航海士が頼ったのは、天文学者である。月と星はある意味できわめて正確な時計として利用でき、とりわけ月は星を横切ることから、時刻を知る有効な手立てとなる。当時も月の動きは長年にわたって正確に記録されており、月がさまざまな星を隠す時刻もよく知られていた。英仏両国は天文台の設置に乗り出し、イギリスの王立天文台はグリニッジに、フランスの天文台はパリに建設された。しかし、まもなく深刻な問題が持ち上がる。英仏のそれぞれの天文台が、独自の本初子午線（経度〇度の子午線）を使い始めたのだ。

星の前を横切るように移動する月の動きは、優れた時計として使えるのではないかと考えられた。月は二七・三日かけて空を三六〇度ぐるりと一周する。一日に一三度動く計算だ。イギリスの天文学者エドモンド・ハレーは、月が動くあいだにさまざまな星を隠した時刻を望遠鏡で観測するのがよいと提案した。それに合わせて手の込んだ数々の表も作成したが、月の軌道上に位置する明るい星の数が少なかったために、彼の手法はうまくいかなかった。

ほかの天文学者も、それまでにさまざまな手法を提案していた。かつてガリレオは、木星の周りを回る四つの明るい衛星の動きを時計として使う案を唱えたことがあった。しかし、外洋を航行中に、揺れる船上で木星の衛星を観測するのは困難だった。

結局、最善の解決策として採用されたのは、船上でも正確に時を刻む時計だった。イギリスの時計職人ジョン・ハリソンが振り子を海上で使うことはできないと考え、ぜんまいで動く時計を考案したのだ。これは海上でも狂うことなく見事に機能した。

三十年戦争

大砲と銃の性能が向上するにつれ、その威力も増して、戦場での犠牲者数も増加した。戦い方も変わり、相対する軍隊どうしが接近する機会は減って、遠くから撃ち合うことが多くなると、砲弾を放つ兵士が、みずからが殺した相手を目にすることはなくなった。しかしそれと同時に、戦争によってもたらされる被害は深刻化し、悲惨さも増す。兵士たちが我が物顔で村々に足を踏み入れ、金品の略奪や女性たちへのレイプを繰り返した末に民家を焼き払う蛮行があとを絶たず、ときには一つの村全体を徹底的に破壊し尽くすこともあった[10]。

マスケット銃の精度は上がって、数百メートル先の標的をまずまず正確に仕留められるようになり、大砲による砲撃の破壊力は大きくなった。こうした攻撃を防御する術はほとんどなかったことから、戦争が勃発する頻度が増し、戦闘と戦闘の間隔も短くなっていった。当時、特に壊滅的な被害をもたらした戦争は、一六一八年から一六四八年まで続いた三十年戦争だ。いくつかの国で男性の人口が激減するほど深刻な事態を引き起こし、史上最も長く続いた戦争の一つでもある。当初は、フランスとスウェーデン、オランダのプロテスタントと、神聖ローマ帝国（スペイン、オーストリア、バイエルンなどの国家からなる連合体）のカトリックのあいだで起きた宗教戦争の色合いが濃かった。しかし、戦争が進むにつれて、宗教戦争の色合いは徐々に薄れ、政治的利害が絡む国際紛争へと発展していった[11]。

三十年戦争で主な戦闘の多くは、現在のドイツに当たる地域で繰り広げられた。当然ながら、この期間には物理学をはじめ、あらゆる科学の進歩が停滞していた。終戦を迎える頃には、参戦した国のほとんどが財政的に破綻していただけでなく、荒れ果てた国土を抱えることになる。とはいえ、物理学が兵器と戦術に貢献したことは確かだ。

三十年戦争が始まるきっかけとなったのは、一六一七年にオーストリア大公の息子フェルディナント二世がボヘミア王に即位したことだった。カトリックのフェルディナントは、王位に就いて一年も経たないうちに、プロテスタント教会の閉鎖に乗り出す。当然ながらプロテスタントはこれに反発し、暴動を起こした。そして、新しい政府の行政官として王が派遣したカトリックの顧問官二人がプラハ城にやって来ると、プロテスタントは板ガラスを張った窓から彼らを放り出した。彼らは二〇メートル以上落下して地面に激突したものの、奇跡的に一命をとりとめた。これが戦争の引き金となった。

スペインのカトリックの王と、バイエルン公がフェルディナントに同調する一方、プロテスタントの側についたドイツ諸侯もいた。一六一八年から一六二五年までは、プロテスタント側が敗北に敗北を重ねる。カトリック側で戦いの鍵を握っていたのは、オーストリア、ボヘミア、スペインや神聖ローマ帝国を支配していたハプスブルク家だ。この地域のほかの国の多くはハプスブルク家を恐れていた。フランスとイングランド、オランダは同盟を組んで彼らに対抗し、デンマークのクリスティアン四世の後ろ盾となって、プロテスタントのためにドイツに侵攻するよう働きかけた。クリスティアンの軍は、アルブレヒト・フォン・ヴァレンシュタイン率いるハプスブルク側の軍隊との戦闘に挑んだものの、徹底的に打ちのめされる。開戦から数年のうちに、プロテスタント側はかなりの領土を失い、ほとんどの戦闘で敗北を喫した。そんなときに介入してきたのが、スウェーデンである。

スウェーデンの介入

神聖ローマ帝国とそのカトリックの同盟国に、予期せぬ事態が起きた。戦争の足音がスウェーデンに近づいていることを、同国の若き王グスタフ・アドルフ（グスタフ二世）が懸念し始めたのだ。スウェーデンに対する攻撃を恐れた王は、そうなる前に行動する決断をした。グスタフ二世は一六一一年、若干一七歳でスウェーデン王となったが、父親から十分な教育を受けていたうえ、指導者となる天性の才能を備えていた。砲術や戦術、兵站、軍の編成に関する最新の技術や知識を習得していたほか、軍を率いる経験を豊富に積み、三一歳のときにはポーランドとの戦争を指揮して、スウェーデン軍を見事勝利に導いた。

グスタフ二世が率いた軍隊は世界屈指の軍事力を誇っていた。兵士が訓練を怠らないように徹底し、規律の遵守を厳しく求めた王は、完全無欠を追い求める完璧主義者と言ってよく、常に最大限の銃撃を行うよう部隊に要求した。その理想を達成するため、軽量化して扱いやすくしたマスケット銃を開発したほか、あらかじめ計量した火薬を入れる容器と紙製の薬莢も導入し、できるだけ迅速に弾を装填するように求めた。その結果、グスタフ二世の軍隊はほとんどの敵軍兵士より三倍速く射撃できただけでなく、その命中精度も敵を上回るまでになった。さらにグスタフ二世は戦術に対しても重要な変更を施した。彼の部隊は銃撃しながら前進し、敵軍の前方と側方から攻撃を仕掛けたら、すばやく退却し、新たな攻撃に向けて次弾を装填する。グスタフ二世は防御よりも攻撃に重きを置き、かつ機動力も重視したほか、軍隊では珍しいことに、兵士が複数の役割をこなせるようにも訓練した。歩兵と砲兵は簡単にその役割を交代できたうえ、兵士全員が乗馬の訓練を積んでいたため、騎兵の交代や補充も容易だった。

実際、兵器や戦術に数多くの進歩をもたらしたグスタフ二世は、近代戦争の父と言われることが多い。

　このため、一六三〇年にドイツ北部を攻撃したとき、グスタフ二世は準備万端で、敵のカトリック軍を簡単に打ち負かすことができた。たいていの軍隊は占領した国で金品を略奪する悪事を働いたものだが、グスタフ二世は自分の軍隊にそんなことはさせなかった。さらに進軍した彼は、一六三一年にティリー伯の軍隊と対峙したときも、難なく戦いに勝利することができた。その後、ドイツを横断してライン川に到達すると、そこでいったん進軍をやめ、神聖ローマ帝国の侵攻に備えた。翌年、グスタフ二世はバイエルンに再び侵攻し、やはりカトリック軍を軽々と圧倒した。

　一六三二年には、グスタフ二世はおよそ二万人の連合軍を従えていた。対するヴァレンシュタインは以前にも対戦したことのある将軍で、やはり同程度の規模の軍隊を率いていた。両軍はドイツ中東部の町リュッツェンへと互いに進軍する。グスタフ二世率いる軍隊は夜明けの攻撃に備え、そこで一夜を明かした。しかし起床してみると、辺り一帯が濃い霧に覆われているという予期せぬ事態に見舞われた。彼らが準備に手間取っているうちに、ヴァレンシュタインは騎兵を配置につかせる。これが、グスタフ二世にとっていくつかの不利な状況を生んだ。霧がいっこうに晴れないと見るや、グスタフ二世は立ち込めた霧の中で攻撃を仕掛ける決断する。だが、いざ攻撃を開始してみると、戦場が大混乱に陥った。敵と味方を区別するのが困難で、グスタフ二世と彼に同行していた騎兵の分遣隊は、騎兵の本隊を見失う失態を犯した。その後に起こった大混乱で両軍とも大量の兵士を失うことになったうえ、グスタフ二世自身も銃弾を受ける。この事態に彼が乗っていた馬が動揺し、霧の中を暴れ回ると、グスタフ二世は最後には振り落とされた。地面に横たわった彼の身分を知ってか知らずか、何人かの敵兵が再び彼を銃撃してとどめを刺した。結局、スウェーデン軍が勝利を収めたのではあるが、指導者を失ったことは、彼らにとって計り知れないほど大きな打撃となった。

ヴァレンシュタインはこの戦闘を生き延びたが、それからいくらも経たないうちに暗殺されてしまう。リュッツェンの戦いは終わっても、三十年戦争自体が終結したわけではなく、その後も一六四八年まで、戦いはさらに一六年にわたって続くことになる。グスタフ二世は祖国スウェーデンで英雄として讃えられ、その後も敬愛される人物であり続け、今では「アドルフ大王」と呼ばれるまでになった。

発見の新時代をもたらしたニュートン

三十年戦争のあいだ、ヨーロッパでは物理学にほとんど進歩が見られず、イングランドの国力は依然として小さかったため、この国では特筆すべき出来事がまったくと言っていいほどなかった。しかしまもなく、科学の世界に実り多き黄金時代がやって来る。その立役者となった人物が、アイザック・ニュートンだ。彼は軍事にはほとんど関心を示さず、軍事の仕事に直接かかわることはなかったが、彼の発見は武器や戦争に計り知れないほど大きな影響を与えた。ニュートンが示した洞察のおかげで、人類はこれらの背後にある根本的な物理を、史上初めて理解することができた。

ニュートンは、ガリレオが死去した一六四二年にイングランド中部のウールスソープ・マナーで生まれた。父親は農業を営んで比較的裕福だったが、ニュートンが生まれる前にこの世を去り、母親は彼を産んだあとに再婚する。ニュートンは祖母のもとで育てられ、その後、一二歳から一七歳までグランサムのキングズ・スクールという学校で学んだ。母親は彼に農業をさせようとしたが、ニュートンは農業にまったく興味を示さなかった。結局、キングズ・スクールの校長の説得に応じて、母親はニュートン

アイザック・ニュートン

をケンブリッジ大学に入学させることにした[12]。

一六六一年六月、ニュートンはケンブリッジ大学のトリニティ・カレッジに入学し、数学と物理学、天文学、光学を学び始めた。彼の大学生活についてはあまり知られていないが、教師の一人であるアイザック・バロウが、ニュートンの優れた才能を見いだしている。だが一六六五年に黒死病（腺ペスト）が蔓延すると、ニュートンは帰郷を余儀なくされた。彼が実家で過ごしたこの時期は物理学の歴史において特筆すべき重要な時期の一つであると、今では考えられている。言い伝えによれば、ニュートンはこの時期に庭でリンゴが木から落ちるのを見て、物体が落下する理由を思案し始めたという。この出来事がきっかけとなり、ニュートンは物理学でも重要な発見の一つである有名な「万有引力の法則」を導いた。同じ年には、微積分法を考案したとも言われているが、奇妙なことに、彼はその成果を長年にわたって秘密にしていた。そうこうしているうち、ドイツの数学者ライプニッツがわずかに異なる形式の微積分法を発見した。このため、微積分法の最初の発見者が誰なのかをめぐって、後年、大きな論争が巻き起こった。

ニュートンはケンブリッジ大学に戻ると、数学教授に任命された。教授時代の初期の頃には、特に光学の分野で重要な発見を次々と成し遂げたが、それだけでなく、物体の運動や力学にかかわる発見もしている。そうした発見のいくつかをケンブリッジの学者たちに披露したとき、ニュートンは手厳しい批評を受けたことに戸惑ったという——彼は批判を受け止めることができない質だった。ニュートンは実験を続け、いくつもの重要な発見をしていたが、その成果は整理棚にしまい込まれ、何年ものあいだ誰の目にも触れなかった。もしエドモンド・ハレーがいなければ、ニュートンはみずからの研究成果を墓まで持っていったのではないだろうか。

一六八四年、ハレーは友人の物理学者であるロバート・フックと、万有引力の法則を表す数式について議論していた。案はいくつかあったのだが、それが正しいのか確信をもてなかったのだ。そこでハレーは、知人のニュートンならこの問題を解決できるに違いないと思い至り、彼のもとを訪れた。期待どおり、ニュートンは答えを知っていた。彼は万有引力の法則が逆二乗則であることを数学的に証明したとハレーに告げ、それを記した書類を見せようと申し出た。しかし、計算結果を記した書類は探しても見つからなかったため、後日送付すると、ニュートンはハレーに約束した。後日その論文を受け取ったハレーは驚いた。再びニュートンのもとを訪れ、計算結果について議論するなかで、ハレーがさらに目を見張ったのは、ニュートンが万有引力の法則を発見していただけでなく、未発表の発見を大量にしまい込んでいたことだ。このことがきっかけで出版された『自然哲学の数学的諸原理』は物理学において最も重要な一冊となり、現在では『プリンキピア』として広く知られている。

この『プリンキピア』に収録されているのが、ニュートンの法則とも呼ばれる運動の三法則だ。第一法則は慣性の法則とも呼ばれ、「静止しているか等速直線運動をしている物体は、外力が加わらない限りいつまでもその状態を続ける」というものだが、これは当時の常識から外れているように受け取られた。等速度運動をしている物体が無限に同じ動きを続けるようには思えなかったからだ。だが実際には、外力が加わらない限り、物体は同じ動きを続ける。第二法則はその外力に関するもので、「物体に力を加えるとその力の方向に加速度が生じ、加速度は加えた力の大きさに比例し、物体の質量に反比例する」と定義されている。これは当時のほとんどの人にとって、まったく理解できない言葉だったが、しばらくすると理解されるようになった。この法則は、等速度運動をしている物体に力を加えたときに起きる現象を示したもので、加速度（a）と力（F）、質量（m）を使って$a=F/m$という式で表される。第三法則は「どの作用にも同じ大きさで反対向きの力（反作用）が働く」という作用・反作用の法則を示したものだ。

こうした運動の法則からは、「運動量」という新たな概念が生まれた。運動量は質量と速度の積（m×v）として定義され、ここから運動量保存の法則が導き出された。この法則は「ある系に外力が加わらない限り、その系の運動量の総和は常に一定である」ことを示すものだ。つまり、外からの影響がないとすれば、相互作用（衝突など）が起きる前の運動量の和と、相互作用のあとの運動量の和は同じであるということだ。

運動の三法則が登場したことで、大砲を発射したあとの反動、弾丸が与える衝撃といった現象をより良く理解できるようになった。ニュートンの法則が戦争に多大なる影響を与えたことは、容易に想像がつく。

とはいえ、弾丸や砲弾が地上へ落ちる仕組みの解明が、大きな問題として残っていた。ガリレオがいくつかのヒントを提示してくれてはいたが、問題の大部分は謎のままだったのだ。この謎を解いたのが、ニュートンの万有引力の法則である。「宇宙に存在するあらゆる質点は互いに引き寄せ合っており、その力の大きさは二つの質点の質量の積に比例し、互いの距離の二乗に反比例する」というのがその説明だ。数式では、力（F）と質量（m_1とm_2）、互いの距離（r）を使って、$F=m_1m_2/r^2$と表される。

もちろんニュートンには、この数式を戦争の兵器と結びつける考えは毛頭なく、この数式を使って、月が地球の周りを公転する周期を正確に予測したいと考えていた。実際に計算してみると、その予測は観測結果に近いものだったが、正確ではなかった。当時は地球から月までの正確な距離が知られていなかったうえ、重力加速度もわかっていなかったからだ。

ニュートンは運動の三法則を発見したことによって人類史上最も偉大な科学者の一人とみなされるようになったが、彼の成果はそれだけではない。白色光はすべての色（波長）の光が均等に混ざったもので、白色光の光線をプリズムに通すと、光が分散してそれらすべての色に分かれることなど、光学の礎を築く重要な発見もした。ニュートンは反射や屈折の仕組みも発見しているほか、反射望遠鏡も考案した（現在のほとんどの大型望遠鏡には反射鏡が使われている）。光学に関する彼の発見は、一七〇四年に出版された著書『光学』に収録されている。

さらにニュートンは、音や熱、潮汐、流体力学を理解するうえで重要な貢献をし、数学の分野でも微積分法に加えていくつか大きな発見をしている。とはいえ、数あるニュートンの功績で最も重要だと考えられるのは、科学的論法、あるいは実験的手法といったものを初めて考案し、使用したことではないだろうか。科学的論法にまつわる四つの法則を発表しているのが、その代表的な例だ。それ以前にも、ガリレオが実験的手法を使ってはいるものの、それを完成させたという点がニュートンの功績である。さらに彼は、理論と実験を組み合わせることの効果を重要視していた。

ニュートンの発見は戦争にどんな影響を与えただろうか。その一部は直接影響を及ぼしたものの、ほとんどの場合、運動や万有引力にかかわる彼の法則が及ぼした影響は間接的で、砲手や武器の製造者が大砲や銃を撃ったときの現象や、砲弾や銃弾が地面に落下する過程を理解するために役立ったくらいだ。その一方で、光学にかかわる実験は、戦争で使われているなかでも特に重要な道具の一つである双眼鏡として結実する。そして当然ながら、彼が考案した微積分法もきわめて大きな役割を果たしている。

8 産業革命の影響

イギリスの産業革命は一七六〇年頃に始まり、一八四〇年頃まで続いた。一般市民の日常生活にも多大なる影響を及ぼしたことから、この時代は人類史で最も重要な時代の一つであると考えられている。人々の生活水準が向上したのが特筆すべき効果ではあるが、それでも、環境汚染という大きな社会問題も生んだ。

この時代は軍事分野にとっても重要だった。軍隊の装備や戦い方に変革をもたらし、文明社会においても目新しかった大量生産技術が導入され、何千もの火砲や弾薬といった武器を容易に生産できるようにもなった。武器の製造工程が規格化されて、部品を簡単に交換できるようになったのは、特筆すべき進歩である。

産業革命において、物理学や科学はどのような役割を果たしたのだろうか。その成果についてはいくつかの議論がある。工業の発展に伴って物理学への関心が高まったことは確かであり、その結果、物理学の新たな分野が誕生した。とはいえ、ニュートンによるそれ以前の大発見や、産業革命の時代に成し遂げられた画期的な進歩が、どれだけ物理学に関係していただろうか。ここで問題になるのが、「科学」という言葉の定義、さらに言うなら「物理学」の定義である。理論物理学は産業革命にほとんど貢献しなかったという見方が大勢であり、進歩の大半が技術的なものだったことを考えれば、応用物理学と工学が大きな役割を果たしたというのが本当のところだろう。

とはいえ、社会には劇的な変化がもたらされた。そのほとんどが良い方向への変化だったが、労働者階級の人々にとっては、新たに登場した溶鉱炉（燃料に石炭が使われていた）から排出されるスモッグが、健康を害する新たな問題となった。そして産業革命は、戦争と兵器にも多大なる影響を及ぼしたことは確かだ。

フランス革命

産業革命は、少なくとも初期の頃はイギリスを中心に起きていたが、歴史を振り返ってみると、その起源はフランスにあることがわかる。ただし、フランスで産業革命が本格化したのは、イギリスで産業革命が十分に進行してからだった。

産業革命の起源は、一六四三年から一七一五年までフランス王として君臨したルイ一四世の時代にさかのぼる。七二年に及んだ在位期間はフランス王では最長だ。ルイ一四世は四歳で王座に就いたが、当初は王母が摂政となり、補佐役として宰相が代わりに政務を執り行っていた。二一歳のときに親政を開始した当時、海にはイギリス海軍が君臨し、高度な訓練を積んだイギリス軍にフランス軍はまったく歯が立たなかった。自分は神から力を授かり、神を除いて誰にも責任を負う必要がないと信じていたルイ一四世は、フランスをヨーロッパ最強の国家に育て上げることを決意した。そのためには、陸軍と海軍の増強が必須である。さらに、第一級の軍隊をめざすのならば、武器や戦略、戦法も第一級にしなければならない。これを何としても実現すると固く心に決めたルイ一四世だったが、不思議なことに彼は、スウェーデン王のグスタフ・アドルフのようにみずから軍隊を「率いて」戦争することに、まったく興味をもっていなかったうえ、工業を含めた科学技術全般の進歩にもほとんど関心を抱いていなかった。興味があるのは、数ある宮殿(ヴェルサイユには豪華絢爛な宮殿を建てさせた)でダンスとパーティに興じることとくらいだった。幸いなことに、ルイ一四世はジャン＝バティスト・コルベールというきわめて優秀な財務総監を従え、陸軍と海軍の増強を彼に任せていた。実際、コルベールはすばらしい仕事をした。数年も経たないうちに、フランスはヨーロッパで屈指の強さを誇る海軍と、最高の装備を備えた陸軍を擁するようになったのである。時代遅れの船を一八隻しか所有していなかった海軍は当時最新の装置を備えた船を一九〇隻も導入し、数千人の兵士がいずれも訓練不足だった陸軍は、高度な訓練が行き届いた四〇万人もの兵士を従えるようになったほか、当時最高の大砲とマスケット銃を備えるまでに増強された(1)。

これらすべてを手にしたルイ一四世は、フランスの領土拡大に乗り出す決断を下す——端的に言えば、彼はイギリスを打ち負かし、ヨーロッパを征服したかったのだ。戦争のことを、みずからが司令官となって参加する「スポーツ競技」のように考えていた。手始めにルイ一四世は自分の大規模な軍隊を率いてベルギーとオランダに侵攻した。この戦いには容易に勝利したが、その動きを知ったほかの国々はルイ一四世を自分勝手な侵略者だとみなし、同盟を組んで攻撃に対抗した。その結果、フランス軍は敗北を積み重ねていく。特に手痛い敗北を喫したのは、一七〇一年から一七一四年まで続いたスペイン継承戦争だ。終戦を迎える頃には、フランスの財政は破綻寸前の状態にまで悪化していた。結局、ルイ一四世はその長期にわたる在位期間の大半を戦争に費やし、一七一五年にこの世を去る頃には評判をすっかり落としていた。(2)

領土拡大の野望は満たせなかったものの、ルイ一四世は産業革命を起こすという重要な功績を残している。そもそもの始まりは、火薬の製造にあった。当時、火薬の生産はあまりにも遅く、ルイ一四世は火薬をより迅速かつ効率的に生産したいと考えて、パリに巨大な火薬工場を建設するよう総監たちに命じた。その工場に設けられたのが、流れ作業で大量生産をするための、おそらく世界初の「組み立てライン」である。製造手順にはいくつかの工程があり、それぞれの工程に作業員のグループが割り当てられ、一グループにつき一つの作業をし、終わったら次のグループに製品を受け渡す。これは当時、斬新な手法だったが見事な成果をあげ、まもなく倉庫は火薬でいっぱいになった。

ルイ一四世は火薬の大量生産に成功すると、今度は大砲とマスケット銃の生産に目を向け、その組み立てラインを整備して、別のラインで軍服も生産するようになった。このままいけば新たな革命が国中に広がり、フランスは世界最大の工業国になってもおかしくなかったが、実際にはそうならなかった。ルイ一四世の治世が終わる頃には、フランスの財政が破綻寸前になっていたからだ。こうして、産業革命は主にイギリスで起きることになった。

イギリスの産業革命

一七六〇年頃に始まったイギリスの産業革命を主に牽引したのは、ジェームズ・ワットの蒸気機関、ジョン・ウィルキンソンが考案した新しい鉄工技術、繊維産業に導入された新技術という、三つの技術革新だった。ほかにも、化学産業の発展や、新たに開発された工作機械も、革命に貢献している。[3]

蒸気機関が登場したことで、工業の効率は劇的に向上した。とはいえ、産業革命の初期の頃はまだ、小型の機械や装置の原動力として水力や風力、馬力に頼ることが多かった。

広く普及した最初の蒸気機関が登場したのは、一七一二年のことだ。その三〇年前にクリスティアン・ホイヘンスと助手のパパンが実施した実験に基づいて、トマス・ニューコメンが発明した機関である。シリンダーの内部にピストンが挿入され、ピストンの上方は開放されている。ピストン下方の領域に蒸気を送り込み、そこに冷水を浴びせて蒸気を凝結させると、ピストン下方の領域が真空になる。その結果、シリンダー内のピストンが大気圧によって押し下げられる仕組みだ。その上下する往復運動に応じて、ピストンに接続されたシーソー状の装置（ビーム）が動き、その先に接続された揚水ポンプを動かす。

ニューコメンの蒸気機関は、イギリスの鉱山で排水のために長いあいだ利用された。とはいえ、産業革命が一気に進んだのは、ジェームズ・ワットが蒸気機関の設計を改良してからだった。蒸気機関のほかにも、旋盤や平削り盤、形削り盤といった新型の工作機械が開発されたことも、産業革命の発展に大きく寄与している。また、砲身のくり抜き（中ぐり）に使われる中ぐり盤も、戦争にとって重要な役割を果たした。当時の大型溶鉱炉に使われる燃料が木材や木炭から石炭に変わったことが、こうした発展を可能にした大きな要因だ。

硫酸や、炭酸ナトリウムなどの「アルカリ」と呼ばれる化学物質の新しい生成法が開発されたことも重要だ。一般的なセメントであるポルトランド・セメントが初めて使われたのも、産業革命の時代だった。

ジェームズ・ワットと蒸気機関

産業革命を可能にする大きな突破口となったのは、ジェームズ・ワットが考案した蒸気機関だ。当初はニューコメンの蒸気機関を改良しただけのものだったが、時が経つにつれて、改良以上のものであることがわかってきた。ワットは一七三六年にスコットランドのグリーノックの裕福な家庭に生まれ、少年時代は学校に通わずに、自宅で母親から教育を受けていたが、その後、グリーノックのグラマースクールに通学した。少年時代から数学の才能を発揮したほか、ものづくりも得意だった。一八歳になると、ロンドンに出て計測機器の製作技術を学び、スコットランドに戻ってからは、グラスゴーで天秤や望遠鏡、気圧計といった当時使われていた計測機器の部品を製造した。そしてあるとき、その技術がグラスゴー大学の物理学科と天文学科の職員の目に留まり、大学に小さな工房を開いてはどうかという誘いを受ける。大学で使われていた計測機器の調整と修理を担当してほしいとの申し出だった。ワットは大学での仕事を通じて、何人かの職員や教員と仲良くなったが、なかでも、物理学者で熱を研究していたジョセフ・ブラックを親友、そして良き師として慕っていた。(4)

一七五九年、ワットはもう一人の友人であるジョン・ロビンソンから、ニューコメンの蒸気機関が抱えた問題について相談を受け、大学が所有していた蒸気機関の修理を依頼される。蒸気機関の設計を詳しく調べた彼は、その効率があまりにも悪いことに気づいた。手短に言えば、ピストンが上下するたびに蒸気の熱の四分の三がシリンダーの加熱に費やされ、蒸気機関で生成されたエネルギーの大半を無駄にしていたのである。無駄が生じる主な原因となっていたのは、蒸気を凝結させて減圧するためにシリンダーに注入される冷水だった。そのせいで、毎回シリンダーを熱するためにエネルギーの大半を費やさなければならなかった。

ワットはニューコメンの蒸気機関の設計を改良して、シリンダーとは別の容器で蒸気を凝結させるようにした。また、シリンダーを蒸気の「ジャケット」で囲むようにしてシリンダーの温度を保つ設計にもした。こうした改良によって、蒸気の熱のほとんどが「仕事」を実行できるようになり、蒸気機関の効率と出力が劇的に向上した。ワットは一七六五年後半にこの新型の蒸気機関を製作し、その動作を実演して見せたが、以前の蒸気機関に比べて性能が高く、大きな可能性を秘めているのが明らかだったにもかかわらず、一般販売に向けて生産を支援してくれる人物をなかなか見つけられずにいた。

しかしやがて、ワットはバーミンガム近くの鋳造所を経営するマシュー・ボールトンを紹介されて、共同事業者となる。それから数年間、ボールトン&ワット商会は大成功を収め、その後も蒸気機関の改良を重ねながら、ピストンの往復運動を回転運動に変換できるように改造した。そのおかげで研磨や製粉、製織でも使えるようになり、大きな恩恵がもたらされた。後年には、二基以上の蒸気機関を使える「複合機関」も開発した。

とはいえ、超大型の蒸気機関には、ピストンがシリンダーにぴったり収まらないという問題があった。その問題を解決したのが、ジョン・ウィルキンソンである。

ウィルキンソンの鉄工技術

一七七四年、ジョン・ウィルキンソンは大砲の製作において重要な大発見をした。それまで長いあいだ鉄製の砲身は芯を鋳型に入れて中空のものが鋳造され、砲身内の仕上がりが不十分だった場合には、簡単な中ぐり作業によって修整されるだけだった。だが、この製造法の場合、できあがった砲身ごとに形がわずかに異なり、部品を一つひとつそれに合わせて作らなければならず、ほかの大砲と共通の部品を使えないという大きな問題があった。そこでウィルキンソンは、中空でない鉄の円柱を鋳造し、それを回転させながら中央をくり抜いて穿孔すれば、加工の精度が増して、大きさの揃った砲身を製造できるのではないかと考え、それを実証した。これにより、どの砲身にも共通の部品を使えるようになっただけでなく、製造中の爆発事故が以前よりはるかに少なくなって、大型の大砲の生産効率が向上した。ウィルキンソンはワットの考案した新型の蒸気機関を使ってそれまでより小さな労力で多くの大砲を製造できるようになったが、逆にワットも、ウィルキンソンの新たな技術のおかげでより大型で高性能の蒸気機関を製作できるようになった。この二人の協力関係はイギリス軍に多大なる恩恵を与え、大型の大砲の多くが船に搭載されて、イギリス海軍の強化に貢献した。(5)

ワット自身は気づいていなかったかもしれないが、当時の物理学にとって新たな分野である熱力学の発展にも、彼の功績は重要な役割を果たした。熱力学はあらゆる種類の熱機関の効率化を主眼とした学問であり、登場してまもなく物理学の重要な一分野となった。

ウィルキンソンとワットの功績は軍事にとって重要だったのは確かだが、一方で問題も引き起こした。ウィルキンソンは自分が軍隊にとって必要不可欠な人間であることを認識し始め、イギリス軍から十分な報酬を得ていないと思うようになった。野心家である彼は自分の事業の拡大を望んでいて、その資金が必要だったが、イギリス軍から得られる収入をこれ以上増やせる可能性は低そうに見えた。また、自分の知識と技術に対して積極的に金を払ってくれる国がほかにあることもわかっていた。とりわけフランスは積極的だったことから、ウィルキンソンはイギリス当局に黙って、フランスの外交官と密会した。予想どおり彼らは大砲の購入を熱望していたのだが、当然ながらそこには問題があった。イギリス税関に怪しまれることなく大砲を輸出するには、どうすればいいのか。ウィルキンソンは貨物に貼るラベルの品目欄に、大型の鉄製「パイプ」と記入して、税関の目を逃れた。フランスからは多額の収入を得て、彼は大金持ちになった。

銃の命中精度を高めたロビンズ

大砲の製造技術が進歩する一方で、マスケット銃の製造技術も進歩し、特に射撃の命中精度に大きな改善が見られた。こうした進歩には物理学が重要な役割を果たしたが、その進歩のほとんどを担ったのは一人の人物だ。それが、ベンジャミン・ロビンズである。

ロビンズは一七〇七年、イングランドのバースでクエーカー教徒の両親のもとに生まれた。父親は洋服の仕立て屋を営んでいたが、稼ぎはごくわずかで、一家は裕福とは言えない生活を送る。だが、ロビンズには数学の才能があった。やがて何人かの友人たちがその才能に注目すると、ロンドンの医師であるヘンリー・ペンバートンに手紙を送った。返信としてペンバートンから試験が送付されてくると、若きロビンズはその試験で好成績を収め、ロンドンへ来ないかと誘われた。当時、ペンバートンはニュートンの『プリンキピア』の新版を出版する準備をしていたところだった。ロンドンへ赴いたロビンズは、『プリンキピア』のほか、数学や物理に関する数多くの重要な書物を読みふけった。二〇歳になる頃には、主要な学術誌に論文を発表し、由緒ある科学団体である王立協会の会員（フェロー）に選ばれるまでになっていた（この若さでの選出は、とてつもなく大きな名誉である）。その後もロビンズは、幅広い分野にわたって著作を発表し続けた。あるときには、数学者を自称する人々がニュートンの新しい「微積分法」を批判していたのに対し、それに反論する論文を発表している。[6]

一七四一年、王立陸軍士官学校が新しく創設されるのに当たり、ロビンズは求人に応募してみたが、輝かしい実績をもっていたにもかかわらず、採用されなかった。一部の人々の見方では、ロビンズはこの出来事に相当腹を立て、不採用がとんでもない間違いだったことを士官学校に示そうと固く心に決め、その結果、銃や大砲、投射物の物理の研究に没頭するようになったという。

当時の兵器を詳しく研究したロビンズは、銃の命中精度があまりに低いことに驚いた。戦闘によっては、敵兵一人を殺すのに二五〇発もの弾丸が使われていたのである。実際のところ、軍隊が装備しているマスケット銃は個人を標的にすることがなかったため、製造者はマスケット銃に照準器を付けようとしなかった。大人数の兵士が一斉に射撃する攻撃法が、当時は主流だったからだ。

ロビンズは、命中精度が低い原因を何としても突き止めようと考えた。まずテストとして、クランプ（締め具）でマスケット銃を一カ所にしっかりと固定し、一五メートル、三〇メートル、九〇メートルの距離に紙製の標的を設置した。そしてそれぞれの標的に対し、弾丸が発射点と標的を結んだ直線からどれだけ逸れるかを測定したところ、三〇メートル離れた標的の場合には約〇・四メートル、九〇メートル離れた標的の場合には一〜二メートルほど逸れることが判明した。しかも、標的から逸れる距離も方向もばらばらで、射撃の精度などあったものではない。九〇メートル離れた標的を狙うのは時間の無駄だと思われても仕方なかった。

なぜ、これほどまでに命中精度が低いのか？ そこには論理的な理由があるはずだ。こう自問するうちに、ロビンズは弾丸の回転に問題があるに違いないと考えるに至る。当時のマスケット銃では、弾丸は意図的に回転を加えられているわけではなかった。銃口を離れるときに回転していることはしていたが、その回転の仕方は発射するたびに異なっていたのだ。球状の弾丸は銃身の口径よりもわずかに小さく作られており、銃身の内部を移動しているときにさまざまな箇所で銃身の内壁にぶつかり、そのたびに回転が変わってしまうのが、不均質な回転の理由だった。なかでも重要なのは、銃口から飛び出す直前の回転であり、これが発射後も維持される。また、この回転は弾丸が移動する際に大気の影響を受け、その結果、弾道も変わってくるとロビンズは（正しく）推定した。

次の問題は、銃口から発射されたときの弾丸の速さを知ることだ。可能ならば、弾丸の回転も把握したい。ロビンズは弾丸の速さを測定するために、「弾道振り子」と呼ばれるものを発明した。これは砲術の歴史のなかでも最も重要な発明の一つとなる。ロビンズはまず、マスケット銃をクランプで一カ所に固定し、そのすぐ前に、大きな木のブロックを針金かロープで吊り下げた。ブロックは振り子のように揺れる仕組みになっている。銃を発砲して弾丸をブロックに撃ち込むと、弾丸の運動エネルギーが角材に吸収され、ブロックの振り子がある程度の高さまで揺れる。この過程で、弾丸の運動エネルギーが位置エネルギーに変換されていることになる。この二種類のエネルギーの大きさが同じであると考え、ロビンズは方程式を使って弾丸の速度を求めた結果、マスケット銃の弾丸は時速一八三三キロでブロックに衝突したと結論づけた。銃や大砲が使われるようになってかなりの歳月が経っていたが、弾丸の速さを示したのはロビンズの実験が初めてだった。すばらしい偉業と呼ぶにふさわしい成果である。

弾丸の銃口初速を求めたあと、次にロビンズが把握しなければならなかったのは、弾丸が標的に向かって大気中を移動していく過程で何が起きているかだった。速度がどのように変化しているかを調べるため、ロビンズは振り子のブロックの位置を銃口から遠ざけて実験したところ、弾丸は銃口を離れたあと急速に速度を失っていることが判明した。最初の九〇メートルほどで、銃口初速の半分近くまで減速していたのである。弾丸が移動するときの大気の状態も、明らかに大きな影響を及ぼしていた。当時の科学者や技術者は、マスケット銃の弾丸が空気抵抗を受けることは知っていたが、その影響がどれほど大きいかは認識していなかった。根本的な問題は、球状をした弾丸の形だ。球体の空気抵抗がほかの形より小さいわけではないことに、ロビンズはまもなく気づいた。それならば、空気抵抗を最小限に抑えるには、どんな形が最善なのか。その答えは当時もある程度は知られていた。射手が使う矢に関しては、それまでもさまざまな種類や形状の矢じりを使った実験が行われており、先端が細長く尖っている矢じりの空気抵抗が最も小さいことがわかっていたのだ。しかし、マスケット銃で先の尖った細長い弾を使おうとすると、銃身の内部を移動する際に振動して、球状の弾丸を使った場合よりも問題が大きくなる。

ロビンズがこの問題を詳しく分析したところ、実際には二つの課題を克服しなければならないことが判明した。まず、空気抵抗が最も小さい形状の弾丸を見つけること。そして、銃口から出たときの弾丸の回転を均一にすることだ。まもなくロビンズは、一つの大きな変更だけでこの両方の問題を解決できる方法を見つける。弾丸を細長くしてその一端を尖らせ、その中心を通る弾軸を中心にして回転させるのだ。このように弾丸を回転させる最善の方法は、銃身の内壁に溝を刻むことである。この溝はライフリング（施条）と呼ばれるようになる。しかし、弾丸を回転させるには、弾丸が溝にぴったりはまっていなければならない。つまり、弾丸が銃身内を移動しているときに、弾丸を溝にくい込ませる必要がある。実際、弾丸の大きさは銃身の口径よりわずかに大きいのが理想的であることが、まもなく判明した。

こうしてロビンズはようやく、後装式の銃の設計図を描き上げた。これは銃身の尾部を開けて火薬と弾丸を銃身に込める種類の銃で、火薬と弾丸を所定の位置に装填して尾部をしっかり閉じたら、発射準備は完了だ。これは画期的な発明だったが、実際に使われるようになったのは、ロビンズの死後、何年か経ってからのことである。ライフリングを施したマスケット銃の製作は技術的に難しいのが問題で、本格的に普及したのはさらに数年後だった。とはいえ、ロビンズの大発見は戦争に革命を起こし、イギリスをヨーロッパ屈指の強国へと変えることになった。

フリントロック

当時のマスケット銃には、ほかにも大きな変化があった。この変化は一七世紀初めに起き始め、一六六〇年になる頃には、その新型のマスケット銃がヨーロッパ諸国の軍隊で使われる主要な銃となり、一八四〇年頃まで使われ続けた。当時のマスケット銃のほとんどは銃身の内壁がなめらかで、弾丸として鉛の球を使っていた。銃の重さは約四・五キロあり、射程はおよそ一四〇メートルだった。しかし、銃身にライフリングが施されるようになると、銃の命中精度は一気に上がり、射程も大幅に延びたが、それを使っていたのは射撃の名手（今で言うところの狙撃兵）にほぼ限られていた。ライフリングが施されたマスケット銃（現在では「ライフル銃」と呼ばれる）では、銃身の内壁に密着する大きさの弾丸を使うため、従来の銃に比べて装填にかかる時間がはるかに長くなるという問題があったからだ。また、

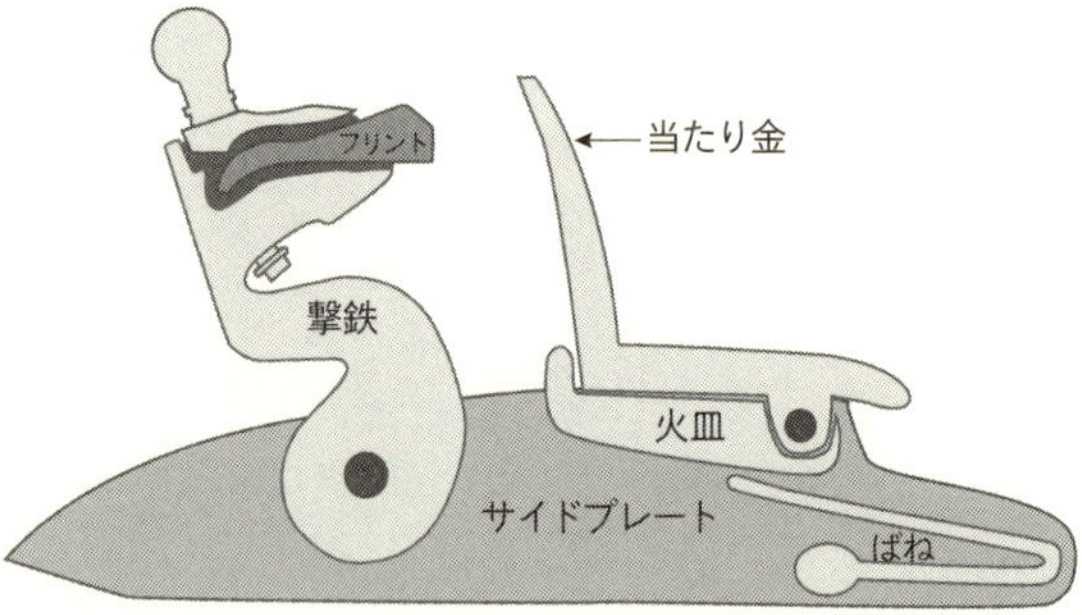

フリントロック機構の詳細

一回発射するたびに銃身の内部を掃除しなければならず、これに時間がかかるのも問題だった。

新たに登場した「ライフル銃」は、フリントロック式と呼ばれている。従来のホイールロック式と比べて大きく異なるのは、点火用の火花を生成するために火打ち石（フリント）を使うことだ。発砲するときには、親指を使って撃鉄を起こす（図を参照）。その撃鉄の端には、尖った火打ち石が付けられている。それ以前の銃と同じく、フリントロック式にも、粒の細かい点火薬を入れる火皿が備えられ、点火薬を入れて蓋を閉じる仕組みになっている。火皿の上部には、火蓋を兼ねた「当たり金」と呼ばれる鋼鉄の板がある。引き金を引くと撃鉄が倒れ、火打ち石がぶつかった衝撃で当たり金が倒れて火皿がむきだしになる。それと同時に、火打ち石が当たり金をこすって生じた火花で火皿に盛った点火薬に火がつき、その火がタッチホール（火口）を通って銃身に装填した火薬に引火する。

フリントロック式の機構はライフル銃にも拳銃（ピストル）にも使われた。拳銃は射程が比較的短いが、扱いやすいことから騎兵隊に好評で、当時すでに兵士が拳銃を携行することは当たり前になりつつあった。フリントロック式の拳銃は小型のもので全長およそ一五センチ、大型のもので四〇センチほどあった。特に人気が高かったのは、デザインが上品で美しい「アン女王のピストル」だ。当時は口論を解決するときに決闘を行うことが多かったが、決闘ではこの拳銃がよく使われた。すばやく発射できるよう、二本以上の銃身を備えた拳銃もあった。

マッチロック式やホイールロック式に比べて性能が大幅に向上していたとはいえ、フリントロック式にもいくつかの問題があった。火打ち石の先端が尖っていないと発砲できなかったほか、フリントロック式は湿気に弱く、予期せず発射してしまうこともあったのだ。兵士が手にしているときに爆発する事故も、ときおり起きていた。

クリスティアン・ホイヘンス

当時の物理学に関する話に戻って、ニュートンと同時代の物理学者のなかでも偉大な人物の一人であるクリスティアン・ホイヘンスを紹介しよう。ロビンズなど、これまでに紹介した科学者の何人かとは違って、ホイヘンスはオランダの名門の家に生まれ、比較的裕福だった。父親は外交官として勤務する傍ら、自然哲学も研究し、少年時代のホイヘンスの教育において重要な役割を果たした。(7)

ホイヘンスは一六歳まで、地元で最高の家庭教師たちに自宅で教育を受けた。とりわけ数学に秀でていたのは誰の目にも明らかで、あるときその才能が、家族の友人の一人であるルネ・デカルトの目に留まる。そのデカルトの勧めを受けて、ホイヘンスは一六四五年にライデン大学に入学して数学を学び始め、さらにそれだけでは飽き足らず、法学の勉強にも打ち込んだ。その後の数十年間で、ホイヘンスは物理学や数学のほか、天文学の分野でも数多くの発見を成し遂げた。その研究成果は当時の軍事技術や兵器にはほとんど影響を与えなかったものの、後年、多大なる影響を及ぼすことになる。

確率論について書かれた初めての著作を執筆したほか、当時の数学で未解決だった基本的な問題の多くを解くなど、数学の分野で重要な功績を残したホイヘンスだが、それだけでなく、物理学に対しても多大なる貢献をしている。たとえば、一六五九年には、ひもの端に結びつけた球を旋回させるといった円運動にかかわる力（「遠心力」や「向心力」と呼ばれる）を表す公式、$F = mv^2/r$を考案した（mは質量、vは速度、rは半径）。彼はまた、二つの物体の弾性衝突にかかわる重要な発見もしている。「二つの物体の運動量の和は衝突の前後で変わらない」ことを初めて実験で示したのが、ホイヘンスである（これは、ニュートンの運動の第三法則から導き出すことができる）。さらに彼は振り子時計を発明し、振り子の周期を表す公式を初めて考案したほか、レンズの研磨と望遠鏡の製作において新たな手法を開発した。望遠鏡を使って土星最大の衛星であるタイタンを発見したのに加え、土星の輪を観測して、輪が薄いことと土星に接していないことを正しく予測してもいる。

しかし、物理学の分野でホイヘンスの名を広く知らしめたのは、彼が一六七八年に提唱した「光の波動説」ではないだろうか。その後、光が微粒子からなるという説をニュートンが提唱したため、それからしばらくのあいだは光の性質に関して二つの説が存在していた。光は波なのか、それとも粒子か。一八〇〇年代初めには、ホイヘンスの説が正しいことをトマス・ヤングが示したものの、現代の量子力学では「粒子と波動の二重性」という考え方が採用されている。観察の手法によっては、光が両方の性質を兼ね備えているように見えるからだ。

さらにホイヘンスは、現代でもまだ一部で使われている時計用の「ひげぜんまい」を開発したことでも知られ、一六七五年には初の懐中時計の特許を取得している。一六七三年には、火薬を燃料にした燃焼機関の実験も始めた。この実験は成功しなかったものの、ホイヘンスが設計した単純な蒸気機関は、ジェームズ・ワットが蒸気機関を開発する際に役立てられた。

軍事技術とのかかわり

すでに述べたように、物理学を含めた純粋科学が産業革命の発展に果たした役割は小さいと、多くの学者が考えている。しかし、全体像を見てみると、産業革命の前にはホイヘンスの成果をはじめとして、物理学の基礎をなす多くの重要な発見があった。また、イギリスの王立協会と、フランスの権威ある学術団体フランス科学アカデミーが創設されたのも、この時代である。これら二つの学術団体の目的は、理論物理学と応用物理学の両方を発展させることにあった。軍事技術の発展は両団体の主な目的ではなかったとはいえ、第二の目的であったことは確かだ。

産業革命の前には、気体に関する重要な法則である「ボイルの法則」も発見されている。これは一六六二年にイギリスの物理学者ロバート・ボイルが初めて唱えた法則であり、ワットが蒸気機関を開発する際にも役立てられたに違いない。この法則によれば、密閉された気体では、温度が一定である限り、圧力と体積の積が常に一定である。たとえば、気体の体積が半分になれば圧力は二倍になり、体積が二倍になれば圧力は半分になる。

一方、産業革命の原動力となったワットの蒸気機関は、大砲やマスケット銃の生産効率を大幅に向上させたという点で、軍事技術の発展に大きく貢献した。また、本章で述べたように、ワットが蒸気機関の効率化を進めた結果、熱力学という新たな主要分野が物理学に登場したことにも、改めて触れておきたい。

物体の衝突と遠心力にかかわるホイヘンスの研究も、兵器の開発に役立ったのは確かだが、のちの軍事技術に多大なる影響を及ぼすことになったのは、光に関する彼の研究と、光の波動説である。その後マクスウェルとヘルツの研究によって発見された電磁波は、やがて戦争に多大なる影響を及ぼすことになるが、その発見につながったのがホイヘンスの研究だった。

ベンジャミン・ロビンズが主に物理学に基づいて取り組んだ銃や火砲の改良は、その後の数十年間で戦争の姿を激変させることとなる。

9　ナポレオンの兵器と電磁気の発見

産業革命がヨーロッパ中で巻き起こり、社会の構造をがらりと変える一方で、ヨーロッパ諸国の大半は戦時下にあった。フランスでは一七八九年、パリのバスティーユ襲撃を皮切りにフランス革命が始まり、その四年後にルイ一六世が斬首刑に処されると、革命は本格化し、それから二年のうちに二万人から四万人が断頭台の露と消えた。フランスは財政破綻に陥ったが、驚くべきことに、科学の世界ではいくつかの重要な進歩が見られた。その立役者となったのが、アントワーヌ・ラヴォアジエである。だが、そのラヴォアジエも断頭台で処刑され、科学の進歩が絶たれて、多くの人々が途方に暮れ、悲しみに打ちひしがれた。ナポレオン戦争のあいだは、科学の進歩がほとんど見られず、科学者の努力のほとんどは軍事技術に注がれた。

フランス革命

一七七四年に王位に就いたルイ一六世は、軍隊が火薬不足という深刻な問題に陥っていることを知って愕然とした。火薬庫はほとんど空で、原材料も枯渇しつつあったのだ。とりわけ不足していたのは、火薬の主原料である硝石だ。主に馬小屋と古い建物から採取するのが長年の慣行だったが、採れる量が減少の一途をたどっていた。何か手を打たなければならないと決断したルイ一六世は、当時のフランスで最もよく知られていた化学者であるアントワーヌ・ラヴォアジエに白羽の矢を立てる。実際のところ、ラヴォアジエはこの仕事にうってつけの人物だった。すぐさま仕事に取りかかり、硝石や火薬全般の生産技術を向上させた者に報奨金を与えると発表したほか、時代遅れの手順を廃止し、火薬の製造法を徹底的に分析して、火薬を増産する手法を研究した。こうしてラヴォアジエが短期間にもたらした大きな変革によって、四年後には火薬の製造法が大幅に改良され、諸外国から火薬の注文がフランスに続々と舞い込むようになり、かつてほとんど空だった倉庫は火薬でいっぱいになった(1)。

ラヴォアジエの功績は火薬の製造法の改良だけではない。化学の分野であまりにも多くの発見をしたことから、彼は今では「近代化学の父」として知られている。もともと化学者ではあるが、彼の画期的な発見は物理学の発展にも大きく貢献した。ラヴォアジエの功績からとりわけ大きな恩恵を受けたのは、物理化学と熱力学の分野である。彼は空気中で硫黄とリンを燃やす実験をし、燃焼後にその質量が増加することを証明した。それだけでなく、質量増加の原因は空気を取り込んだことにある、つまり、燃焼の前後で反応にかかわった物質の総質量が変わらないことも示している。この研究が「質量保存の法則」の提唱へとつながった。

さらにラヴォアジエは、空気が二つの物質で構成されているという説も唱えている。そのうちの一つは金属のさびの原因になることを発見し、その物質を「酸素」と名づけた。またラヴォアジエは、ヘンリー・キャヴェンディッシュがいち早く発見していた気体が、水を構成していることも突き止めている。この新しい物質（ラヴォアジエは「水素」と呼んだ）と酸素から水ができているのではないかと考えたことも、特筆すべき彼の研究成果だ。彼はまた、窒素が空気の主要な構成物質であることも発見している。[2]

物質が燃焼する仕組みに関してそれまで一般的に受け入れられていた説は、「フロギストン説」というものだった。あらゆる可燃性の物質にはフロギストンという謎の元素が含まれていて、燃焼中にそのフロギストンが放出されるという考え方である。ラヴォアジエは、燃焼で大きな役割を果たすのは酸素であることを示し、フロギストン説の誤りを証明した。彼はまた、酸素、窒素、水素、リン、水銀、亜鉛、硫黄といった、当時知られていた全元素（当時それ以上分解できなかった物質）の一覧を作成した最初の人物でもある。

その後、ラヴォアジエは逮捕されることになったが、これは当時の状況を考えれば意外なことではなかったのかもしれない。多くの著名な科学者が、フランスの科学界に対してラヴォアジエが成し遂げた無数の功績を挙げて、死刑を取りやめるよう議会に求めた。しかし、真偽は定かではないが、ある言い伝えによれば、裁判官はこのように返答したという。「共和国には科学者も化学者も必要ない。正義は遅れてはならない」。ラヴォアジエは一七九四年五月八日、五〇歳で断頭台の露と消えた。著名な数学者であるラグランジュはこう述べている。「首を斬るのは一瞬の出来事だが、フランスは彼のような人物を今後一世紀は輩出できないかもしれない」[3]

しかし、ラヴォアジエの死刑からしばらくして、議員たちはみずからの行為が行き過ぎていることに気づき始めた。獄中にあったラヴォアジエの未亡人は釈放され、所持品が返却されたほか、後年、パリにはラヴォアジエを讃える銅像が建てられた。

大砲の製造法を変えたグリボーヴァル

革命の前からその最中にかけて、フランス軍はそれまでにないほど弱体化していた。軍の大砲は他国に比べて時代遅れになり、兵士は訓練不足で、長いあいだその状態が放置されたために、軍全体が荒廃していた。しかし、七年戦争が勃発し、若い中佐であるジャン＝バティスト・ヴァケット・ド・グリボーヴァルが同盟国のオーストリア軍に派遣されたことで、状況に変化が訪れる。彼は、フランス軍の大砲を含めた火砲がオーストリア軍の火砲に比べて著しく劣っていることを発見したのである。その後数年で、グリボーヴァルはフランス軍の大砲を、軽量でありながら同等の射程がある強力な火砲に入れ替えた。

グリボーヴァルがフランスで実施したことは、ウィルキンソンがイギリスで実施したことに似ている。当時、大砲の砲身は、粘土で作った円柱の周りに溶かした鉄かブロンズを注いで鋳造していた。金属が冷えて固まったあと、粘土の円柱を取り除き、砲身の内部を磨く。この手法で製造すると、仕上がった砲身の大きさにどうしてもばらつきが出てしまい、砲身の口径にぴったり収まる大きさの砲弾を生産するのが難しい。砲弾の大きさが口径に合っていないと、火薬を爆発させて生じたエネルギーの大半が砲弾に伝わらずに失われてしまうのだ。そこでグリボーヴァルは、まず中空でないブロックを鋳造し、そのブロックを穿孔して砲身を仕上げる製造法を新たに考案した。この手法を採用したことで、大砲の仕上がりの精度が上がって共通の部品が使えるようになっただけでなく、砲弾が砲身にぴったり収まるようにもなった。このおかげで旧式の大砲よりもはるかに軽量な大砲が作れるようになり、移動が楽になったうえ、射程も旧式と同じか、それよりも長くなった。さらに、グリボーヴァルは大砲が最大の効果を発揮するよう、将校たちを訓練した。その訓練を受けていた一人が、ナポレオン・ボナパルトである。

ナポレオンの兵器

士官学校で数学と天文学、物理学を学んだナポレオンは、戦争にとって科学が重要であることを理解し、フランスの科学技術が常に時代の最先端となるよう、その振興に力を入れた。彼が士官学校に設けたエコール・ポリテクニーク(理工系エリートを養成する教育機関)は、やがてヨーロッパで最先端の技術を教える学校となる。大砲をはじめとする兵器も、ヨーロッパ最高のものを取りそろえた。とはいえ、ナポレオンが次々と戦いに勝利できた主な要因は、彼が導入した新型の兵器にあるというよりも、彼が駆使した革新的で巧みな戦略と戦術にあった。ナポレオンは物理学の新発見を活用して「驚異の兵器」を開発したわけでもなく、物理学を含めて科学全般に興味をもっていたという気配もない。戦争に役立たないものには、ほとんど興味を示さなかっ

ナポレオン・ボナパルト

ナポレオン時代の大砲

たのである。ときには、新技術を目の前にしたにもかかわらず、それを導入しない「間違い」を犯すこともあった。その一例が、一七八二年に開発された気球だ。ナポレオンは科学顧問から気球の話を聞き、敵軍の偵察にも使えるほか、爆弾の投下にも活用できるかもしれないと勧められて、最初は興味を示してはいたのだが、そのうち関心をなくし、結局気球を活用することはなかった。ナポレオンはまた、マスケット銃の「ライフリング」にも興味をもたなかった。ライフリングが施されたマスケット銃は、銃身の内部に溝がない旧式の滑腔銃より命中精度が高く、射程が三倍も長いことが知られていたにもかかわらず、ナポレオンは射撃に時間がかかることを嫌って、ほとんどの場合、滑腔銃にこだわっていた(4)。

当時は、銃口から弾を込める滑腔のマスケット銃が主な武器ではあったが、ほかにも拳銃や銃剣、剣、「パイク」と呼ばれる槍も使われていた。そのなかで、なぜかナポレオンがお気に入りだったのは銃剣だ。敵兵を恐怖に陥れる武器として非常に効果的だったのがその主な理由である。とはいえ、彼が導入した武器のなかで最も大きな効果を発揮したのは、グリボーヴァルが考案した新型の大砲だと言っていいだろう。司令官だった頃の若きナポレオンが戦いで次々と勝利を重ねたのは、その新しい戦略と戦術とともに、グリボーヴァルの大砲を使ったことが大きかった。そして、何にも増してナポレオンが得意だったのは、敵の最大の弱点を見つけ、その弱点をすかさず突くことだ。彼が戦場で兵士や大砲を動かすスピードと効率の高さに、敵軍が舌を巻き、戦意をなくすこともしばしばだった。ナポレオンがよく使った戦術の一つは、前線で「フェイント」をかけ、その隙にそっと敵を取り囲む陽動作戦だ。その後、敵の背後や側面から攻撃を仕掛けて、敵の情報伝達のルートと物資の供給を断つのである。

若き将校だった時代、ナポレオンは昇進の階段を駆け上がった。フランスがオーストリア攻撃に乗り出す一七九六年、イタリア方面軍の指揮を任されると、戦闘で次々と勝利を収め、翌一七九七年には国家的英雄となってフランスに凱旋した。その後もナポレオンは、国内に長くとどまることなく、一七九八年五月になるとエジプト遠征へ出発した。エジプトでの通商を脅かすことでイギリス軍を誘い出し、戦闘に持ち込もうという作戦で、装備の整っていないエジプト軍相手の戦いは難なくこなし、自軍の犠牲者はわずかな数にとどめながら、二〇〇〇人を超える敵兵を軽々と殺害した。

しかし、ここからがイギリスとの本格的な戦いの始まりだ。ホレイショー・ネルソン提督率いる艦隊が、ナポレオン率いる艦隊が停泊していた湾を襲撃し、フランス艦隊のほとんどを海に沈めた。フランス軍の逃げ場がなくなると、ナポレオンは自軍を捨て、わずかな護衛と将兵だけを伴って命からがらフランスへと逃げ帰った。だが、驚くべきことに、彼はエジプトで勝利を収めた英雄として迎えられ、その効果もあって、一八〇〇年には第一統領（執政）に選出される。その後、皇帝の地位に就き、ヨーロッパ随一の軍隊の最高指揮官となったナポレオンは、さっそくその立場を利用してオーストリアに攻撃を仕掛け、新たに考案した戦術や技術を駆使して、一八〇五年一〇月にウルムで手早く敵を打ち負かし、オーストリア軍のほとんどを降伏させた。次に戦った相手は、ロシア軍と、オーストリア軍の残党だ。両軍とアウステルリッツで対峙したナポレオンは、敵軍を二つに分断して包囲する作戦をとった。この戦いの犠牲者は膨大な数にのぼった。

翌年には、ヨーロッパ屈指の強さと軍備を誇っていたプロイセン軍を攻撃し、誰もが驚いたことにこの強豪を打ち負かす。これでナポレオンはヨーロッパの大半を手中に収めたが、それでもまだ、大敵であるイギリスを倒したわけではない。手ごわいイギリスには苦しめられ続け、とりわけ海軍の攻略が悩みの種だった。フランス海軍はイギリス海軍に歯が立たず、彼が誇る陸軍を投入しようにも、まずイギリス本土に上陸しなければどうしようもなかった。

まずまず平穏な数年間を過ごしたのち、ナポレオンは、比較的弱いとされていたスペインへの侵攻を決断した。順当にスペイン軍を打ち負かすまでは良かったのだが、その後、予期せず新たな種類の戦闘に直面することになる。それは、山岳地帯に身を潜めていたゲリラからの攻撃だ。彼らは待ち伏せして、ナポレオンの行軍を繰り返し妨害した。そうこうしているうち、イギリスがスペインに援軍を送り込んできたうえ、さらに悪いことに、今度はオーストリアがフランスを脅かしてきた。この事態にナポレオンは、またも自軍の兵士たちを残して帰還し、徐々にではあるが大打撃を受けることになる。その後の数年で、最高の部隊の多くを失った。

さらにナポレオンは、一八一二年のロシアとの戦いで、生涯最大の敗北を喫する。兵力およそ六〇万人という、それまでの歴史上最大級の軍隊を率いて、楽勝だと高をくくっていたナポレオンだが、いざ戦いが始まってみると、あまりにも大きすぎる彼の軍隊に対し、ロシアはきわめて狡猾な戦いを見せた。ナポレオン軍が大挙して東へ進軍し、モスクワへと近づくなかで、ロシア軍は退却した。これは、厳しく過酷なロシアの冬が訪れるまで時間を稼ごうという作戦である。さらにロシア軍は、退却しながら通過した地域という地域を焼き払う焦土作戦を実施した。食料を現地調達に頼っていたフランス軍は、生き延びるためのあらゆる物質が不足する事態に直面したが、それでもナポレオンは、モスクワにたどり着けば十分な食料を手に入れられ、すぐにけりをつけられるに違いないと信じて疑わなかった。だが、したたかさを失わないロシア軍はモスクワまで到達しても退却と焦土作戦をやめず、市内を焼き払ってもぬけの殻にしたうえで、さらに退却を続けた。モスクワ市内に進軍したナポレオンはロシア軍の将軍が降伏してくるのを待ったが、いつまで経ってもその兆候さえ見られない。飢えにさいなまれながら一カ月間待った末に、ナポレオン軍はモスクワから撤退し、フランスまで延々と続く厳冬の退却行に突入したのだった。兵力六〇万人以上を誇っていた彼の軍隊は、フランスに帰国したときには三万人を下回るまでに激減していた。ナポレオンの栄光の時代は終わったが、それでも彼は権力の座にとどまった。

ナポレオンは母国で軍隊を立て直し、何とか兵力三五万人の軍隊を新たに結成した。しかし、フランスと敵対していたロシアとプロイセン、オーストリア、イギリス、スペインも同盟を組んで対抗した。それでもナポレオンは戦闘でいくつかの勝利を収めたが、ライプチヒの戦いを経て、自軍の兵力を七万人にまで減らした。その後まもなくパリは包囲され、一八一四年三月に陥落した。ナポレオンは戦勝国によって地中海に浮かぶエルバ島に追放されたが、驚くべきことに一八一五年二月に島を脱出し、再び母国の土を踏んだ。彼は英雄として讃えられ、その後およそ一〇〇日にわたってフランスを統治した。しかし、ワーテルローの戦いでイギリスのウェリントン将軍と対峙したナポレオンは、大敗北を喫し、大西洋の孤島セントヘレナ島に幽閉され、一八二一年にその生涯を閉じたのだった。

摩擦熱を研究したランフォード伯

ナポレオン時代のフランスでは、物理学における新発見はほとんどなかったが、他国では主に熱や熱力学にかかわる重要な進展が見られた。その進展に貢献した一人がランフォード伯である。一七五三年、イギリスの植民地だったアメリカのマサチューセッツ州ウォーバーンでベンジャミン・トンプソンとして生まれ、若い頃にはイギリス軍の仕事で火薬に関する重要な実験を行い、一七八一年にはイギリスの王立協会の学術誌に実験結果を発表している。それと同時期に、熱に関する実験も始めていた[5]。

アメリカ独立戦争が終結すると、彼はロンドンへ移ったが、のちにバイエルンに移住し、熱と光に関する実験を続けた。一七九一年にはバイエルンの政府にその功績が認められ、神聖ローマ帝国の伯爵に序せられて、ランフォード伯と名乗るようになる。ランフォードという名称は、彼がかつて結婚したニューハンプシャーの町の名前にちなんでみずから選んだものだ。

彼が長年、科学的な関心を寄せてきたのは、熱である。最初は固体の比熱(一グラムの物質の温度を一度上げるのに必要な熱量)を測定する手法を考案したのだが、その研究成果を発表するのが遅れ、ほかの研究者に先を越されて、苦汁をなめたことがある。

とはいえ、ランフォード伯はミュンヘンにいたとき、自身の生涯で最も重要な発見を成し遂げる。真鍮製の大砲の製造を任されたとき、彼はその製造工程を観察して、砲身の中ぐり作業で生じる熱の量があまりにも大きいことに驚いた。冷却のために使っていた水が、すぐさま沸騰したのである。この工程でどれだけの量の熱が生じるかを測定しようと、彼は熱の損失を防げる特殊な形の砲身を用意し、ドリルと砲身を水の入ったタンクに入れ、穿孔中に水の温度がどれだけ上がるかを測定した。これで生じた熱量を把握できたのだが、ランフォード伯は研究をさらに一歩進めて、機械で一定量の仕事をするときに生じる熱量も計算した。これは今では「熱の仕事当量」と呼ばれている。彼が算出した値は現在受け入れられている値(四・一八ジュール毎カロリー[J/cal])よりやや大きかったが、それでもこれは重要な第一歩となり、物理学で欠かせない発見となった。

この実験でランフォード伯は、穿孔中に大砲の素材に物理的な変化がないことと、穿孔作業を続ける限り摩擦熱が生じ続けることも示している。つまり、熱は仕事によって発生するということだ。

ランフォード伯はまた、光を測定する技術の発展にも大きく貢献した。なかでも、特定の規格のろうそくを使った光度の単位を導入したのが、とりわけ大きな功績である。

電気と磁気の関係

ヨーロッパの各地で戦火が絶えなかった時代、物理学ではほかにも重要な発見があった。最もよく知られているのが、電気と磁気の研究である。この新たに知られるようになった現象を詳しく理解し、それを応用して実用的な装置を製作できるようになるまでの道のりは長かったが、電磁気の研究がやがて戦争や兵器、そして日常生活に多大なる影響を及ぼすようになったのは確かだ。

電気を帯びた物体は、互いに引き寄せ合ったり、反発したりすることが知られているが、この現象を一七三〇年代初めに発見したのが、フランスの物理学者シャルル・デュ・フェだ。彼は「電気流体」に二つの種類があると仮定し、それらを「ガラス電気」と「樹脂電気」と呼んだ（これは電気の「プラス」と「マイナス」を指す）。彼はまた、電気を通しやすい素材があることにも気づいた。

その何年かのちの一七五二年、政治家で科学者のベンジャミン・フランクリンが電気に興味をもち、ライデン瓶（蓋の中央に真鍮の棒を通したガラス瓶で、電荷を蓄えることができる）を使って実験を行った。ライデン瓶から突き出た棒の先端の球の周りに生じる火花が、雷雨のときに光る稲妻と関連があるのかどうか、興味を抱いたのだ。その好奇心を満たそうとフランクリンが考えたのは、先の尖った針金を付けた凧を糸につなぎ、そのもう一端に金属の鍵を結びつけて、雷雨のときにその凧をあげることだった。その鍵に手を近づけてみると、予想どおりライデン瓶で火花が散るときと同じ現象が起きたほか、鍵をライデン瓶に接続して蓄電することもできた。これでフランクリンは、ライデン瓶の「電気流体」が雷雲にも存在するという確信を得たのだった。

一七八〇年代初めになると、フランスの物理学者シャルル・クーロンが、電気を帯びた物体どうしが引き寄せ合ったり反発し合ったりする現象を研究し始めた。クーロンがとりわけ大きな関心を寄せていたのは、両者のあいだに働く力だ。互いに引き寄せたり反発したりするからには、この現象に関連する力があるに違いないと、彼は考えたのである。クーロンは「ねじり秤」と呼ばれるきわめて感度の高い装置を作り、その力の大きさを測定したところ、その力が二つの電荷の距離の二乗に反比例し、二つの電荷量の積に比例することを発見した。現在この関係は、二つの電荷の大きさをq_1とq_2、両者の距離をr、kを比例定数として、$F = kq_1q_2/r^2$という式で表されている。

ところ変わってイタリアでは、医師で物理学者のルイージ・ガルヴァーニが医療への電気の活用に関心を抱き始めた。ある日、ガルヴァーニがカエルの皮をはいで静電気の実験をしていたとき、蓄電したライデン瓶の近くで、彼の助手が死んだカエルの脚の神経にメスを当てたところ、その脚がまるで生きているかのようにぴくりと痙攣(けいれん)した。これを見た彼は驚き、その観察結果を一七九一年に発表した。ガルヴァーニは神経内に存在している電気流体がこの痙攣を引き起こしたと考え、この現象を「動物電気」と呼んだ[6]。

この結果が発表されたあと、同じくイタリアの物理学者であるアレッサンドロ・ボルタがその論文を読み、みずから実験を再現した。すると彼は、この現象を起こすのにカエルは必要なく、異なる二種類の金属と湿った伝導体（カエルの脚の代わり）があれば、この現象を再現できることに気づく。ボルタはさらに実験を進め、二種の金属からなる数枚の細長い板と湿った伝導体を使ったほうが効果が高いことを示した。ボルタはその後も研究を続け、二種の金属からなる細長い板と湿った伝導体を何枚も重ねると、性能が上がることも明らかにした。彼は、銀と亜鉛でできた円盤のあいだに塩水に浸けた厚紙を挟み、それを交互に何枚も重ねて新しい装置を製作した。彼が「電堆」と呼んだその装置は、現在では「電池」と呼ばれている。ボルタは初めて電流を継続的に作り出すことができたのである。

　導線を通して電気の「流れ」を伝えられるようになると、数多くの物理学者たちが電気を使った実験に取り組んだ。その一人が、ドイツの物理学者ゲオルク・オームだ。彼は実験を始めてまもなく、導線を通して二点のあいだを流れる電流は、導線のその区間の「抵抗」の影響を受けていることに気づいた。彼の発見は現在では「オームの法則」と呼ばれ、電流の強さはアンペアという単位で測定され、電気抵抗はオームという単位で示されている。二点間の電圧をV、電流をI、抵抗をRとすると、オームの法則は$V = IR$という数式で表される。[7]

　電気の基本的な性質がわかったとはいえ、まだ大きな謎は残されていた。電気には磁気と同じような

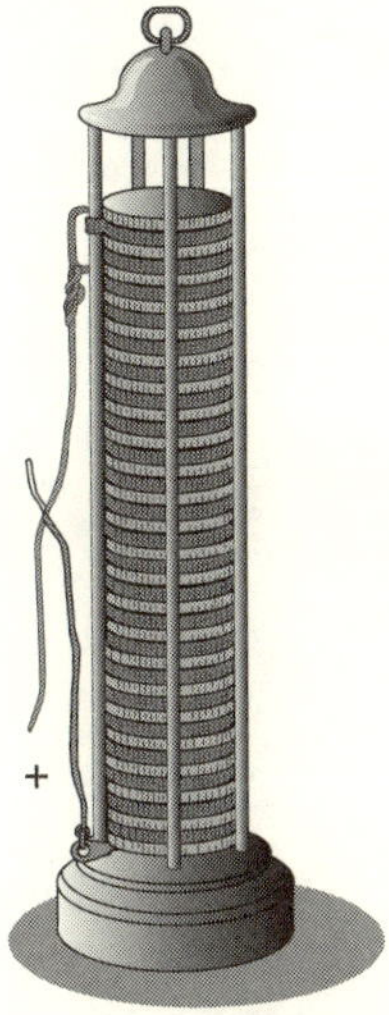

ボルタの電堆

性質が数多くあり、両者のあいだには関係があるのではないかと考えられていたが、それを証明することができていなかったのだ。一八一三年頃、デンマークの物理学者ハンス・クリスティアン・エルステッドはこの謎に興味を抱き、その後何年にもわたって実験を繰り返したものの、両者の関係を見つけることができないでいた。しかし一八二〇年のある日、エルステッドは講義をしているとき、電流を流すスイッチを入れたり切ったりしたところ、驚いたことに、そばに置いてあった方位磁針が電流のオンとオフに応じて動いたのである。彼が方位磁針を導線に近づけ、その針を導線と平行に配置して、その状態で電流を流すと、針は動いて導線と垂直の方向を指した。電流と磁場には関係がある。磁場は電流が流れる導線を取り囲むように発生し、導線からの距離が遠ざかるほど磁場は弱くなる。[8] エルステッドが実験結果からそう結論づけ、この研究結果を一八二〇年七月に発表すると、科学者たちは興奮してその結果に大きな関心を寄せた。電気と磁気に関係があることが、これで証明されたのである。電場が磁場を発生させることが明らかになっただけでなく、磁石を動かすと電流が発生することもまもなく発見された。電場と磁場の相互作用は、現在では電磁気学という分野で研究されている。

エルステッドの発見が発表された数週間後、フランスの物理学者アンドレ・アンペールがその論文を読み、エルステッドの研究結果の正しさを確かめると、導線の周囲に生じる場に関する実験を行った。その結果、二本の導線を平行に配置し、両者に電流を流すと、電流の流れる方向に応じて、導線が引き寄せ合ったり反発したりすることが判明した。アンペールはこの現象をさらに詳しく調べ、二本の導線のあいだに生じた力が両者の距離の二乗に反比例することを示した。そして、研究をもう一歩進めて、電流の「右手の法則」(右ねじの法則)を考案した。右手で導線を握り、電流の方向を親指で指したとき、その他の指の方向が磁場の向きに一致するという法則である。アンペールはまた、導線を円筒状に巻いたコイル「ソレノイド」を初めて開発して、そのコイルの中心に磁場を発生させることにも成功した。

とはいえ、この時代で最も輝かしい成果をあげたのは、一七九一年生まれのイギリスの科学者マイケル・ファラデーではないだろうか。彼は主に独学で知識を身につけたが、一四歳になって地元の製本所で見習いとして働き始め、数多くの本に接することができるようになった。暇を見つけては、手当たりしだいに本を読みあさる日々を過ごし、新しく発見された電気にまつわる現象を記した本にとりわけ強い興味を覚えた。その後、ファラデーは著名な物理学者ハンフリー・デーヴィーの講義を受けている[9]。

ファラデーは、ボルタ電池のことを読むと、それをみずから製作し、エルステッドが研究成果を発表したあとの一八二一年には、「電磁回転」と彼が名づけた現象を発生させるための二つの装置を作り上げた。これは簡素なモーター（電動機）である。そして、すでに存在している磁場から電流を発生させられるのだろうかと、ファラデーは考え始めた。それを確かめるため、彼は鉄の輪に導線を巻きつけ、導線の両端を電池に接続してソレノイドを作り、その回路に電流のスイッチを取りつけた。鉄の輪の反対側には、導線を巻いたコイルをもう一つ設置し、その両端を検流計に接続して電流を検出する。準備を整えると、ファラデーはスイッチのオンとオフを繰り返す実験を始めた。反対側の導線のコイルに電流が流れるはずだと期待していたのだが、残念ながらごくわずかな電流が一瞬流れただけだった。しかし、さら

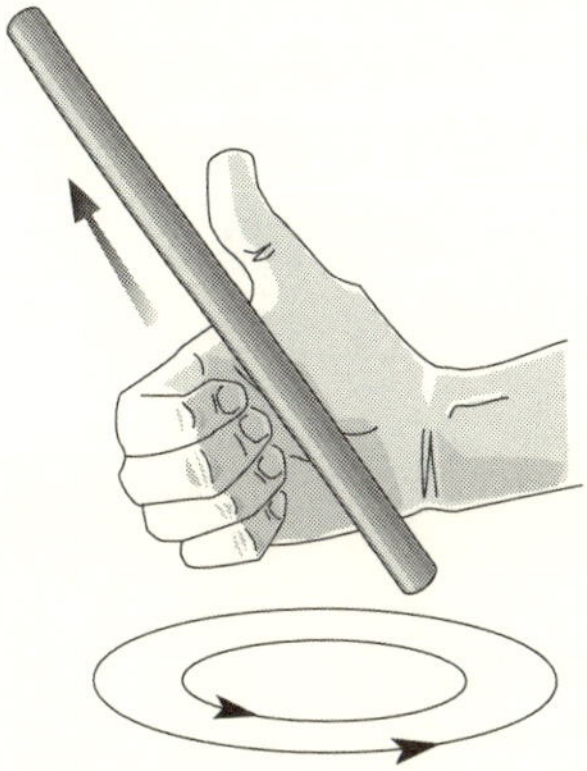

磁場の方向を知るための「右手の法則」

ファラデーの誘導コイル

に実験を進めたところ、電流を発生させるのは磁力線そのものではなく、導線を横切る磁場の動きであることを突き止め、その後まもなく、導線のコイルに磁石を差し入れるだけで導線に電流が流れることを、ファラデーは一八三一年に示した。現在、この現象は電磁誘導と呼ばれている。

一八四五年には、特定の物質が磁場に対して弱く反発することも発見し、この現象を「反磁性現象」と名づけた。それだけでなく、磁気が光線に影響を及ぼすことも示し、磁気と光に明確な関係があることを立証した。さらにファラデーは後年、電磁力が実際には「力の線」という形で伝導体の周りの空間に広がっているという説も提唱した。その線は現在「磁力線」と「電気力線」と呼ばれている。

ファラデーの研究が発表された数年後には、発電機と変圧器という、二つの重要な発明品が登場した。発電機は工業界で電力源として利用できるようになり、変圧器はまもなく電源の電圧の調整に広く利用されるようになった。

電気が戦争に及ぼした影響

これまで説明した発見のなかには世界史上最も重要な発見もあるとはいえ、それが戦争に使われるまでには何年かの歳月を要した。しかし、電気がようやく当時の技術に応用されると、戦争に革命がもたらされる。電磁気にまつ

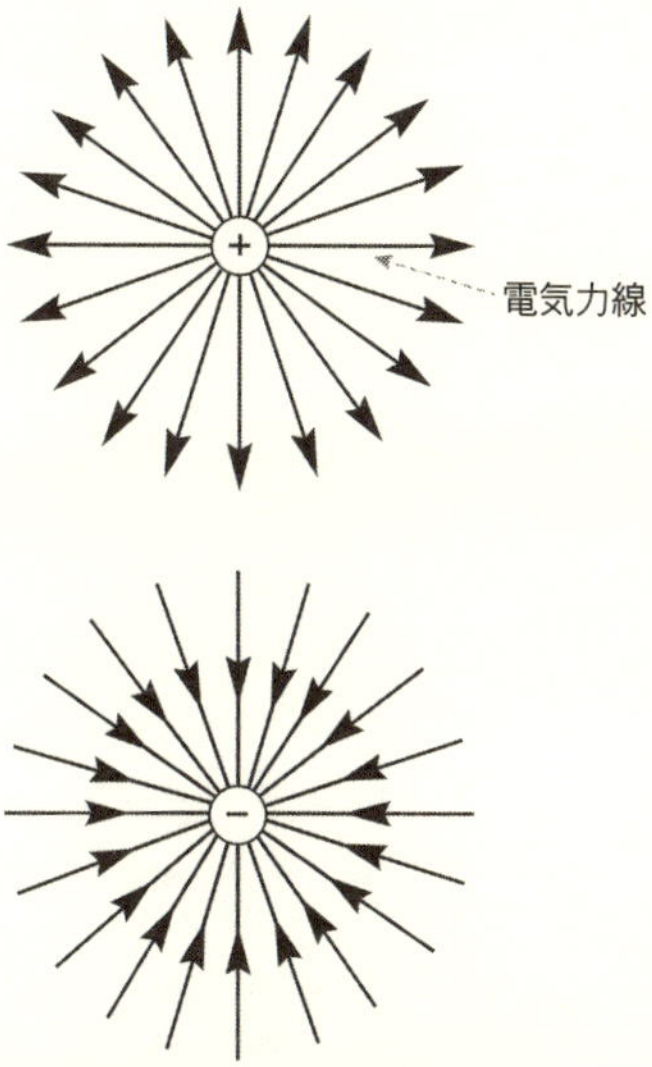

ファラデーが提唱した電気力線。
正の電荷から出て、負の電荷に入る。

わる発見のあと、まもなく発電機とモーターが登場し、それらが兵器の開発に大きな役割を果たすようになった。動力源は蒸気機関から大型の発電機へと移り、先進国の大半で発電所が次々に建設されて、さまざまな分野で生産性が一気に上がり、兵器も驚くべき速さで生産された。

　とはいえ、電気と磁気の大発見がもたらした大きな成果の一つは、科学技術、とりわけ物理学に対する関心を一気に高めたことだ。物理学をはじめとする科学が戦争や新兵器の開発にとっていかに重要であるかを、多くの国が認識し始めたのである。それ以前には純粋科学を認めない風潮があったが、電磁気学の発展で、政府高官は軍事技術への応用という観点において、純粋科学、特に物理学の重要性をだんだん強く認識するようになった。

　イギリスやフランス、ドイツのほか、アメリカでも多くの大学が次々と新設され、物理学を含めて科学や数学に重点を置いた教育がなされることになる。日本やロシアといったほかの国も、まもなく同様の教育システムを取り入れた。

一八三二年には、工業用に電力を供給できる世界初の発電機（ダイナモ）が製作された。その後、電信技術と電池が登場する。

10 アメリカの南北戦争

数多くの新たな手法や兵器が導入されたことから、アメリカの南北戦争は最初に行われた本格的な近代戦争だと、歴史学者のあいだで言われている。この戦争の前後には、物理学と兵器に関して多くの重要な発展が見られた。それ以前からヨーロッパでは兵器が大量に生産されていたが、それまでのどんな兵器よりも殺傷能力が高い兵器が本格的に量産されるようになったのが、この時代である。また、物理学をはじめとする科学の発展によって、電信や発電機、偵察用の気球、魚雷、より高性能の大型船や望遠鏡なども、戦争で利用できるようになった。

雷管の開発

南北戦争が始まった頃には、まだフリントロック式の銃が多く使われていたが、それに変革をもたらす新たな発明品も登場しつつあった。その一つが、イギリスの化学者エドワード・ハワードが一八〇〇年に発見した、雷酸水銀と呼ばれるきわめて爆発しやすい物質だ。当時使われていた火薬に代わる物質だと彼は期待したが、残念ながら、マスケット銃で試してみたところ、銃身が吹き飛んでばらばらになってしまった。それほど威力が大きかったのである[1]。

この発見を受け、一八〇七年にはスコットランドの牧師アレグザンダー・ジョン・フォーサイスが、雷酸水銀を銃に応用した。彼もまた、ハワードと同じように、銃の新しい点火薬を開発する必要性を強く感じていたのである。しかしフォーサイスがさらに懸念していたのは、火打ち石（フリント）で火花を発生させる点火機構だった。点火薬に火をつけるには火花が必要だったが、湿度の高い日や雨の日にはうまく点火しなかったのだ。一方、雷酸水銀は火種を使わなくても、単に小さなハンマーで叩いて衝撃を加えるだけで簡単に爆発するという大きな利点がある。そこでフォーサイスは、この雷酸水銀を点火薬に使えないかと考え、ばねで動く装置を開発して、少量の雷酸水銀を入れた小さな紙製の薬包を叩く機構を考案した。薬包は銃身に通じる管の上部にセットされ、叩かれた衝撃で雷酸水銀が爆発して生じた炎がその管を通り、発射薬に火をつけて弾丸を発射する仕組みだ。これがうまく機能したことに、フォーサイスは満足した。

この仕組みは、その後の数年かけてフォーサイスらによって改良される。当初は雷酸水銀を封入するのに紙製の薬包が使われていたが、一八一四年には雷酸水銀の封入に鉄製の小さな雷管（起爆薬を詰めた筒）が使われるようになり、その後、雷管の素材として銅が採用される。さらに時が経つと、弾丸と発射薬の両方を収められる、銅や真鍮の薬莢が登場した。

このパーカッション・ロック式（雷管式）の新しい銃には、数多くの利点があった。どんな天候でも発射することができ、装填にかかる時間が短縮され、手間もかからなくなった。雷管はマスケット銃と拳銃に革命をもたらしたと言っても過言ではない。まもなく世界中の兵器工場がフリントロック式銃の製造をやめ、雷酸水銀で点火するタイプの銃を生産し始めた。当然ながらアメリカでもこの転換はあったが、それが起きるのは南北戦争が本格化してからのことだった。[2]

銃の世界にめざましい進歩がもたらされたとはいえ、解決しなければならない問題はまだまだあった。大きな問題の一つが、弾の再装填に関するものだ。ほとんどのマスケット銃は銃身が一本しかなく、弾を一発発射するたびに次弾を込めなければならなかった。複数の銃身を平行に並べ、それぞれに弾を込める形の銃も何種類も開発されたが、いずれも実戦では大きな効果を発揮せず、さらに優れた機構の開発が求められていたのだ。この問題にいち早く取り組んだ人物の一人が、サミュエル・コルトである。

当初、コルトが関心を寄せていたのは拳銃だった。何発かの弾を再装填することなく次々に発射するには、どうすればいいのか。この問題に取り組み始めたコルトはまず、木製の模型を作ることにした。いくつかの薬室（チャンバー）を備えた回転式の弾倉（シリンダー）を作るのが、コルトの考えた案だ。撃鉄が起こされると、シリンダーが回転して、それぞれの薬室に装填した弾薬のうち一発が銃身と整列した発射位置に来る。こうしてコルトは、回転する一つのシリンダーに複数の弾丸を装填できる銃を開発した。彼の最も有名な拳銃には、六発の弾を込めることができる。[3]

コルトはこの新しく発明した銃を、南北戦争が始まるかなり前の一八四〇年代初めに軍へ売り込みに行ったが、軍はほとんど関心を示さなかった。コルトは資金を何とかかき集め、ニュージャージー州のパターソンに工場を設けてはいたが、彼の「六連発拳銃」はまだ荒削りで、あまり売れなかった。それでも彼は改良を続けて、構成部品の数を徐々に減らし、七つにまで削減した。

その努力がようやく実り、コルトの銃は世間から注目され始める。とりわけ大きな関心を寄せたのは、騎馬警備隊の「テキサス・レンジャー」だ。コルトの銃は口径が〇・三一インチ（約七・九ミリ）のリボルバーで、ほかの拳銃よりも軽いという特徴をもち、乗馬する者にとって理想的な武器だったのである。一八四七年、コルトはこの新型の拳銃を製造するために、コネティカット州ハートフォードにも工場を設け、産業革命の時代に発達したシステムにならい、製品ごとに個体差が出ないよう銃のあらゆる部品を標準化して、大量生産を開始した。その生産総数は三二万五〇〇〇丁にのぼる。

ミニエー弾

雷管の導入は銃の発展においてめざましい大きな一歩となったが、それからしばらくして、さらに大きな発明品が登場した。マスケット銃の殺傷力を大幅に高めるだけでなく、射程を延ばし、命中精度を改善する発明で、これにより銃身の内部にライフリングのない滑腔銃が姿を消すことになる。

この新たな発明品が生まれるきっかけとなったのは、一八二三年の出来事だ。インドに駐留していたイギリス人将校、ジョン・ノートン大尉が奇妙なことに気づいた。現地のインド人は敵に向けて吹き矢を飛ばすとき、発射準備ができると、まず筒に息を吹き込む。そうすると、植物の髄でできた吹き矢の末端が膨らんで筒の内部にくっつき、空気が漏れないようになるのだ。その状態で吹き矢を放つと、威力が大幅に増す。

一八三六年になると、ロンドンのとある銃職人がノートンのアイデアを基に、銃弾の基底部に木製の栓をはめ込んで、発射時にその栓が広がるように改良した。これはこれで効果はあったのだが、この技術が大きく発展したのは、フランス陸軍のクロード・ミニエー大尉が、底にくぼみをつけた弾丸を考案してからだった。彼の銃弾は「ミニエー弾」と呼ばれ、それまでのような球形ではなく、現代の銃弾に近い円錐形（ドングリ形）となった。当初、ミニエー弾は底がカップ状に丸くくぼんでいて、火薬が爆発すると、その部分が外側に膨張し、銃身の内部に密着するようになっていた。銃身にどんなライフリングが施されていても、銃弾を銃身の内部に密着させる、画期的な技術だ。(4)

螺旋状のライフリングを施した銃身はすでに長年使用されていたが、銃弾を銃身のライフリングの溝に密着させるという必須条件を満たすには、銃弾の大きさを銃身の口径よりもわずかに大きくしなければならない。ただ、そうすると、火薬のすぐ近くまで銃弾を叩いて押し込む必要があり、装填に時間がかかる。しかしミニエー弾を使えば、銃弾は銃身の口径よりも小さいので銃身にすんなり入り、装填にかかる時間が大幅に短縮される。しかも、銃弾の底部が広がってライフリングに食い込めば銃弾を回転させることができるので、銃弾はきわめて速い回転速度で発射されるのだ。

回転する弾丸がいかに革命的だったかを理解するには、回転する物体にまつわる物理を詳しく知らなければならない。どんな種類の物体でも軸を中心に回転するのだが、この回転軸が置かれている状態は特殊だ。ライフル銃から発射された銃弾の場合、弾道を描く運動と回転運動という二種類の運動が同時進行していることを考慮しなければならない。これは野球でカーブする球を投げるときも同じで、ピッチャーはバッターに打たれにくくするため、ボールに意図的に回転を加えてボールの軌道を曲げている。

回転する物体を物理学で取り扱うには、どうすればいいのか。まず、回転軸という架空の線を中心に回転していると考え、回転速度を角速度として表す。回転速度は通常、一分当たりの回転数（単位はrpm）で表されることが多いが、科学の世界で使われる単位はもう一つあり、特に物理学では「ラジアン」という単位のほうが扱いやすい。一ラジアンは360°/2π（約五七・三度）として定義され、角速度はラジアン毎秒（単位はrad/s）で通常表されている。

それでは、物体が回転運動をする状態をつくる――つまり物体を回転させる――には、どうすればいいのか。力が必要ということは自明の理ではあるが、これを説明するために、ここで慣性の概念をおさらいしておこう。ニュートンの運動の第一法則によれば、等速直線運動をしている物体は、外部から力を加えない限りいつまでもその状態を続ける。運動をしている物体は慣性をもっており、その慣性に打ち勝つには力が必要だということだ。慣性とは変化を「好まない」性質であるとも言える。これと同じように、回転する物体にも回転に対する慣性があり、回転運動を維持しようとするから、運動の状態を変えるには力が必要になる。回転運動の場合、必要な力は回転力、つまり「トルク」である（ドアのノブを回したり瓶の蓋を回して開けたりするときに加えるのが、トルクだ）。

とはいえ、円盤が回転している様子を見ると、円盤上のどの点でも一秒間に移動する距離（メートルなど）が同じというわけではないことがわかる。円盤の端に位置する点の速さが、中心に近い点の速さよりも速いのは明らかだ。つまり、回転する物体では、回転軸から遠い位置にある点ほど単位時間内に移動する距離が大きいということである。通常の（直線方向の）力Fと回転力（トルク）τのあいだには関係があり、回転軸から任意の点までの距離をrとすると、τ＝F×rという式で表すことができる。

回転にかかわる慣性に話を戻すと、回転する物体には、一定の方向へ回転する運動を維持する性質がある。中心に軸を通して両手で持てるようにした自転車の車輪が一つあるとしよう。両手で軸を持って車輪を回してもらう。その状態から車輪の回転の向きを変えようとすると、非常に難しいのがわかるはずだ。これは、回転している車輪が同じ向きを維持しようとする性質を体感できる例である。銃弾の場合も同じで、弾軸を中心に回転しながら一定の方向へ飛行し、その方向を維持しようとする。このとき、回転運動によって銃弾の飛行が安定するほか、周囲の空気の影響（空気抵抗など）が弱まることもわかっている。ミニエー弾の命中精度が高く、射程が長いのはこのためだ。

ここで重要なのは、回転していない物体にトルクを加えると、角加速度が生じることである。角加速度の単位はラジアン毎秒毎秒（rad/s^2）で、直線方向の加速度と角加速度の関係は、角加速度をα、直線方向の加速度をa、回転軸から任意の点までの距離をrとすると、$\alpha = a/r$という式で表すことができる。また運動量の場合も同様に、直線方向の運動量と角運動量があり、「独立した系の角運動量の総和は常に一定である」という保存則が成り立つ。

ライフル銃の場合、ミニエー弾は銃身の内部で四回から八回の回転を加えられ、高速で回転しながら銃口を飛び出す。これにより、マスケット銃で使われた回転しない球形の弾と比べて、ミニエー弾は飛行中の安定性が格段に増したのである。

ライフル銃と大砲における革命

すでに述べたように、滑腔銃は標的が九〇メートル以上離れている場合には使い物にならず、たとえ九〇メートル離れた標的を狙っても命中精度は高くなかった。滑腔銃を持った歩兵隊の列が互いに対峙したとき、およそ九〇メートル離れていれば、両軍とも敵に撃たれる心配なく攻撃できたのだ。ライフリングを施したライフル銃は登場したあとも、実戦で使われることがほとんどなかった。装填に時間がかかったうえ、銃身が火薬のかすで詰まりやすかったからである。南北戦争の開戦前にはすでにライフリングが施されたマスケット銃は存在していたが、主に使用していたのは、装填にかかる時間を気にしない、ダニエル・ブーンのような辺境の開拓者だった。しかし、一七五〇年に「ケンタッキー・ライフル」として広く知られるライフル銃が開発されると、多くの著名な開拓者たちがそれを使うようになる。ケンタッキー・ライフルは命中精度が高く、およそ一八〇メートル離れた地点にいる七面鳥を容易に仕留めることができたうえ、独立戦争でアメリカ軍が使用したときには、ケンタッキー・ライフルを携えた狙撃兵がおよそ三七〇メートル先にいるイギリス騎兵の馬を仕留めて、敵の騎兵隊を震え上がらせている。イギリス軍はその事態を受けて、アメリカ軍の銃に匹敵する銃を早急に開発する必要性を感じ、「ファーガソン・ライフル」と呼ばれるライフル銃を作り上げた。

ミニエー弾をはじめとする新技術によって、殺傷力を大幅に高めた新型のライフル銃が登場した。当初は銃口から弾を込める方式が依然として採用されていたとはいえ、それでも滑腔銃よりはるかに殺傷力が高かった。北軍が主に使っていたライフル銃は、口径（銃身の内径）が〇・五八インチ（一四・七ミリ）のスプリングフィールド銃と、口径が〇・六九インチ（一七・五ミリ）のハーパーズ・フェリー銃で、どちらも銃口から弾を込める方式を使っていた。一方、南軍が使っていたのは、口径が〇・五七七インチ（一四・六ミリ）のエンフィールド銃など、イギリスから輸入したライフル銃だった。腕の良い兵士なら八〇〇メートル離れた標的を仕留められ、平均的な兵士でもおよそ二三〇メートル離れた標的に当てることができた。(5)

南北戦争で主に使われていたのはスプリングフィールド銃とエンフィールド銃だったが、戦争の後半になるとほかの種類の銃も数多く投入された。一八六〇年には、コネティカット州のクリストファー・スペンサーが、銃床の中に七発の弾薬を装填でき、銃身の後部（ブリーチ）を開けて使用済みの薬莢を排出するライフル銃を発明した。これは連発銃の先駆けの一つで、スペンサー銃と呼ばれ、その存在は広く知られていたものの、実戦で使われた数は限られていた。

ほかにも、一六発の弾薬を収められる、口径が〇・四四インチ（一一・二ミリ）のヘンリー銃という連発銃も登場した。スペンサー銃もヘンリー銃もカービン銃だ。カービン銃とは、標準的なライフル銃よりも銃身が短く、軽量な銃のことをいう。馬に乗って攻撃する騎兵にとっては、銃身の長いライフル銃は扱いにくいため、カービン銃のほうが使い勝手が良かった。銃身が短いカービン銃は、大きなライフル銃よりも命中精度と威力で劣っていたとはいえ、その軽さと機動性の高さから多くの兵士に好まれた。射程の短さが問題にならない森林地帯では、とりわけその性能を十分に発揮できた。

この時代で特に興味深いライフル銃の一つは、一八四八年にクリスチャン・シャープスが発明したシャープス銃である。主に狙撃兵に使われたが、スプリングフィールド銃の三倍という価格の高さがネックとなり、実戦に投入された数は限られていた。この銃が注目されたのは一九九〇年の映画『ブラッディ・ガン』で、トム・セレック演じるマット・クイグリーが使っていたのが、とびきり長い銃身のシャープス銃だ（標準的な七六センチの銃身より一〇センチ長い）。遠い標的に対する命中精度がきわめて高く、映画では、クイグリーがはるか遠くの標的を仕留める腕前を見せて、みんなを驚かせた。

なお、標準的な長さのライフル銃のほとんどには、銃身の短い「カービン」タイプのモデルがあった。それらは同じ弾薬を使うものの、射程と命中精度は標準的なライフル銃より劣る。きわめて命中精度の高いシャープス銃にも、カービン・モデルがあった。

南北戦争ではリボルバーも広く使われ、とりわけ口径が〇・四四インチと〇・三六インチのコルトの銃が人気を集めた。南軍の将校は、フランス製のレマット・リボルバーを使っていた。銃剣や槍（ランス）、軍刀（サーベル）、さまざまな種類の剣も使われてはいたが、殺傷力という点ではほとんど効果を発揮しなかったのが実情だ。

ほかに広く投入されていた兵器といえば、大砲である。ライフリングが施されていない滑腔砲も、ライフリングが施されたものも実戦で使われていたが、命中精度で勝っていたのはライフリングが施された大砲だった。砲弾は一二ポンド（約五・四キロ）から九〇ポンド（約四一キロ）かそれ以上まで重量別に用意され、ライフル銃と同様、砲口から装填する種類もあれば、砲尾から装填する種類もあった。主な火砲には、比較的平坦な弾道をとる大砲（カノン砲）と、砲弾が空中高く放たれてアーチ状の弾道を描く臼砲、その中間の弾道をとる榴弾（りゅうだん）砲という三種類があった。カノン砲のなかでも人気が高く、北軍も南軍も使っていたのは、「ナポレオン砲」と呼ばれる滑腔砲である。カノン砲のなかでも軽量で移動しやすく、およそ一五〇〇メートルの射程があり、近づいてくる敵軍を殺傷する能力が高いキャニスター弾とぶどう弾を発射するのによく使われた。キャニスター弾にはおよそ八五個の鉄球が収められ、鉄球は発射後すぐに飛び散って、広範囲に雨あられと降り注いで敵軍に多数の死傷者を出す。言ってみれば、散弾銃を巨大にしたような兵器である。

南北戦争

この戦争が六カ月以上続くとは両軍とも考えておらず、あれほど多くの死傷者を出す激戦になろうとは誰も予期していなかった。戦争が終わる頃には、七〇万人を超す兵士が命を落としただけでなく、民間人にも数多くの死者が出ていた。

南北戦争が始まったのは、一八六〇年にエイブラハム・リンカーンが大統領選挙で勝利してまもない頃だ。リンカーンが奴隷制への反対を表明すると、このまま奴隷制が廃止されるのではないかと南部の複数の州が懸念し、奴隷制を採用していた州のいくつかが一八六一年にアメリカ合衆国から脱退して、アメリカ連合国（アメリカ南部連合）という独自の連合を結成したのである。だが、ワシントンの政府は脱退を認めず、リンカーンは合衆国の分裂を何としても避けようと決意した。

戦いの口火を切ったのは、南軍だ。サウスカロライナ州チャールストンの港の中央に位置するサムター要塞を砲撃したのが始まりである。この攻撃で要塞は大打撃を受け、一八六一年四月一三日に陥落した。この事態にリンカーンは怒りをあらわにし、北軍に参加する志願兵の募集をすぐに始めた。南部連合にはさらに四つの州が加わった。それから短期間のうちに、両軍ともおよそ一〇万人の兵士を確保したが、そのほとんどが訓練を受けていない素人だった。

それから四年間、二三七回もの戦闘のほか、数多くの小競り合いが繰り広げられた。犠牲者がだんだん増えていくにつれて、戦争も激しさを増していく。おびただしい数の死者が出た主な原因の一つは、両軍の将軍が採用した戦法だ。ウェストポイントにある陸軍士官学校ではナポレオン式の戦法を将校たちに教え込んでいたため、そうした戦法が南北戦争の大半で依然として広く使われたのである。すでに触れたが、ナポレオン戦争では、横一線に並んだ兵士たちがマスケット銃を手に行進し、相手までおよそ九〇メートルの距離まで近づいたところで銃撃を開始する。この程度離れていれば、弾は相手までほとんど届かず、命中することはない。銃撃命令は通常「用意……撃て！」であり、「用意……狙え……撃て！」ではなかった。敵軍に弾丸の雨を降らせ、そのなかの一部でも敵に打撃を与えられればよしとするのが、この攻撃の意図である。マスケット銃は単発で装填に時間がかかり、いったん弾がなくなると、兵士たちは銃剣を手に突撃して白兵戦を繰り広げる。この戦法の問題は、ナポレオンの時代以降、ライフル銃や大砲の殺傷力も射程も大幅に増していたにもかかわらず、それを考慮していないところにある。南北戦争のときにはすでに、兵士たちが一八〇メートル離れた標的を仕留められる状態になっていた。ナポレオン式の戦法のような、正面から攻撃する種類の戦法は自殺行為に等しい。にもかかわらず、敵の銃に向かって突き進まずに逃げようとすれば、その兵士はすぐさま臆病者の烙印を押されたのだ。その結果、敵に立ち向かっていった兵士たちが次々に撃ち殺される惨劇が起きた。将軍たちがようやくこの戦法を捨てたのは、南北戦争が後半に入ってからのことだった。

開戦した当初、リンカーン大統領は、イギリスやフランスからの武器の輸入をはじめ、南部のあらゆる交易を停止させようと、海軍による海上封鎖を命じた。北軍は南軍よりもはるかに優秀な海軍を擁していたことから、この作戦はきわめて有効だった。この作戦の主な狙いの一つは、南部の経済の大部分を支えている主要な輸出品だった綿花の輸出を阻止することにあった。開戦当初、ロバート・E・リー将軍率いる南軍がいくつかの大きな戦闘で勝利を収めていたものの、一八六二年の夏を迎える頃には、西部に展開していた南部の陸軍部隊の多くが北軍の攻撃で壊滅的な打撃を受けたほか、南部の海軍によるミシシッピ川での支配力は著しく低下していた。そうした戦況のなかで迎えたのが、一八六三年のゲティスバーグの戦いだ。北軍を徹底的に打ちのめしてやるとの断固たる決意を胸に南軍を北へと進めたリー将軍は、およそ七万二〇〇〇人の兵力を従えていた。対する北軍は、ジョージ・ミード将軍が率いる九万四〇〇〇人の兵士たちである。

ゲティスバーグという小さな町のはずれで戦いが始まったのは、七月一日のことだった。初日は、北軍がリー率いる南軍に攻撃され、町の南に位置するセメタリー・リッジまで退却を余儀なくされる。二日目、北軍が防御の陣形をとり、南軍も再び一戦を交える準備を整えた。戦闘が再開されたのは午後遅く。南軍が敵の長い防御線の数ヵ所に攻撃を仕掛け、あと一歩で突破できるところまで攻め入った。北軍の戦線に大打撃を与えることができたリーは自信に満ちあふれ、勝利を手にしたものと確信した。翌七月三日、リーは一三五門の大砲による集中砲火で攻撃を開始した。多くが一二ポンドの砲弾を使っていたが、ほかにも、鉛の弾を敵軍にまき散らす殺傷力の高いキャニスター弾や、敵軍の頭上で爆発して鉄の破片をばらまく一二ポンド砲弾も発射した。北軍の大砲と兵士をできるだけ多く仕留めて敵の戦闘能力を低下させるのが、リーの計画である。北軍を徹底的に痛めつけておかなければ、さらなる攻撃に取りかかれないと、彼は考えていたのだ。(6)

南軍の大砲から数百発の砲弾が短時間のうちに発射されると、まもなく北軍も同等の規模の砲撃で応戦した。耳をつんざくような轟音はすさまじかったが、それにも増してひどかったのは、両軍にずらりと並んだ大砲が出す煙である。まもなく辺り一面に灰色の煙が立ち込め、兵士の目を容赦なく攻撃した。砲撃は何時間も続いたが、リーの期待に反して、北軍の大砲による反撃はいっこうにやむことはなく、弱まることさえなかった。にもかかわらずリーは、午後三時頃になると、さらなる攻撃に打って出る決断をする。攻撃を任されたピケット少将の指揮のもと、一万二五〇〇人の南軍兵士が隊列を組み、突撃を開始した。「ピケットの突撃」として知られるようになるこの攻撃では、南軍兵士はエンフィールド銃を、北軍兵士はスプリングフィールド銃を携行していたが、なかにはきわめて命中精度の高いシャープス銃を使う兵士もいた。両軍ともミニエー弾を使用し、その射程は少なくとも四〇〇メートルはある。開けた野原を南軍が進軍するなか、北軍兵士は低い石壁の背後に身を潜め、南軍が十分に近づいたところで攻撃を開始し、それと同時に北軍がキャニスター弾による砲撃を始めて、南軍兵士に鉛の弾の雨を浴びせた。キャニスター弾はときに一発で二人の兵士の命を奪うほどの威力を発揮し、スプリングフィールド銃も高い殺傷力を見せた。

それでも南軍は退却する気配を見せず、進軍を続けた。しかし、敵の戦線に近づくあいだに兵士たちは次々に命を落とし、北軍の戦線に到達する頃には当初のほぼ半分が——六〇〇〇人近くが——落命する惨状だった。その後、白兵戦に突入したものの、長くは続かず、二〇分後には南軍が退却した。戦場はおびただしい数の遺体で埋め尽くされていた。

その夜、雨が降って戦場が泥沼と化すと、戦いを続行したいとの気運はなくなり、誰もが戦意を喪失していた。リーは自軍の多大なる被害を確認し、ようやく退却を決意する。この戦いで北軍は二万三〇〇〇人、南軍もそれと同等の数の死者を出した。これは南北戦争の戦闘で最悪の死者数である。

ゲティスバーグの戦いが終わったあとも、戦争はさらに二年間続いたが、戦況は北軍優勢だった。一八六四年には、リンカーン大統領が北軍の総司令官にユリシーズ・グラントを任命し、合衆国を元の形に戻すための「限定戦争」とされていた戦争は、南部と奴隷制を徹底的に破壊したうえで合衆国を元の形に戻す「総力戦」へと姿を変えた。南軍は勇敢な戦いを見せたものの敗北を重ね、一八六五年四月に降伏して、戦争はようやく終結した。

電信の役割

物理学上の発見から直接生まれた重要な装置のなかで、南北戦争中に広く使われていたのが、電信である。電線を通して電気信号を遠く離れた場所へ伝送する通信システムで、電気信号はメッセージに変換される。リンカーン大統領は南北戦争中に電信を広く活用して、将軍や将校と連絡をとっていた。電信の価値を十分に理解し、戦争の進め方について電信で直接指示を出した最初の大統領だ(7)。

電信のルーツは、イギリスの発明家ウィリアム・スタージョンが世界初の電磁石を考案した一八二〇年代にさかのぼる。導線を巻いて作ったコイル（ソレノイド）に電流を流すと磁場が生じるというアンペールの発見を知ると、スタージョンはまずその実験を自分で再現したあと、導線を巻きつけた鉄の棒を使って実験を続けてみた。その結果、裸の銅線を一八回巻いて電池から電流を流せば、その装置自体の二〇倍もの重さの鉄を持ち上げられる強力な磁石を作れることがわかった。電流を流すのに使ったのは、簡素な電池一つだけだった。

この発見のニュースを耳にすると、アメリカのジョセフ・ヘンリーは絶縁された導線で同じ実験をしてみることにした。スタージョンのコイルでは裸の銅線どうしがショートしないよう十分に離して巻かれていたが、ヘンリーは絶縁された導線を使ったためショートの心配はなく、導線を重ねて何百回も巻くことができた。その結果、一八三一年には、一トンを超える鉄を持ち上げられる電磁石を作り出していた。その後ヘンリーは、電磁石を回路に接続することによって、遠く離れたところにあるベルをレバーで叩けることを示した。彼の手法を知るため、電磁石を組み込んだ簡素な回路を考えてみよう。回路にはキー（電鍵）が取りつけられ、それを押すと回路が閉じて電流が流れるが、キーを放すとばねの力でキーが元に戻り、回路が切れて電流が遮断されるようになっている。キーを押すと、回路につながった電磁石が作動し、近くの鉄の棒を引き寄せる。もしこの棒が回路の一部ならば、電磁石に引き寄せられると回路が切断されることになる。また、ベルが近くに配置されていれば、キーを押したときに鉄の棒でベルを打つことができる(8)。

逆に、鉄の棒が回路の一部ではない場合を考えよう。この場合、電磁石が棒を引き寄せたまま、そこにとどめる。棒が離れるのは、キーを放したときだけだ。だから、キーを押して放す動作を行うと、棒はキーの動作に応じて引き寄せられたり離れたりする。電磁石がキーからある程度離れた場所に位置している場合、カチカチという「メッセージ」をキーから電磁石に送信することができる。そして、ここで特に重要なのは、メッセージが電気と同じ速さ、つまり光速に近い速さで導線を通って送信されるということである。

一八三七年、イギリスの物理学者ウィリアム・クックとチャールズ・ホイートストンがこの概念に基づいた装置の特許を取得した。一般にこれが最初の電信機であると考えられている。しかし、この装置には問題があった。なかでも、導線に電気抵抗があるために導線が長くなるにつれて電流が弱まるのが大きな問題で、そのため、この装置ではメッセージを遠くまで届けることができなかった。クックとホイートストンもこの問題に対処する装置を考案してはいたが、装置を改良して実際に電信の長距離送信を可能にしたのは、アメリカのジョセフ・ヘンリーだった。

ヘンリーが考案したのは、現在「継電器」（リレー）と呼ばれている装置である。発信元の電流を伝える導線を十分に短くして、電流がかなり微弱になっても、その信号を検出できるようにした。その結果、電流が流れたとき、回路に組み込んだ電磁石に軽量のキーならば引き寄せられるようになった。このキーは接点になっていて、電磁石にくっつくと第二の回路を閉じる仕組みになっている。第二の回路には、強い電流を生む電池が接続され、回路はそれほど長くなく電気抵抗もほとんどないため、電流は最初の回路よりも強くなる。ここで特に重要なのは、第二の回路では、最初の回路で伝えたものと同じ「メッセージ」が生成されるうえ、その強さは最初よりも格段に強くなっていることだ。この技術は第

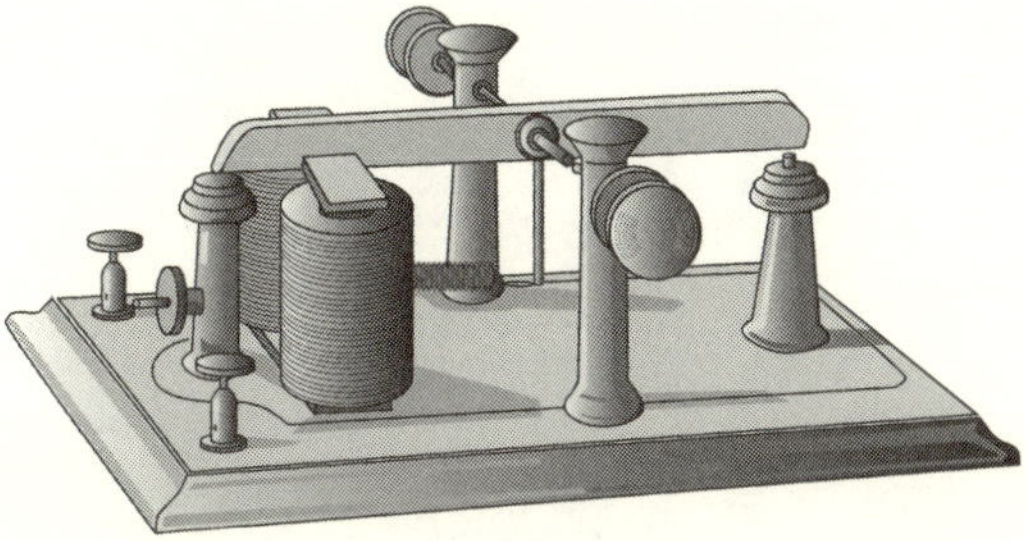

初期の電信機

三、第四の回路にも応用できるため、継電器と電池を適切な間隔で配置することによって、メッセージをはるか遠くの地点まで送信することができる。一八三一年の時点で、ヘンリーはメッセージをおよそ一・六キロ離れた地点まで送信したが、その後まもなく、何キロも離れた地点まで送信できるようになった。

しかし、まだメッセージにまつわる問題が残っていた。回路の開閉によって生成されたカチカチという音をメッセージに変える手法を見つけだす必要があったのだ。そこでサミュエル・モースは、導線を通じてメッセージを伝えるために、短点（・）と長点（—）という二種類の符号を組み合わせて文字を表現する「モールス符号」を編み出した。アルファベットのそれぞれの文字が、短点と長点からなる短い配列で表現される（たとえば、Aは「・—（トン・ツー）」、Bは「—・・・（ツー・トン・トン・トン）」といった具合だ）。一八四四年には、アメリカのボルチモアとワシントンのあいだに電信線が敷設され、両都市間でメッセージを正しく送信することができた。このとき送られたメッセージは、旧約聖書の民数記の二三章二三節「What hath God wrought」（神がなせし業）だった。

南北戦争が始まる頃には、電信は全米で重要な通信手段となっていた。カリフォルニアとワシントンを結ぶ、大陸を横断する最初の電信システムが完成したのは、開戦してまもない一八六一年一〇月のことで、先ほど述べたように、リンカーンはそのシステムを広く活用していた。電信機はホワイトハウスにあったわけではなく、隣の陸軍省の建物に備えられていたため、リンカーンはその建物で長い時間を過ごしていたという。彼は戦争中、将軍や将校に向けて一〇〇〇通を超える電信を送ったと推定されている。

発電機（ダイナモ）

南北戦争は、電気がさまざまな場面で大きな役割を担った最初の戦争であり、電気がもたらした影響は電信技術をはるかに上回る。当初、電力の供給源はたいてい電池だったが、電池が供給できる電力は限られていたうえ、工場や機械には大量の電力が必要とされていた。南北戦争は、本格的な工業化による影響を受けた最初の戦争であり、大量生産された武器や、装甲された蒸気船、大規模な工場で生産された軍需品、鉄道などが重要な役割を果たした。その多くにとって電気は中心的な存在となっていたが、当時はまだ、電気の性質や利用法が十分に理解されていなかったうえ、安価な発電手法も発見されていなかった。

とはいえ、すでに最初の一歩を踏み出していた人物はいた。一八三一年には、ファラデーが電磁誘導を実証し、ソレノイドに差し入れた磁石を動かすことによって短時間だけ電流が流れることを示している。ただ、電流の持続時間はあまりにも短く、磁石を近づけたり遠ざけたりし続けても、電流が断続的に生じるだけだった。そこでファラデーは、実用に耐えられる発電方法の研究に乗り出した。軸に取りつけて回転できる銅製の円盤を製作し、その円盤の外縁部が強力な磁石の両極のあいだを通るようにして、円盤が回転しているときに磁力線を横切るような装置を作った。このとき、円盤の中心付近と縁では縁のほうが速く動くため電位も高くなり、これによって円盤上に電位差（電圧）が生じる。ファラデーはさらに、円盤上の中心付近と縁の近くにそれぞれスライド式の接点を取りつけ、導線を接続した。この回路に検流計を接続することによって電流を検出でき、円盤を回し続ける限り電流が継続的に流れることが確認できた(9)。

ファラデーが考案した円盤には磁石のあいだを通る電流の経路が一つしかなかったため、これによって生じる電位差は小さかったが、その後まもなく、導線をコイル状に巻くことによってはるかに高い電圧を作り出せることがわかった。一八三二年、フランスの機器職人ヒポライト・ピクシーがファラデーの装置を改良し、クランクを使って永久磁石を回転させる装置を作った。絶縁された導線を鉄芯に巻き付けたコイルの下に、U字形の磁石を両極が上を向くようにして回転軸に取りつけたところ、磁石を回転させると、N極かS極がコイルの下を通過するたびに導線に電流のパルスが生じることを、ピクシーは発見した。しかし、それぞれの極が通過するときにコイルに発生する電流は向きが逆（交流）だったので、ピクシーは電流が同じ向き（直流）になるよう変換するために、整流子と呼ばれる金属の装置をこのシャフトに（ばねを使って）密着させるように取りつけた。

この装置で継続的に電流を発生させることはできたものの、現在知られている直流を作ることはできなかった。しかしその数年後には、平滑な直流を生成できるようになり、世界初のダイナモである、単純な発電機が誕生した。これは機械的な運動によって発電する装置だが、そのためには装置を動かして回転運動を作り出す何かが必要だ。動力源としては、蒸気機関や、滝のように流れ落ちる水、あるいは、単に流れる水が考えられる。つまり、外部で機械的な力を生み出す動力源が確保できるのなら、発電が可能ということだ。ダイナモは、工場で必要な電力など、大量の電力を供給できる最初の装置だった。

ガトリング砲

ガトリング砲は南北戦争で最高の「超兵器」の一つだったが、奇妙なことに実戦ではほとんど使われなかった。一八六一年にリチャード・ガトリングによって設計され、一八六二年一一月に特許が取得されたが、当初、軍はこの火砲にほとんど興味がなかったようだ。さらに奇妙なのは、ガトリングが戦争を嫌悪し、自分の兵器を投入することで、戦場に大量の兵士を送る必要性がなくなってほしいと願っていたことである。しかも、自分の兵器が戦争の恐ろしさや悲惨さを伝え、国家が参戦を決定する前に考え直すきっかけになればとまで願っていたのだ。

ガトリング砲は、回転軸の周りに六本の銃身を配置し、それを手回し式のクランクを使って回転させながら弾を連続して発射する初期の機関銃で、一分間に二〇〇発を発射できた。それぞれの銃身が回転して特定の地点に達すると、弾が一発だけ発射される仕組みだ。弾薬は鋼鉄製の薬莢に黒色火薬と雷管とともに収められている。ガトリング砲では、弾薬は銃の上部に固定されたホッパー式弾倉（上部が開放された箱形の弾倉）から、それ自体の重みで砲身の尾部へ送り込まれて薬室に装填され、発射後には空の薬莢が排出されて、次弾が装填される。射撃能力を高めようとした以前の火砲では、銃身の過熱が大きな問題になっていたが、ガトリング砲では銃身が回転するあいだに冷却される利点があった。また最初期のモデルでは、銃身と銃身の隙間に水で濡らした厚い織物を詰め込んで、銃身を冷却していた。

ガトリングはみずから開発した新兵器を、ゲティスバーグの戦いの数カ月前に当たる一八六二年一二月に北軍の前で実演して売り込んだが、北軍はなかなか採用しようとしなかった。だが、その後まもなくガトリング砲は殺傷力の高い主要な兵器となる。

海上での戦い

激しい戦いが繰り広げられたのは、陸上だけではない。外洋や、メキシコ湾岸の入り江、さらには、ミシシッピ川などの大河も、戦争の舞台となった。南北戦争の開戦直後にはリンカーンが南部の港の封鎖を命じ、その作戦が実際に功を奏している。南軍はもともと資源が限られていたので、ヨーロッパからの支援を期待し、せめて物資だけでも手に入れたいと願っていたものの、北軍による海上封鎖に遭ったために、支援はおろか物資を手に入れることすらできなくなった。海上封鎖作戦が大きな成果をもたらしたのは、当時限られた戦力しかなかった合衆国海軍が北軍への忠誠心を失わなかったからである。

実際のところ、当時の海軍が所有していたのは木造船だけで、ひとたび敵の砲撃を受ければ簡単に撃沈されるおそれがあり、ほとんど使い物にならない状態だった。海軍の船が実戦に耐えられるようになったのは、装甲鑑が登場してからのことだ。

火砲が大型化するにつれ、木造船は敵にとって格好の標的になることが判明し、何かしらの対策が必要になった。当初は木造船に鉄か鋼鉄の装甲を施す方法がとられたが、そのうちに船体そのものを金属で製造したほうが良いことがわかり、「装甲艦」と呼ばれる戦艦が登場した。

初期の船のほとんどは、蒸気機関を動力源として巨大な外輪を回転させることによって航行していたが、外輪はあまりにも大きく、鈍重で効率が悪いうえ、敵の攻撃の影響を受けやすかった。たとえ一発の砲弾を受けただけでも、当たりどころが悪ければ、船は使い物にならなくなったのだ。より優れた推進装置の開発が急務となっていたが、そんななかで有望視されていたのは、ねじのような形をした螺旋状の装置である。はるか昔、アルキメデスは螺旋状のプロペラを使って農業用水を汲み上げ、長年エジプト人は同様の装置を使って土地を灌漑していたほか、レオナルド・ダ・ヴィンチは単純なヘリコプターの設計に同じ原理を取り入れていた。螺旋状の装置を使えば水を移動させられるだけでなく、水に対して力を加えられることはよく知られていたのである。こうした装置を船の推進に活用できることをいち早く提唱した人物の一人が、ジェームズ・ワットだ。ただし、奇妙なことに、ワットが螺旋状の装置と蒸気機関を組み合わせることを提案したという手がかりはほとんど残っていない。

初めて作られた螺旋状のプロペラは長い形をしていた。しかし一八三五年、フランシス・スミスが重要な発見をする。長い螺旋状のプロペラを使って実験しているときに、プロペラが折れてその大部分が破損してしまったため、残った短いプロペラだけで実験を続けてみると、意外なことに、短いプロペラが長いプロペラよりも優れているように見えたのだ。これが、現在の船に使われている短いスクリュープロペラが誕生するきっかけとなる。翌一八三六年には、スウェーデン出身の技術者ジョン・エリクソンが大型の羽根（ブレード）を取りつけるデザインを考案して、スクリュープロペラの効率を一気に上げた。エリクソンは一時期イギリスで働いていたが、南北戦争が始まる前に渡米すると、まもなく海軍将校のロバート・ストックトン大佐にその才能を見いだされる。ストックトンは野心に満ちあふれた将校で、装甲した蒸気船を導入し、火砲を大型化して海軍の軍備を刷新したいと熱望していた。彼はエリクソンの力を借りて、当時としては最先端の戦艦の設計と建造を成し遂げ、自分の故郷にちなんで〈プリンストン〉と命名した。火砲は回転式砲塔に設置され、そのなかでも最大の二門は口径一二インチ

（約三〇センチ）で、二一二ポンド（約九六キロ）の砲弾を発射する最大級の大砲だ。さらに、〈プリンストン〉はそれ以外にも四二ポンド（約一九キロ）の砲弾を発射する大砲を一二門備え、エリクソンの考案した新型スクリュープロペラで推進する。[10]

一八四四年、〈プリンストン〉はワシントンでタイラー大統領をはじめ大勢の人々の前で披露された。このときストックトンは、自慢の大砲の威力を誇示したいと考え、射撃を実演するように命じたのだが、三発目が発射されたところで大砲が爆発し、鉄の破片を出席者のほうへまき散らした。この事故は、当時の国務長官や海軍長官のほか、何人かの将校が命を落とす惨事となり、ストックトンと設計に協力したエリクソンの両人にとって計り知れないほど大きな打撃となる。

とはいえ南北戦争が始まると、エリクソンは北軍に雇われ、さらに優れた新型戦艦の設計を任される。こうして完成したのが、装甲艦〈モニター〉だ。全長およそ五五メートルで、分厚い鉄の装甲が施され、蒸気機関を動力源に幅二・七メートルのスクリュープロペラで推進する。水面から甲板までの高さが五〇センチにも満たない奇妙な見かけだが、この低乾舷の設計によって敵艦に狙われる可能性が格段に低くなった。

そのあいだ、南軍の海軍のほうも装甲艦を建造していた。〈ヴァージニア〉と名づけられたその船は、南部の誇りだった。そして一八六二年三月、両軍の装甲艦がヴァージニア州沖のハンプトン・ローズと呼ばれる水域で交戦することになる。まず仕掛けたのは〈ヴァージニア〉だ。ハンプトン・ローズで封鎖任務に当たっていた北軍の小艦隊を攻撃し、二隻の小型フリゲート艦を破壊した。戦闘の前半では、交戦しようとして座礁した北軍の大型フリゲート艦〈ミネソタ〉を撃沈するチャンスも訪れたが、そこで日没が訪れたため、〈ヴァージニア〉はいったん撤退した。翌朝、攻撃を再開しようと戻ってきた

〈ヴァージニア〉を待ち構えていたのが、北軍が夜のうちに配備した〈モニター〉である。二隻の装甲艦は互いに砲撃を仕掛けたが、両者とも敵に致命傷を与えることができなかった。そこで〈ヴァージニア〉は船首に備えた衝角で〈モニター〉に激突しようとしたものの、その攻撃もほとんど効果はなく、何時間にも及んだ戦闘の末に、戦いは両者引き分けに終わった。しかし、〈モニター〉は〈ミネソタ〉やほかの数隻の船を〈ヴァージニア〉の攻撃から守る役割を果たした。

〈モニター〉の成果に満足した北軍はまもなく、この装甲艦をモデルにした戦艦だけで艦隊を編成した。さらに、「シティ級」と呼ばれる小型の装甲艦の艦隊も編成し、西部のメキシコ湾岸の入り江とミシシッピ川などの大河に展開した。

南軍の海軍も数隻の小型船を建造したものの、北軍の海軍には太刀打ちできないことがすぐに判明し、封鎖を阻止するために海上でできることはほとんどなかった。

スクリュープロペラの物理学

当時のスクリュープロペラは、二枚か三枚の羽根（ブレード）をもち、回転軸に取りつけられていた。スクリュープロペラの回転によって生まれた力は、前方への推力に変換されて船に伝えられる。簡単に言えば、このとき羽根の前後に圧力差が生じる。羽根の後方（船の後方）の圧力が前方よりも大きくなり、この圧力差によって船が前進する。羽根が水に与えた運動量が、船の推力となるわけだ。

スクリュープロペラの回転方向は羽根の設計によって異なり、時計回りのプロペラも反時計回りのプロペラもある。羽根が受ける力は、その面積（A）と、流体の密度（ρ）、速度（v）、そして、流体の流れる方向に対する羽根の角度（α）に左右される。

スクリュープロペラの働きを詳しく知るには、ねじと比較するのがわかりやすい。ねじを壁にねじ込むときには、その先端にトルク（回転力）を加えている。螺旋状の形によってこのトルクが「押す」力へと変換され、ねじが壁にねじ込まれていくのだ。

スクリュープロペラは、回転することによって水上の船を移動させる機械である。すでに説明したように、機械とは力の増幅や変換を行う装置と定義される。スクリュープロペラは、水を後方に押し出すことによって、その反動で船を前進させる機械であり、ニュートンの運動の第三法則によれば、水を後方に押し出す力と船を前進させる力は等しいということになる。また、この力が運動の変化によって生じたものであることを考えれば、スクリュープロペラは水に後ろ向きの運動量を与えることによって、船に前向きの運動量を与えているということだ。

「知るか、機雷なんか」

北軍の海軍には歯が立たないとようやく悟ると、南軍の海軍はほかの方法で海上封鎖を突破することにした。なかでも大きな成果をもたらしたのは、機雷と潜水艦である。実際のところ、北軍に撃沈された南軍の船が六隻だったのに対し、南軍は機雷を駆使して北軍の船を二二隻沈め、一二隻に損傷を与えている。

当時広く使われていた機雷は二種類ある。一つは、長い棒（最長九メートル）の先端に爆破装置を付けた「外装水雷」で、通常は船首に装着し、敵の船に突き当てて爆発させる。攻撃側の船にも大きな被害をもたらすことが多いのが、唯一の難点だった。もう一種類は、長いロープに結びつけた機雷だ。通常、船に対して約四五度の角度で曳航し、うまく操れば敵艦に当てることもできた。陸上にいる人物による操作か雷管の一種を使って、電気仕掛けで爆発させた。

機雷が大きな役割を果たした戦闘のなかでもよく知られているのが、一八六四年八月にアラバマ州で行われたモビール湾海戦だ。湾を守る南軍を率いるのは、数多くの海戦を経験してきたベテランのフランクリン・ブキャナン提督で、彼の旗艦〈テネシー〉は〈ヴァージニア〉を基に建造された装甲艦である。一方、湾外から攻め入る北軍は、〈モニター〉を基に建造された四隻の装甲艦と数隻の木造艦からなる艦隊を、デヴィッド・ファラガット提督が率いる。北軍を迎え撃つ南軍は、〈テネシー〉のほかにも数隻の小型の装甲艦を配備し、さらに、大砲を備えたモーガン砦とゲインズ砦が湾の入り口を守っている。しかし、北軍のファラガットが最も恐れていたのは、湾内のいたるところに敷設された機雷だ。その被害を免れる唯一の方法は、モーガン砦の大砲のすぐ下を通る狭い海域を抜けることだった。[11]

ファラガットは、戦艦を縦に二列並べる陣形を使って攻撃する計画を立てていた。そのうちの一列は、〈モニター〉と同型の強靱な装甲艦四隻で構成し、モーガン砦の近くを航行する。もう一列は、安全のために四隻の木造艦をそれぞれロープでつないで航行し、一隻が攻撃を受けても沈没しにくくする対策をとった。この列では、ファラガットが乗船した〈ハートフォード〉が〈ブルックリン〉に続いて航行した。八月五日、ファラガットの艦隊がモビール湾に接近してくると、モーガン砦から砲撃が開始された。北軍の船も応戦したが、ファラガットはここで戦闘を拡大するのではなく、高速で湾内に突入する心づもりだった。

湾の入り口に近づくにつれ、北軍艦隊の先頭を行く装甲艦〈テカムセ〉の船長が、南軍のブキャナンが乗る旗艦〈テネシー〉の艦影をとらえた。これは木造艦にとって大きな脅威であったため、〈テカムセ〉が木造艦の防御のためにその前方へ割って入ったところ、木造艦の列が機雷原の方向へ向かう格好になってしまった。木造艦〈ブルックリン〉の船長は前方に機雷を発見すると船の停止を命じたが、そのすぐ後ろを航行していた〈ハートフォード〉のファラガットは、その動きを不快に感じ、前進し続ける指示を旗で知らせる。激しい砲撃を受け、現場が大混乱に陥るなか、大きな爆発が両船を揺らした。前を行く〈テカムセ〉が機雷に当たり、瞬く間にモビール湾の底へと沈んでいったのである。

　混乱はまだ続いた。またもや〈ブルックリン〉が動きを止めると、互いにロープでつながっていた木造艦が前後の船と衝突しそうになる。ファラガットはロープの切断を命じ、舵を切ると、猛スピードで〈ブルックリン〉を追い越し始めた。このとき、「すぐそこに機雷があります」と叫ぶ〈ブルックリン〉の船長に対して、ファラガットが答えた言葉は有名だ。「知るか、機雷なんか……全速前進！」。提督が乗る〈ハートフォード〉は機雷に何度か当たったものの、運が味方してくれたのか、爆発した機雷は一つもなかった。

　南軍の〈テネシー〉に乗ったブキャナンは、北軍の艦隊が湾内に突入してきたことに驚き、北軍の艦隊を率いる形になった〈ハートフォード〉へ向かって〈テネシー〉を急行させた。船首に備えた衝角で激突する攻撃を仕掛けるつもりだったが、両艦が互いに砲撃を加えるなか、大型で遅い〈テネシー〉は〈ハートフォード〉に難なく逃げきられてしまう。その後、北軍のほかの戦艦にも激突しようとしたが、ほとんど打撃を与えられず、ブキャナンは攻撃をやめて、いったんモーガン砦へと引き返した。

　しかし、戦いはまだまだ続く。ブキャナンは〈テネシー〉が受けた損傷の程度を調べると、再び出航する命令を出した。一〇ノットで航行する〈ハートフォード〉と四ノットで航行する〈テネシー〉が、またもや互いをめがけて全速力で突き進み、あと少しで衝突しそうになったところで、〈テネシー〉がわずかに舵を切った。両艦が至近距離ですれ違うあいだ、双方の船員がマスケット銃と拳銃で攻撃した。〈ハートフォード〉との激突を回避したのもつかの間、〈テネシー〉は北軍の艦隊に囲まれ、全艦から一斉射撃を浴びる。かなりの至近距離から攻撃されたため、〈テネシー〉は大打撃を受けた。さらに、〈テネシー〉に搭載された大砲の一つで砲口が詰まる事態が発生したうえ、ほかのいくつかの大砲で点火しない問題も起きた。そして、受けた砲弾の一つに舵が吹き飛ばされて〈テネシー〉が操舵不能に陥り、ブキャナン自身も飛び散ったがれきをくらって万事休す。窮地に追い込まれた提督は、降参するしかなかった。

潜水艦

南北戦争中には、潜水艦も初めて実戦に投入されている。「初めて」とはいっても、潜水艦（潜水艇）という乗り物が登場したのはそれよりはるかに前で、一七七六年にアメリカで一人乗りの手動式潜水艇が建造されたのが最初であり、アメリカの発明家ロバート・フルトンもフランス海軍のために潜水艦を建造している。

前にも触れたが、南軍は海上では北軍にとてもかなわないと見るや、海面下での攻撃に労力を注ぐことにした――具体的には潜水艦を使うことにしたのである。一八六二年、南軍は〈デヴィッド〉と名づけた数隻の潜水艦の第一号を製造した（名称は、小さなダビデが巨人のゴリアテと戦ったという聖書の物語にちなんだものであることは明らかだ）。この潜水艦は蒸気機関を動力としていたために煙突が必要で、その煙突と呼吸用の管を水上に出さなければならず、潜行可能な深度はきわめて限られていた。主な武器は、潜水艦の舳に装着した外装水雷だ。(12)

その後まもなく、ホラス・ローソン・ハンリーが二人のパートナーとともに潜水艦〈パイオニア〉を進水し、一八六二年には〈パイオニアII〉も投入した。その頃、彼らは電気で駆動するエンジンの実験に取り組んでいたが、電動機は北部でしか製造されておらず、密輸を試みたものの、失敗に終わっている。その翌年には、はるかに大型の潜水艦〈H・L・ハンリー〉を建造した。全長およそ一二メートル、直径およそ一・二メートルで、八人の乗組員が手でクランクを回してスクリュープロペラを回転させることによって水中を航行する。クランクを使ったのは、できるだけ静かに航行して敵に感知されないようにするためだ。〈H・L・ハンリー〉は外装水雷を装備していた。戦闘で何度か使用された記録が残っており、その最中に何人かの乗組員が死亡しているが、南北戦争で敵艦を撃沈できた唯一の潜水艦である。一八六四年、〈H・L・ハンリー〉は北軍のスループ型帆船〈フーサトニック〉を沈め、その攻撃で自身も海の藻屑と消えたのだった。しかし一九九五年、サウスカロライナ州沖でその残骸が発見され、二〇〇〇年に引き揚げられた。〈H・L・ハンリー〉は水雷が爆発したとき〈フーサトニック〉から六メートルほどしか離れておらず、爆発の衝撃で制御不能に陥ったものとみられている。

北軍は潜水艦の建造にそれほど積極的ではなく、〈インテリジェント・ホエール〉と呼ばれる潜水艦を一隻建造してはいるものの、実戦に投入するまでには至らなかった。北部でも南部でも何人かの民間人が潜水艦の建造を試みたようだが、詳しい情報はほとんど残っていない。南北戦争中に建造されたとみられる二〇隻ほどの潜水艦のうち、実戦に投入されたものは数少ない。とはいえ、潜水艦を開発するために行われた実験や、それによって生まれた新技術は、エアロック（気密室）、圧縮空気を入れるバラストタンク、電動機、潜望鏡、空気の浄化システムの開発などに生かされ、潜水艦の改良に貢献した。

気球

南北戦争では、両軍とも熱気球や水素を使ったガス気球を偵察に使っていたが、より効果的かつ広範に気球を活用していたのは北軍のほうだった。一八六一年、リンカーンは気球部隊の結成を命じ、サディアス・ローをその指揮官に任命した。気球を使って得た情報はいくつかの戦闘で重要な役割を果たしており、たとえば一八六二年には、北軍はリッチモンドから約一一キロ離れた地点に気球を配備し、市内での敵軍の動きを容易に知ることができた。北軍の最大級の気球だった〈イントレピッド〉と〈ユニオン〉は五人乗りで、その球体の体積はおよそ九〇〇立方メートルだった。初期の気球の大半では、移動式の水素ガス発生器を使って水から生成した水素ガスが使われていた[13]。

当時の気球のほとんどは地上と長いロープでつながれていたが、最高で高度一五〇〇メートルほどまで上昇できた。北軍の気球は南軍の大砲の標的となることが多かったものの、砲弾がとうてい届かない高度まで上昇できたため、撃ち落とされることはなかった。大型の気球の大半には電信機が搭載され、地上に情報を送ることができた。

ここで気球の仕組みを見ていこう。気球が上昇するためには何らかの力が必要になるが、容易に得られるのは浮力である。浮力の原理を最初に発見したのはギリシャの数学者アルキメデスであり、現在それは「アルキメデスの原理」として知られ、「流体（気球の場合は空気）中の物体、あるいは流体に部分的に入った物体は、その物体が押しのけた流体の重さに等しい浮力を受ける」とされている。

気球の場合、浮力（B）は気球に押しのけられた空気の重さに等しく、上向きに作用するのに対し、重力は下向きに働く。この現象によって気球がどのように浮上するかを理解するため、まず空気の密度（ρ）と気球の体積（V）を使って考えよう。押しのけられた空気の質量はρVとなり、これにg（重力加速度）を掛け合わせると空気の重さが求められるので、浮力BはρVgで表すことができる。気球の重さWを求めるためには、その中に閉じ込められたガスの質量が必要だが、これはガスの密度（D）と体積（V）を掛け合わせることによって求められ、WはDVgと表すことができる。したがって、上向きの力は$B-W=\rho Vg-DVg$となる。この力が正であれば、気球は空に浮かぶ。水素の密度は空気より小さいため、水素ガス（あるいは空気より軽いガス）で気球を満たせば気球は上昇する。また、気球の内部の空気を熱することによっても、運動する分子どうしの距離が大きくなるため、その空気の密度が小さくなって上向きの力が働き、気球は空へと浮かぶ。これが熱気球の原理だ。

11　銃弾と砲弾の弾道学

これまでの章で、ライフル銃や大砲の命中精度にまつわる問題を紹介してきたが、実際のところ、銃や大砲を発射したときに弾がどのような軌跡を描くのかは、長いあいだ謎に包まれていた。イタリアの数学者タルタリアはいくつかの重要な発見をし、ガリレオは重力にまつわる問題の多くを解き明かしたが、重力が弾道に影響を及ぼす理由や仕組みをようやく説明したのは、ニュートンだった。南北戦争の時代までのマスケット銃やライフル銃、大砲についてはすでに説明したが、この章では弾道の問題をさらに詳しく見ていくほか、南北戦争以降のライフル銃や大砲についても説明する。

弾道学の研究では、銃弾や砲弾の空中での運動だけでなく、銃や大砲の内部での動き、そして、標的に命中したときの挙動についても取り扱う。弾道学は主に以下の四つに分けられる。

・砲内弾道学

・過渡弾道学
・砲外弾道学
・終末弾道学

砲内弾道学は、実包（弾丸、発射薬、雷管が薬莢に収められたもの）が点火してから弾丸が銃口や砲口から飛び出すまでを取り扱う。過渡弾道学では、弾が銃口や砲口を離れてから、弾の後方の圧力が周囲の大気圧と同じになるまでの弾の運動を研究する。砲外弾道学は重力の影響を受けて飛んでいるときの弾の動きを取り扱い、終末弾道学は標的に当たったあとの弾の挙動を研究する。この章では主にライフル銃を前提に話を進めるが、説明の大半は大砲にも当てはめることができる。

砲内弾道学

砲内弾道学は銃尾から銃口までの銃弾の挙動を取り扱うことから、話のとっかかりとしては最も適しているだろう。弾道を左右する要素のなかでも特に重要なのは、銃弾が銃口を離れるときの速度である「銃口初速」だ。この銃口初速がどのように決まるかを詳しく見ていくと、火薬への着火、最初の爆発によって起きるガスの膨張という、二つの現象が重要な役割を果たしていることがわかる。撃針が雷管を叩くと、雷管内の起爆薬が発火する。それが実包内の火薬に引火して爆発すると、このとき生じた燃焼ガスが銃弾の後方に閉じ込められる。高温の燃焼ガスが膨張して内部の圧力が高まると、弾丸は前方へ加速しながら銃身内を移動する。このとき特に重要なのは、弾が銃口に達する前に火薬が燃え尽きる

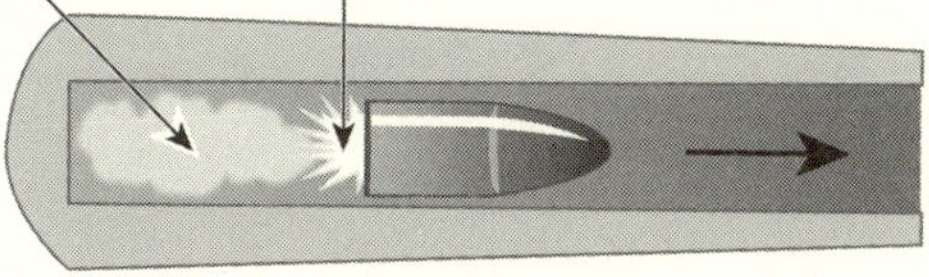
排出されたガス
火薬の燃焼によって加熱
ガスが膨張するにつれて、弾丸が前進する
銃身内部でのガスと弾丸の動き

ことだ。銃口から飛び出した時点で火薬がまだ燃えていると、危険な状況に陥るからである。

ガスは銃身内で膨張するにつれて温度を下げるが、この現象は、フランスの物理学者ジャック・シャルルが発見した気体の基本法則によって説明できる（一般には「シャルルの法則」と呼ばれているが、同時期にフランスの化学者ジョセフ・ルイ・ゲイ＝リュサックも同じ発見をしていることから「ゲイ＝リュサックの法則」と呼ばれることもある）[1]。この法則とボイルの法則を組み合わせた「ボイル＝シャルルの法則」によると、圧力と体積の積は温度に比例する。したがって、ガスの温度が急激に上昇すると体積も増加し、銃弾に高い圧力がかかることになる。ただ、銃身の内部では最初は確かに圧力が高まるが、弾が前進するにつれて圧力は低下する。次ページのグラフには、銃身内を移動する弾の位置に応じて圧力がどう変化するかを示した。圧力は早い段階で最高に達し、その後急激に低下しているのがわかる。ここで重要なのは、圧力の最高点が銃身のどの位置にあるかだ。主に銃尾で圧力が高くなるため、この部分は高圧に耐えられるように設計しなければならない。銃や大砲でこの部分の鋼鉄が最も分厚くなっているのは、こうした理由による。火薬の爆発によって銃の遊底（ボルト）（銃尾）を後方に押す力が働く。この力は薬室内の圧力と薬莢の直径に左右されるが、この力に耐えられるように銃を設計することが重要だ。薬室の圧

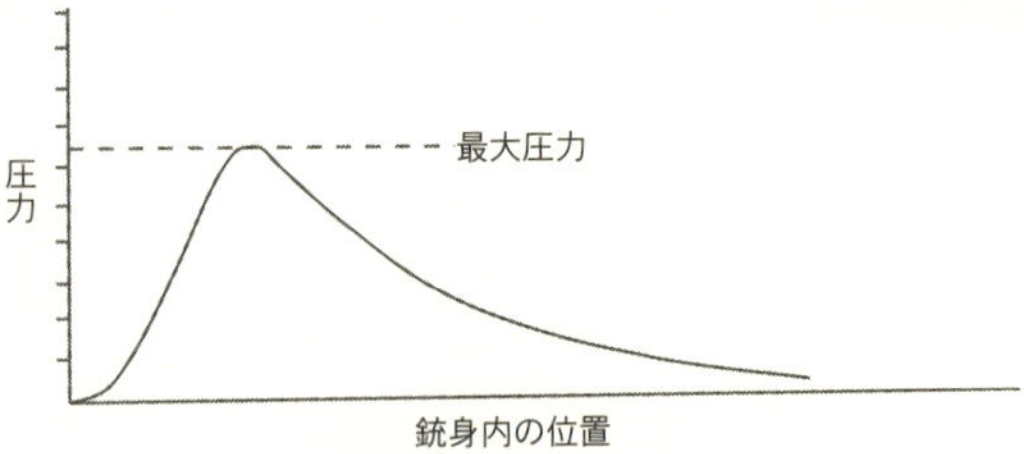

銃身内を移動する弾丸の位置と圧力の関係

力はキログラム毎平方センチ（kg/cm^2）という単位で表し、銃の種類によっても異なるが、ライフル銃の場合はおよそ三五〇〇kg/cm^2に及ぶ。

力は質量と加速度の積に等しい（F＝ma）というニュートンの運動の第二法則から、爆発の力で弾を加速する時間が長いほど、弾の速度が増すことは明らかだ。加速は弾が銃身の内部にある限り続く（実際には銃口から少し先まで続くが、これについてはのちほど説明する）。銃身が長いほど、弾の銃口初速は速くなるということだが、そうは言っても、やはり限界はある。銃身があまりに長いと扱いづらくなるうえ、銃の重さも増すからだ。

ただ、銃身の長さは別の意味でも重要である。爆発で生じた高温のガスが銃身内に広がるにつれて、ガスの圧力は低下するが、銃口に達したときの圧力が大気圧よりあまり大きくなりすぎないのが理想だ。しかし実際の銃では、圧力がかなり高いことが多く、それによって大気と接触したときに衝撃波が発生する。これに関連して起きる問題については、過渡弾道学の項で説明する。

銃身の長さに加え、一定の火薬の量に対する銃弾の質量（重さ）も、銃口初速に影響を及ぼし、銃弾が軽いほど銃口初速は速くなる。火薬の種類も重要な要素であり、火薬の種類が異なれば燃焼時に発生するエネルギーの大きさも変わってくる。また、使う火薬の量も一要素ではあるが、使用できる量は口径の大きさによって限りがある。

もう一つ重要な問題は、銃を扱う者を危険にさらすことなく、銃口初速をどこまで上げられるかだ。ライフル銃では最大で秒速一二〇〇メートルほどであり、大口径の銃や大砲では秒速およそ一八〇〇メートルとされている。

反動

とはいえ、銃口初速を上げると別の問題が起きることを頭に入れておかなければならない。すでに説明したように、ニュートンの運動の第三法則によれば、どの作用にも同じ大きさで反対向きの反作用があるからだ。発砲する場合の作用とは、弾と高温のガスを銃身から押し出して銃口初速を生む力であり、反作用とはそれとは反対向きの力、つまり、撃ち手が反動として感じる力である。反動の力は、弾を押し出す力とは正反対の向きに働く。銃を撃ったことのある者なら反動を経験し、それがどれだけ強いかを体感したことがあるだろう。運動の第三法則に直接関係があるのが、運動量保存則だ。弾の質量をm、速度をv、銃（あるいは銃と撃ち手）の質量をM、反動の速度をVとすると、mv = MVという式が成り立つ。銃の質量は弾の質量よりもはるかに大きいが、弾の銃口初速（v）がきわめて大きいため、何にも固定されていなければ、銃が受ける反動の速度は比較的速くなる。しかし、銃は撃ち手の肩で固定されており、そのせいで肩にかなり強い力が加わって、反動の速度は一瞬のうちに減速する。実際、撃ち手は銃を構えるとき、肩でしっかり支えるように指導されるため、Mには銃だけでなく撃ち手の質量も含まれる。

映画やテレビで、俳優がリボルバーを両手でしっかり構えている場面を見たことがある読者も多いだろう。こうする理由の一つは、発砲した反動で銃口が上を向いてしまうからだ。反動の力は銃身に沿って後ろ向きに働くが、銃を構える腕が銃身の延長線上にないため、撃ち手の腕と肩がてこのような役割を果たして銃を回転させるトルクが発生し、銃身が後退すると同時に上を向くというわけだ。

反動の影響を抑える主な手法としては、反動を吸収するパッド（肩当て）を銃床の末端に取りつける方法がある。

過渡弾道学とソニックブーム

過渡弾道学は、砲内弾道学から砲外弾道学に遷移するまでの弾の挙動を取り扱うため、中間弾道学と呼ばれることもある。もう少し詳しく説明すると、弾が銃口を離れてから、弾の背後の圧力が周囲の大気圧と同じになるまでの時間帯が対象となる。弾が銃口に達したとき、その背後にあるガスの圧力は大気圧の数百倍にもなることが多い。しかし、弾が銃口から離れると、背後のガスは膨張してあらゆる方向に拡散する。この急激なガスの膨張によって生じたすさまじい爆発音が、銃を発砲したときに聞こえる音だ。ガスが空気中の酸素と結合したときに、閃光も発生することがある。[2]

これが銃を発砲したときに聞こえる最初の爆発音だが、多くの場合、「ソニックブーム」と呼ばれる二回目の爆発音も発生する（これについてはのちほど説明する）。弾は膨張するガスに押し出されて加速しながら銃身内（銃腔）を移動し、銃口を離れたあとは水平方向に一定の速度で飛ぶと前に説明したが、これは厳密に言うと少し違って、銃口を離れたあと短時間は引き続き、背後で膨張するガスから力を受ける。「銃口初速」を銃口の位置ではなく、それより一〜二メートルほど前方で測定するのは、このためだ。

銃を設計するときには、弾が銃口を離れたあと、その後方で膨張するガスが弾道を邪魔しないようにすることが重要である。ガスが弾の側面に回り込んで弾道が変われば、銃の命中精度が低下してしまうからだ。このため銃の設計では、ガスが銃弾の底面に対して均等に広がり、側面に回り込まないように配慮しなければならない。

狙撃用のライフル銃など、軍事兵器の場合、狙撃兵の位置が知られないように、発砲時に発生する音と光をできるだけ抑えることが重要だ。これは「サプレッサー」と呼ばれる消音器や消炎器を使って、排出されるガスの流れを変えることによって実現できる。消炎器の場合、排出されるガスの流れを乱すことで燃焼効率を下げ、閃光を抑制する。一方、消音器では、ガスを冷却することによって銃口から出るガスの速度を落とし、衝撃波の発生を防いでいる。残念ながら、サプレッサーは重くてかさばるため、それほど広く使われていない。

銃口から出るガスによる衝撃波を消音器で抑制することはできるが、それでもソニックブームはまだ聞こえる。ここでは、この音が発生する仕組みを見ていこう。物体が音速を超える速度で大気中を移動すると衝撃波が発生し、それによってソニックブーム（爆音）が生じることはよく知られている。これはほとんどの銃弾に当てはまり、ソニックブームを生み出す衝撃波は銃弾とともに移動するため、どのような種類の消音器を使ってもソニックブームを抑えることはできない。

ソニックブームの発生は、銃弾の速さが音速を超えることが必須条件だ。気圧などの要因によっても異なるが、音速は秒速およそ三四〇メートル（時速約一二〇〇キロ）である。拳銃用の銃弾のおよそ半分と、ライフル銃の銃弾のほぼすべて、そして、大砲から発射される砲弾のほとんどが超音速で飛ぶ。

ソニックブームが発生する際に形成される円錐状の音波

また、戦車の火砲は秒速およそ一八〇〇メートルと、音速の何倍もの速さで弾を発射する。

ここで、ソニックブームが発生する仕組みを見ていこう。物体から発生した音は、音速で物体から遠ざかるが、その音波を詳しく見ると、密度が高い「密」の部分と密度が低い「疎」の部分が交互に生じていることがわかる。「密」の部分では空気の分子の密度が高く、「疎」の部分では分子の密度が低い。音波は発生源からあらゆる方向に均一に広がるが、音の発生源である物体が移動している場合、その周りの音波のパターンが変化する。音波の「密」の部分は、物体が移動している方向ではさらに密度が高まるが、逆方向では密度が低くなる。物体がさらに速度を上げると、前進する音波は互いに融合し始め、物体が音速に達した時点で音波は完全に一体化する。

このとき銃弾の先端にかかる圧力は、その後方にかかる圧力よりもはるかに大きくなる。しかし、大気中の音速が秒速およそ三四〇メートルなのに対し、銃弾は音速を超える速さで飛ぶことができるため、銃弾が「音の障壁」を超えて音よりも速度を増すと、音波の密の部分が移動するよりも速く新たに密の部分が形成され、密の部分が重なり合っていく。この現象が進行すると、音波は通常のように密から疎へとスムーズに移行するのではなく、高密度の部分と音波周辺の大気のあいだにくっきりとした境界線が現れ、その結果、高密度の領域が円錐状に銃弾の後方に広がる。この円錐状の領域が地上まで到達すると、そこにいる人々が急激な圧力差を感じる。このときに聞こえる衝撃音がソニックブームだ。

砲外弾道学

砲外弾道学では、弾が銃口を離れてから標的に当たるまでの飛行中の挙動を取り扱う。ガリレオの発見によれば、飛行中の物体では、地面と平行した水平方向の運動と垂直方向の運動という二種類の運動が進行している。この二つの運動は同時に進行しているとはいえ、分けて考えることができる。水平運動とは銃口初速がもつ水平方向の成分であり、速度は一定だ。一方、垂直運動は重力による自由落下であり、その加速度(重力加速度)は九・八メートル毎秒毎秒(m/s^2)という値で一定である。ガリレオは、この二つの運動が組み合わさった全体の弾道は放物線を描くことも示した(前にも説明したが、放物線がどんなものかを目で見るのに最もわかりやすいのは、母線と平行になるように円錐を切断する方法だ)。ただし、これはあくまでもおよその形であり、実際の軌道は空気抵抗に左右され、完全な放物線にはならない。

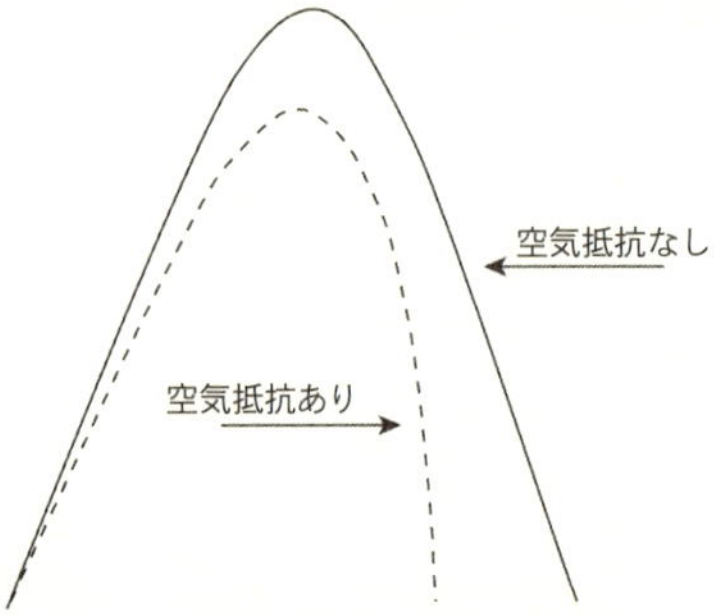

空気抵抗がある場合とない場合の銃弾の弾道

銃弾の運動を示す方法として簡単なのは、銃弾を水平方向へ放ったときの動きと、銃弾を単に地面へ向かって落としたときの動きを比べることだ。物理学の授業でよく行われる実験では、銃に見立てた単純な発射装置で物体を水平方向に放出し、それと同時に別の物体を下向きに自由落下させる。一つ目の物体が描く軌道は二つ目の物体よりも長いが、着地するのは二つの物体で同時になる。

次に、銃弾が周りの空気から受ける影響について詳しく見ていこう。空気の存在によって、銃弾は進行方向とは逆向きに空気抵抗を受ける。空気抵抗の大きさは重力の五〇～一〇〇倍とはるかに大きいものの、弾道を主に左右するのは重力だ。また、銃弾の形も弾道にある程度の影響を与えるが、重力は銃弾の重心に働いていると近似的に考えることができる。重心とは、簡単に言えば、銃弾の重さのバランスがとれる点だ。

空気抵抗の大きさは、銃弾の速さ、形、通過する大気の密度、気温など、いくつかの要因に左右され、空気抵抗を正確に算出するのは難しいことが多い。また、銃弾が音速を超えるときには大きな問題がある。このため、次の四つの領域に分けて考えるのがよい。

・音速未満（秒速約三〇〇メートル未満）

・音速近辺（秒速約三〇〇～三七〇メートル）
・空気抵抗が最大に達する領域（秒速約三七〇～四三〇メートル）
・超音速領域（秒速約四三〇メートル超）

空気抵抗をDとして、銃弾の速度との関係をグラフにすると、三つの領域でいかに空気抵抗が異なるかがわかる。銃弾が減速する割合（空気抵抗に打ち勝つ能力）を弾道係数（BC）と呼ぶが、この係数は銃弾の銃口初速とともに、弾道を推定する際に有用な情報となる。BCは、銃弾の質量を銃弾の直径の二乗で割った値である断面密度（SD）と、銃弾の空気抵抗に対する効率を表す弾形係数（FF）から求められるが、FFは銃弾の形状に左右されるため、求めるのが難しい。SDとFFから、弾道係数はBC＝SD/FFとして求められる。弾道係数と銃口初速、発射時の銃身の角度がわかっていれば、弾道を知ることができるのだが、実際に求める際には銃弾に関する情報を示した表が必要であるため、ここでは詳しくは説明せず、次のような概略を示すにとどめる。

・弾道係数が大きいほど、銃弾は空気抵抗を受けにくい。弾道係数が小さいほど、空気抵抗を受けやすい。
・同じ距離を飛ぶ場合、弾道係数が大きい銃弾は弾道が低くなるため望ましい。
・弾道係数が大きい銃弾は標的に届くまでの時間が短く、風などの影響を受けにくい。

銃弾の飛行に影響する要因は、ほかにもある。大きな要因の一つが風速で、銃弾が飛ぶ方向に対して

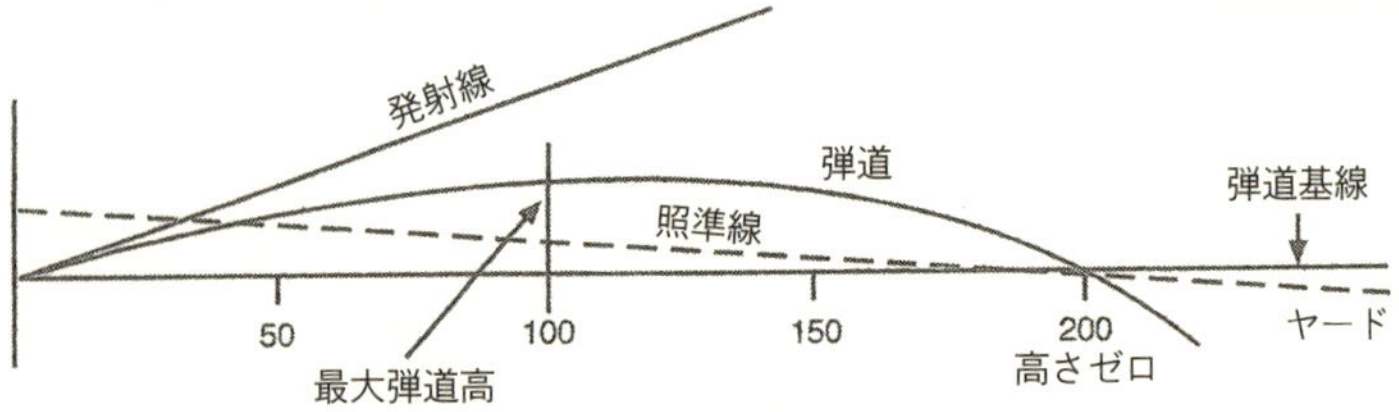

銃弾の弾道

直角の方向から吹いている風の影響が特に大きいことに加え、風速は銃弾の飛距離にも影響を及ぼす。銃弾の先端が揺れて弾道からそれる「偏揺れ」も問題で、これは銃弾が回転しているために起きる。同じく、銃弾のように回転する物体で起きる現象に「歳差運動」(首振り運動)があるが、これは銃弾がジャイロスコープ(回転儀)のように回転軸が円を描くように振れる現象を示す。最後に、長距離を飛ぶ砲弾でのみ重要になってくるのが、地球の自転によって生じる「コリオリの力」である。砲弾が飛んでいるあいだも地球は自転しているため、地上にいる人から見ると、砲弾が狙った弾道からそれるように見える現象だ。

最大射程も、銃や大砲の場合は特に重要である。どの角度で弾を発射すれば、弾が最も遠くまで飛ぶのか。この問題に対してガリレオは、空気抵抗がないと仮定した理想的な状態では、地上に対して四五度の角度で発砲すれば射程が最大になるという考えを示した。しかし当然ながら、空気抵抗によって射程は大きく変わってくる。現在の見方では、ライフル銃の場合は三〇度から三五度の角度で発砲したときに射程が最大になり、弾を高速で発射できる大口径の火砲の場合は五五度のときに最大射程が得られるという。しかし、弾を遠くまで飛ばせばいいというものではなく、標的に十分なダメージを与えられる「有効射程」は最大射程と同じではない。一般に、弾が重いほど有効射程は最大射程に近づき、軽い弾では両者の差は大きくなる。たとえば、二二口径（口径約五・五ミリ）用の軽い銃弾は最大射程が一・六キロ近くあるが、有効射程は九〇メートルほどしかない。

銃弾の安定性

前に説明したように、銃弾の飛行を安定させる主な要因は、弾軸を中心とした回転だが、この回転を生むのは銃身の内部に刻まれた溝「ライフリング」だ。銃弾はこの溝に食い込みながら前進し、回転して、銃口から出る時点で安定する。ジャイロスコープで遊んだことがあればわかるだろうが、ジャイロスコープを回転している方向とは反対の方向に回そうと思ったら、かなりの力が必要だ。銃弾を安定させ、その射程を延ばしているのはこの力であり、銃弾はこの安定性がなければ飛行中に揺れ動き、空気抵抗の影響を大きく受けることになる。

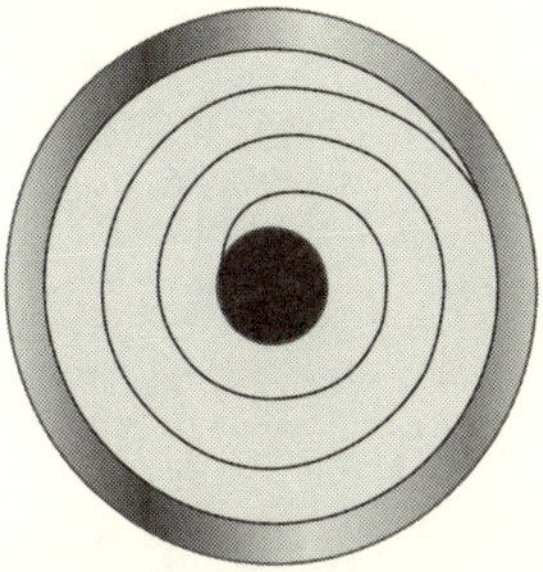

ライフルの銃身に刻まれた
螺旋状の溝（ライフリング）

通常、ライフリングの状態を数値で表す際には、転度（ライフリング・ピッチ）と呼ばれる数値を使う。これは、銃弾が一回転するあいだに銃身内を進む距離として示され、その距離が短いほど銃弾の回転速度は上がる。銃腔のライフリングを詳しく観察すると、比較的鋭角の溝が何本も刻まれていることがわかる。このように、削り取られた「溝」と削られずに残った「山」が交互に並んでいるのが従来のライフリングだが、それ以外にも、銃腔の断面が多角形（六角形など）になるようなライフリングもある。これは「ポリゴナル・ライフリング」と呼ばれ、銃腔の形状がねじれた多角形になっている。

ほとんどの銃では、弾は薬室から出た直後に螺旋状のライフリングにかみ合うが、「ゲイン・ツイスト」と呼ばれる方式を採用している銃身では、薬室の先に「スロート」と呼ばれる空間があり、そこにはライフリングが施されていない。このため、銃弾は薬莢から押し出されてしばらくは回転せずに進み、ライフリングが施された区間に入ったところで回転し始める。たいていの場合、ライフリングのピッチは徐々に短くなっていくため、銃弾は長い区間を使ってトルクを増加させることができる。

銃身に刻まれている溝の数や、その形状、溝の深さはさまざまであり、ライフリングの回転方向は時計回りもあれば反時計回りの種類もあるうえ、銃弾の形状や重さ、長さによって適した転度は違ってくる。銃身の尾部から弾を装填する後装式の銃では、薬室に収められた弾が発射されると、スロートの区間で弾が膨張する。通常、スロートは銃弾よりもわずかに大きいため、銃弾は発射後に後方のガスの圧力を受けて銃身の内壁に密着するまで膨張し、その状態でスロートの区間を抜け、ライフリングにしっかり食い込んで回転し始める。

銃弾にとって、転度はきわめて重要だ。銃弾を安定させるのに十分でなければならないが、それより速く回転させてもだめで、理想的な転度は銃弾の重さや長さ、全体の形状によって違ってくる。転度は銃によってかなりばらつきがあり、たとえば、古い銃では七〇インチ（約一七八センチ）でライフリングが一回転ほどしかしないものが多かったが、時代が新しくなるにつれて一二インチ（約三〇センチ）や一〇インチ（約二五センチ）で一回転する銃も登場した。一般に、ライフル銃では銃弾が一回転に要する距離が拳銃よりもはるかに短い。転度（T）は通常、一回転に要する距離（L）と銃身の口径（D）を使ってT＝L/Dという式で表される。

一回転に要する距離が長すぎると、銃弾が偏揺れを起こし、やがて激しく揺れ始めて命中精度が下がってしまうほか、銃弾が重心の周りで歳差運動を起こすこともある。前にも説明したが、この現象はジャイロスコープで観察するとわかりやすい。

一方で、一回転に要する距離がきわめて短いこともある。多くの場合、回転する物体には遠心力という外力が働き、回転が速いほどこの力も大きくなる。この力に対抗して銃弾を一つにまとめているのが凝集力と呼ばれる力であり、遠心力が凝集力よりも大きくなると、銃弾は分解してばらばらに飛び散ってしまう。理論上、銃弾は一分間の回転数がおよそ三〇〇万回転までは耐えられるとされているが、実際のところ、ほとんどの銃弾の回転数はこれよりはるかに少なく、たいていは一分間に二万から三万回転である。

終末弾道学

終末弾道学は、標的に当たってからの銃弾や砲弾の挙動に関する研究だ。弾は標的に当たったあとに止まる場合もあれば、標的を貫通する場合もあるが、いずれにしろ弾の速度が急激に変化することには変わりない。物理学でこの現象を取り扱うときには、力または運動量から考える場合と、エネルギーから考える場合の二つのアプローチがある。力（あるいは運動量）から考える場合は、ニュートンの運動の第三法則「どの作用にも同じ大きさで反対向きの力（反作用）が働く」を使い、標的に加わる力（標的に移る運動量）に着目する。一方、エネルギーから考える場合は、運動エネルギーや位置エネルギーといった関連するエネルギーに着目する。ほとんどの場合、エネルギーのほうが扱いやすいのだが、それは「エネルギーは生成されることも破壊されることもなく、ある形態から別の形態に変わるだけで、エネルギーの総和は変化しない」というエネルギー保存の法則があるからだ。ある問題を考えるときには、関連するエネルギーそれぞれに着目し、計算が合うか確かめればよい。銃から発射された銃弾の場合、銃弾の化学エネルギーが銃身の内部で即座にガスの圧力と熱エネルギーに変わり、それが銃弾の運動エネルギーと音エネルギーに移行する。銃弾が大気中を移動しているあいだに、一部のエネルギーは空気抵抗によって失われるが、終末弾道学では、標的に当たる直前の銃弾の運動エネルギーが重要になる。

銃弾が標的に当たったときに起きる現象はいくつかある。標的の中で止まった場合、銃弾はすべての運動エネルギーを標的に移すと同時に、その運動量も標的に移す。一方、標的を貫通してさらに先へ飛んでいった場合、銃弾はその運動エネルギーと運動量の一部だけを標的に移す。なお、銃弾が人間や獲物を行動不能にさせる威力として終末弾道学でよく使われる、銃弾の「ノックダウン・パワー」や「ストッピング・パワー」といった用語は、実際には意味をなさない。標的を「ノックダウン」する効果をもたらすのは銃弾の運動量だけだと考えられているが、実際に標的にダメージを与えるのは運動量ではなく、運動エネルギーの移行だからだ。着弾のとき標的がどうなるかは、着弾時の詳しい状況や着弾後の銃弾の挙動によって異なるため、弾薬（あるいは銃）の種類に応じて一定のノックダウン・パワーがあると言うことはできない。

終末弾道学で大きな問題の一つに、銃弾の貫通（侵徹）がある。貫通力を数値で示す際には、銃弾が標的に当たったときに到達できる深さを使う。銃弾には貫通の深さを最大にする設計のものもあれば、標的に与えるダメージを最大にする設計のものもあり、どちらをめざすかで設計は大きく異なってくる。

貫通する深さが最大になるように設計した銃弾は、標的に当たったときに（できるだけ）変形しないように作られており、通常は芯の素材に鉛が使われ、銅か真鍮、鋼鉄の覆い（ジャケット）で外側が覆われている。ジャケットは弾頭だけを覆っていることが多く、小火器用の徹甲弾は通常銅製で、鋼鉄のジャケットで覆われている。戦車の火砲など、大砲に使われる砲弾は、タングステンやアルミニウム、マグネシウムで作られることが多い。

銃弾のなかには標的に当たったときに弾頭が拡張するように作られているものもあるが、この種の銃弾は一八九九年のハーグ陸戦条約で禁止されている。

12 航空力学と最初の飛行機

飛行機は発明されてまもなく、戦争で重要な役割を果たす兵器となった。当初は主に観測や偵察に使われていたが、敵地に爆弾を落とすなど、はるかに重要な役割を果たせることがわかってきたからだ。ライト兄弟が初めて飛行してから第一次世界大戦が始まるまでに一〇年ほどしか経っていないが、それまでにも飛行機は戦争で使われていた。一九一一年、イタリア軍がリビアに駐留していたトルコ軍に対し、飛行機を使って手榴弾を投下すると、飛行機を戦争に役立てられることが明らかになり、技術が急速に進歩して、第一次世界大戦では両陣営が飛行機を広く活用し始めた。

飛行機の発明につながる発見

ライト兄弟が動力駆動の重航空機（空気より重い飛行機）で初めて空を飛んだ一九〇三年一二月一七

日は、航空史上最も重要な日ではある。しかし、それ以前にも空を飛ぼうとした人間は何人もいて、先人たちは数多くの重要な技術的進歩を成し遂げている。ここではまず、そうした人々の成果を紹介しよう。

これまでの章で説明したが、レオナルド・ダ・ヴィンチは空を飛ぶことに強い関心を抱いていた。何百時間もかけて鳥の飛翔を観察しただけでなく、さまざまな形状の物体の周りを流れる空気や水の動きを多様な条件のもとで研究し、渓流で水が石の周りを流れるときに速さを増すことに気づいたときには、空気も同じ動きをするに違いないと考えた。レオナルドは、人間が鳥のように飛ぶための二枚の翼を開発することに多くの情熱を注いだ。残念ながら実際に空を飛ぶことはできなかったものの、ヘリコプターやパラシュートの図案も残しており、そのどちらも実際に製作すれば正しく機能しただろう。またレオナルドは、流体の中を移動する物体にも、物体のそばを通り過ぎる流体にも、同じように流体力学が適用できるとも述べているほか、流体中を移動する物体にかかる摩擦力である抗力の研究も広範囲に行っている。

とはいえ、流体中を移動する物体にかかる抗力が流体の密度（単位体積当たりの質量）に比例することを示したのは、ガリレオだった。そして一六七三年には、フランスの科学者エドム・マリオットがガリレオの成果をさらに一歩進め、抗力が物体の速度の二乗（v^2）にも比例することを示した。

一七三八年には、航空学で重要な発見の一つがあった。スイスのダニエル・ベルヌーイが、流体の流れでは流体の速度が上がるほど流体の圧力は小さくなることを示したのだ。これは空気も含めたあらゆる流体に当てはまり、現在では「ベルヌーイの定理」として知られている。これと同時期には、フランスの化学者アンリ・ピトーが、「ピトー管」という装置を使って流体の速度の変化を容易に測定できる

ことを実証している。(1)

抗力に対する理解をさらに進める発見は、一七五九年にもあった。イギリスの技術者ジョン・スミートンが、船の外輪が大気中を動くときに受ける抗力の測定装置を考案したのだ。抗力をD、表面積をs、外輪の速度をvとするとD＝ksv²という関係式が成り立つことを彼は示し、定数のkはスミートン係数として知られるようになった。

航空学の歴史で重要な人物の一人が、イギリスの工学者ジョージ・ケイリーだ。飛行にまつわる基本的な原理や力のほとんどを理解した最初の人物であると広く考えられ、こうした功績から航空力学の父であると言われることも多い。具体的には、揚力、重力、推力、抗力という、飛行にかかわる四つの主要な力を発見して区分したのが、ケイリーの功績だ（これらについてはのちほど詳しく説明する）。また彼は、断面の形状が上側に膨らんだ形の（キャンバーを設けた）翼を使うと揚力が最大になることも示している。一八〇九年と一八一〇年に出版された三部構成の論文『航空術について』は、航空機の飛行に関する初期の最も重要な研究であり、揚力、抗力、推力に関する基本的な概念のほとんどを説明している。

ケイリーは数多くのグライダーの設計と製造、飛行を手がけたが、一般的に「グライダー王」と呼ばれているのは、ドイツのオットー・リリエンタールだ。ハンググライダーにいくつかの重要な革新をもたらし、みずから設計したグライダーで二〇〇〇回以上も空を飛んだ。しかし一八九六年八月、飛行中にグライダーが失速し、体の位置を調整して機体を制御しようとしたものの、上空一五メートルから地面に墜落した。救助隊が駆けつけたときにはまだ意識があったが、それからしばらくしてリリエンタールは息を引き取った。

飛行機の開発で重要な役割を果たした最初のアメリカ人は、シカゴの土木技師であるオクターヴ・シャヌートだ。彼が一八九四年に出版した著書『飛行機械の進歩』は、重航空機の研究に関する通覧としては当時最も充実した内容の書籍だった。シャヌートは、二枚の翼を支柱とワイヤーで支えるグライダーなど多くのグライダーを設計しているが、自分自身では一度も空を飛んだことはない。彼の成果として最もよく知られているのは、ライト兄弟に飛行機への関心を抱かせたことだ。実際シャヌートは、一九〇一年と一九〇二年、一九〇三年――ライト兄弟が最初の飛行機を開発するうえで重要な時期――にノースカロライナ州キティホーク近くにあるライト兄弟のキャンプを訪れている。

ライト兄弟

航空技術の発達には数多くの人々が寄与しているが、みずから設計と製造を手がけたエンジン駆動式の重航空機で世界初の有人飛行を成し遂げる栄誉を手にしたのは、アメリカ・オハイオ州デイトンのライト兄弟である。これは一九〇三年一二月一七日のことだった。ライト兄弟が航空学に対して行った大きな貢献は、パイロットが機体の安定を保ちながら航空機を効果的に操縦できる「三軸制御」の発明であると一般に考えられている。(2)

オーヴィルとウィルバーのライト兄弟は、オハイオ州のデイトンで育った。ウィルバーはオーヴィルのすぐ上の兄で四歳年上だ。二人は幼少期にゴムひもで動くヘリコプターの玩具を父親に買ってもらったことがきっかけで空を飛ぶことに興味をもったと、大半の伝記では紹介されている。二人とも高校は卒業せず、印刷機を自作するうちに新聞の発行に興味をもつようになり、『ウェスト・サイド・ニュー

オーヴィル・ライト

ウィルバー・ライト

ス』紙を発行したのを皮切りに、何紙かの新聞を発行した。[3]
一八九二年になると、ライト兄弟は自転車店を開業して、自転車の販売と修理を始め、一八九六年には自転車の製造も手がけるようになった。二人がドイツのオットー・リリエンタールの仕事に興味を覚えたのは、この時期だ。グライダーを開発する彼の仕事に刺激され、ライト兄弟はケイリーやシャヌートの功績に関する文献を興奮しながら読みふけり、一八九九年には自分たちで飛行実験を始めるまでになっていた。年長のウィルバーが、チームのリーダーとなった。
飛行機の開発をめぐってはそれまでさまざまな手法が試みられてきたが、ライト兄弟はまずグライダーでの滑空にかかわる問題をすべて解決してから動力飛行の研究に移るのが最善だと心に決めていた。機体を左右に傾けたり、方向転換したり、高度を変えたりできるシステムを使って、パイロットがどんなときも機体を完全に制御できるようにすべきであり、エンジンを飛行機に積むのはそれからだと考えていたのだ。二人はまず、主翼をねじったり反らせたりして機体を適切に左右に傾けられる「たわみ翼」を考案した。たわみ翼は四本の操縦索で制御され、二枚の翼の動きを連動させることによって、片側の翼の揚力が上がったときに反対側の翼の揚力が下がるようにした。

グライダーが完成したところで、ライト兄弟はシャヌートに手紙を書き、飛行試験をするのに最も良い場所はどこかと問い合わせた。いくつかの候補地のうちで二人が最も興味をもったのは、ノースカロライナ州キティホークである。大西洋からちょうど良い強さの風が吹き、地面はやわらかい砂地であるため着陸時の衝撃が小さくなるからだ。この場所が理想的だと考えた二人は、一九〇〇年の秋にグライダーとともにキティホークを訪れた。機体は二枚の主翼を備えた「複葉機」で、それぞれの翼の上面にはキャンバー（膨らみ）を設けた。当時は尾翼の必要性を見いだせなかったため、尾翼はなかった。

有人と無人の両方の試験飛行を実施したが、無人飛行の場合にはパイロットの体重に相当するおもりが載せられた。有人飛行では、ウィルバーがパイロットを担当し、下の翼の上に腹ばいの体勢で乗った。グライダーは地上からロープでつながっていて、どの試験でも三メートルほどまでしか高度を上げない。この試験飛行で彼らがぜひとも試したかったのは、グライダーに採用した「たわみ翼」である。その動作はきわめて良好で、試験の結果にライト兄弟は満足したものの、スミートンの式を使って揚力を計算したところ、実際の揚力は式で求めた理論上の値よりもはるかに小さく、その点に二人の不満が残った。全体的には試験結果に満足していたが、改良の必要性も明確になったのだった。(4)

それから何カ月もかけて、ライト兄弟は新たなグライダーの開発に打ち込んだ。前回のグライダーより翼幅を大幅に延ばし、たわみ翼を改良した。次の試験飛行のために、キティホークに到着したのは七月だ。翌八月にかけておよそ一〇〇回の試験飛行を実施し、六メートルから一二二メートルまでさまざまな距離を飛んだが、やはり前回と同じくグライダーの揚力に不満が残った。スミートンの式から予測した理論値の三分の一ほどしかなく、ライト兄弟は式の精度に疑問をもち始めた。

式に使われている因数の一つに、スミートン係数と呼ばれるものがある。この値はその何年も前に求められたもので、広く受け入れられてはいたが、ライト兄弟はその値が間違っていると確信し、誤りを何とか証明したいと考えていた。証明するには風洞（風力を調整できるトンネル型の試験装置）を作るしかなかったため、二人はその後一年かけて、自転車店で長さ一・八メートルの風洞を作り上げた。そして一九〇一年の一〇月から一二月にかけて、二〇〇種類以上の形の翼を使って実験し、その実測値とスミートンの式による予測値とを比較した結果、スミートン係数が間違っていることが明らかになった。ライト兄弟はこの実験でスミートンの式の誤りを正しただけでなく、翼に関して膨大な知識を身につけている。「きわめて短い期間にごく限られた材料だけを使って低予算で実施された航空力学実験のなかで、ライト兄弟による実験ほど批評精神にあふれ、実り豊かなものはなかった」と、伝記作家の一人であるフレッド・ハワードは述べている。(5) この実験では、当時彼らが使っていた翼より長くて幅の狭い翼のほうが優れていることもわかった。

新たな知識を得たライト兄弟は、新しいグライダーの製作に全力を注いだ。従来のものより長くて幅の狭い翼を採用したほか、キャンバーを小さくしたのが特徴だ。また、たわみ翼では翼の先端に余分な抗力がかかることが判明したため、それも考慮に入れた。さらに、新型機は機体後部に方向舵も備え、方向を変えられるようにもなった。しかし二人は、初期段階の試験で、方向舵が機首を左右に動かすだけでなく、機体を傾けての旋回や、旋回後に機体を水平にする操作にも重要であることを発見した。これで、たわみ翼をねじってのローリング（機体の前後を軸にした回転）、主翼の前方に取りつけた昇降舵を動かしてのピッチング（機体の左右を軸にした回転）、方向舵によるヨーイング（機体の上下を軸にした回転）という「三軸制御」ができるようになった。そして一九〇二年九月から一〇月にかけてお

ライト兄弟が製作した最初のグライダー

ライト兄弟が 1901 年に製作したグライダー

12 秒間の初の動力飛行を達成した 1903 年の試作機

よそ一〇〇〇回もの試験を実施し、いよいよグライダーにエンジンを搭載する段階へと開発を進めていった。

飛行機にはどんなエンジンを積めばいいのか。当然ながらできるだけ軽くする必要があったため、ライト兄弟は素材にアルミニウムを使うことに決めた。ただ、いくつかのエンジン・メーカーに当たってみたものの、希望どおりに製造できるメーカーがない。結局、二人はエンジンを自作することにした。さいわい自転車店の機械工がエンジンに詳しく、希望を伝えたところ、彼は六週間でエンジンを仕上げてきた。アルミニウムで鋳造したもので、当時のエンジンによくあったように、非常に単純な燃料噴射システムを採用し、ガソリンは重力で供給する方式だった。

こうして完成した〈フライヤー1号〉は、翼幅がわずか一二メートルほどで、重量は二七四キロ、一二馬力のエンジンを搭載していた。機体の素材にはトウヒ材が使われ、翼全体に綿モスリンの布地が張られている。直径二・四メートルのプロペラは最大限の揚力をもたらすように設計されているが、考慮の末、ライト兄弟はプロペラをパイロットの背後に配置する推進式（プッシャー式）の設計を採用して、機体を引っ張る形ではなく押し出す形にした。

飛行試験の準備がようやく整うと、ライト兄弟はキティホークのキル・デヴィル・ヒルズと呼ばれる地域へ機体を運んだ。最大で高さ三〇メートルの砂丘が連なるこの地に到着したのは一九〇三年一二月初めだったが、プロペラの故障で予定が遅れたため、試験飛行に着手したのは一二月一四日になってからだ。その後もトラブルに見舞われながらも手早くそれを解決し、ついにあの歴史的な日を迎えることになる。一二月一七日、最初の試験飛行に挑んだのはオーヴィルだ。一二秒間に約三七メートルという初飛行を達成すると、その後もウィルバーとオーヴィルが交代でパイロットを務めながら、二回目の試験飛行では五三メートル、三回目には六一メートルの距離を飛んだ。世界で初めて、人類が動力を搭載した飛行機でまずまずの距離を飛んだ瞬間である。ライト兄弟はこの結果に興奮し、父親に電報を打って、この偉業を報道機関に伝えるように頼んだが、意外なことに『デイトン・ジャーナル』紙は飛行距離が短すぎて伝える価値がないと判断し、記事の掲載を拒否してきた。初飛行のニュースはほかの新聞社にも伝わったものの、掲載された記事はきわめて不正確で、ライト兄弟はひどくがっかりした。記事で伝えられた誤解はすぐに解消されたが、その一方で、記事への反響もほとんどなかったのだった。

ライト兄弟は続いて翌一九〇四年に〈フライヤー2号〉を開発し、今度は自宅からそれほど遠くない、デイトンからおよそ一三キロ離れた飛行場で試験飛行を実施した。海から吹く風の助けがなく、離陸はキティホークよりも難しいことから、おもりを使って機体を射出させるカタパルト（射出装置）を製作して離陸しやすくしたほか、エンジンの性能も上げた。〈フライヤー2号〉は一九〇四年九月二〇日に初めて空中で完全な円を描く飛行に成功すると、一二月一日には飛行場上空で円を四回描きながら五キロ近くの距離を飛ぶまでになった。

一九〇五年に登場した〈フライヤー3号〉は2号を大きく改良して、ピッチ、ロール、ヨーという三つの軸の回転をそれぞれ独立して制御できる機構を備え、試験飛行では四〇キロ近くの距離を飛行した。

飛行機が飛ぶ仕組み

飛行機が空を飛ぶ仕組みについて、何となくわかっている読者も多いだろうが、詳しく理解している人は少ないかもしれない。揚力はプロペラやジェットエンジン、ロケットエンジンから得られるが、こ

飛行機にかかる4つの力

こではプロペラについてだけ説明する。なぜ飛行機は飛ぶのかという問いに対して回答するアプローチは三つあり、一つ目は既出のベルヌーイの定理に基づいて説明する単純な手法である。二つ目は、航空学のさまざまな原理に基づいて数学的に説明する高度な手法——航空技術者が航空機の設計に使う手法——だが、これは本書で取り扱う範囲を超えている。そして三つ目は、物理学に基づいた「物理学的な説明」だ。この説明は少し複雑になるが、本書が取り扱う範囲においては最も正確であり、できるだけわかりやすく解説していきたい。ベルヌーイの定理に基づくという点では一つ目と同じだが、それ以上の情報も示す。(6)

まずは、最も理解しやすい一つ目の単純なアプローチから話を始めよう。飛行機に対しては、離着陸のときにも飛行中にも、揚力、重力、推力、抗力という四つの力がかかっている。名称からも想像できると思うが、揚力は飛行機を空中へ持ち上げる力であり、翼とその周囲の空気の相互作用によって生じる。ベルヌーイの定理に従えば、機体が動き始めると翼の上面を流れる空気の速度が下面を流れる空気より速くなるために、翼の上面にかかる空気の圧力が下がる。飛行機の速度を上げれば上げるほど、翼の上面にかかる圧力は低下し、翼の上面と下面の圧力差が大きくなると、結果的に上向きの力が生じることになる。[7]

揚力に抵抗する力となるのが、飛行機の重さによって生じる重力だ。離陸のための滑走中、速度が上がって滑走中に翼にかかる上向きの力が大きくなるにつれて、揚力も増大し、その力が飛行機の重さをついに上回ると、飛行機が大空へ向けて離陸する。

三つ目の推力は、機体を前進させる力である。プロペラやジェットエンジン、ロケットエンジンによって生じるが、ここではプロペラが生み出す推力に的を絞って説明していきたい。プロペラは、回転したときに空気を後方に押し出すような湾曲した形状になっている。翼の上面と下面の圧力差によって揚力が生じるのと同じで、プロペラの場合も、その前面にかかる圧力が下がり、後面にかかる圧力が上がることによって推力が生じ、飛行機を前進させる。しかし、機体が移動すると空気とのあいだに摩擦が生じ、それが推力を妨げる抗力（空気抵抗）となる。機体を前進させるには、推力が抗力を上回らなければならない。よく知られているように、抗力は移動する物体の形状を流線形にすることによって最小化でき、なかでも「涙」の形などが最も効果的だとされている。

揚力が飛行機の重さより大きくなり、推力が抗力を上回ると、飛行機は離陸する。簡単に言えばベルヌーイの定理によって飛行機が飛ぶということであり、一般向けの記事や本にはたいていそのように書かれている。しかし、その説明を詳しく読んでみると、足りない点が見えてくる。揚力はキャンバー（カーブ）がない翼でも生じるが、小型飛行機の離陸に必要な揚力を生むキャンバーを計算してみると、翼を断面で見たときに上辺の長さが下辺より五〇パーセント長くなければならないことがわかる。この場合、翼の断面は次ページの図のような形になる。しかし、実際のほとんどの飛行機では、翼の上辺の長さは下辺より二パーセントほどしか長くない。この理由がベルヌーイの定理だけでは説明できないの

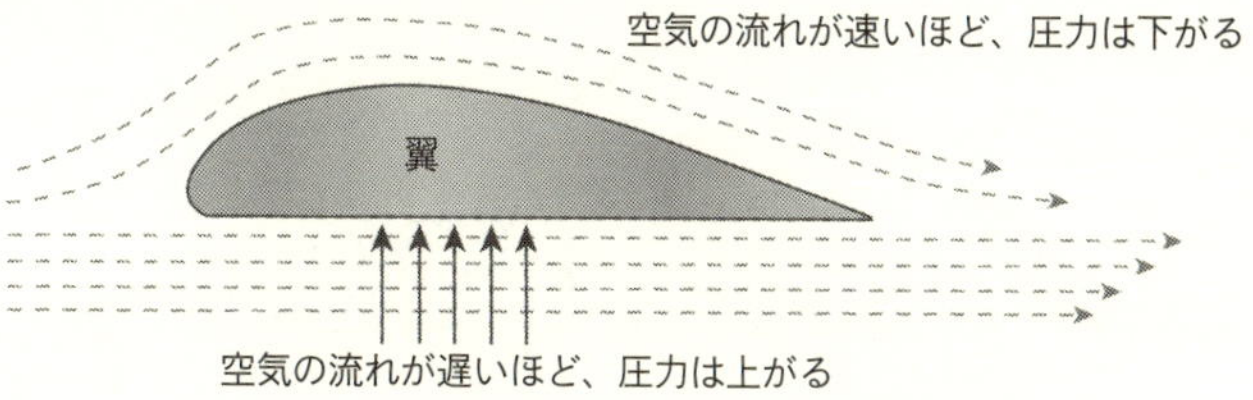
空気の流れが速いほど、圧力は下がる
翼
空気の流れが遅いほど、圧力は上がる

ベルヌーイの定理に基づいた、揚力の単純な説明

だ。

揚力の物理学

以上のような単純な説明には、さまざまな問題点がある。まずこの説明では、翼の前縁に当たって上面と下面に分かれた空気の流れがそれぞれ同じ時間をかけて翼の後縁に同時に到達し、再び一つになると想定されているのだが、風洞を使って実験してみると、そうはならないことがわかっている。翼の上面を流れる空気のほうが、下面を流れる空気よりも先に翼の後縁に到達するのだ。

また、ベルヌーイの定理だけを使った説明では、揚力によってなされる仕事が無視されている。機体を空中に持ち上げるには力が必要であり、これはニュートンの運動の第一法則「静止しているか等速直線運動をしている物体は、外部から力を加えなければいつまでもその状態を続ける」と関連がある。ベルヌーイの定理に基づいた説明では、外から加わる力が考慮されておらず、空気は翼の上面と下面を同じように流れると想定されている。しかし、現実の空気の流れは曲線を描き、加速するので、何らかの力が翼にかかるはずだ。

この力について、詳しく見ていこう。運動の第三法則によれば、どの作用にも同じ大きさで反対向きの力（反作用）が働く。この場合の作用とは翼か

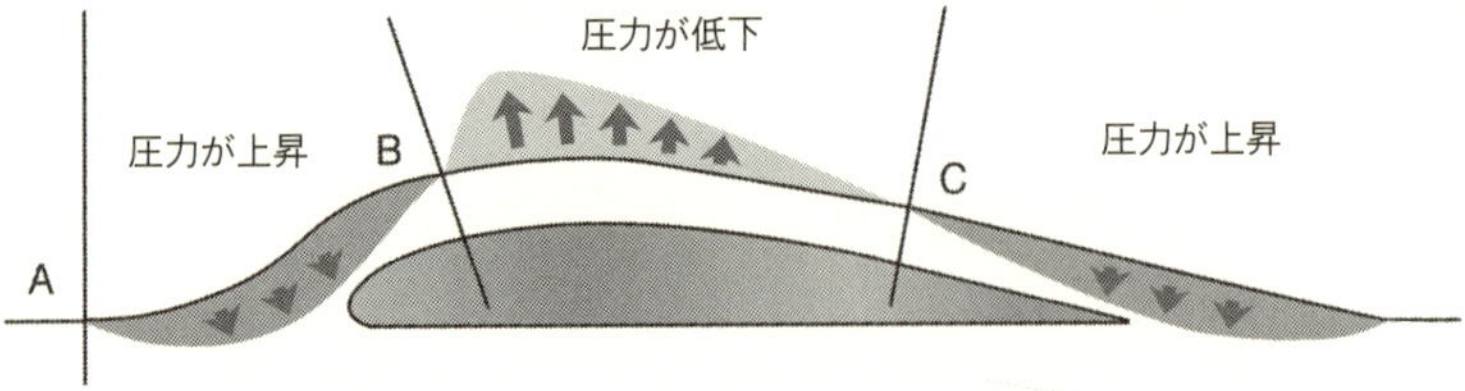

揚力を物理学的により正確に説明。圧力が上がる位置、下がる位置を示した。

ら空気に対して働くもので、この作用の結果として揚力という反作用が翼に対して生じる。これは運動の第二法則（力の大きさは物体の質量と加速度の積）を使って考えるとわかりやすい。翼にかかる力は、翼によって下向きに曲げられる空気の質量と空気の速度の変化量（加速度）を掛け合わせたものに等しい。これが翼が受ける揚力となり、一秒間に下向きに移動した空気の質量と空気の下向きの速度の積に等しいと、実質的に考えてよい。つまり、揚力を生む主な要因は空気の下向きの速度であるということだ。ちなみに、翼の後方の下向きの気流は「吹き下ろし」と呼ばれ、翼の前縁で生じる上向きの気流は「吹き上げ」と呼ばれて、両者とも圧力を高める。

ベルヌーイの定理に基づいた説明でもう一つ無視されているのは、「迎え角」と呼ばれるものだ。これは、翼（翼の中心を通る直線）が気流に対してどれだけ傾いているかを示す角度で、揚力に大きな影響を及ぼす。迎え角が大きくなると、翼に当たった空気が下向きに曲げられる角度も大きくなり、垂直方向の速度が速くなって、揚力が大幅に増す。ただし実際には、迎え角がおよそ一五度のときに揚力が最大になり、迎え角がそれより大きくなると揚力は減少する。

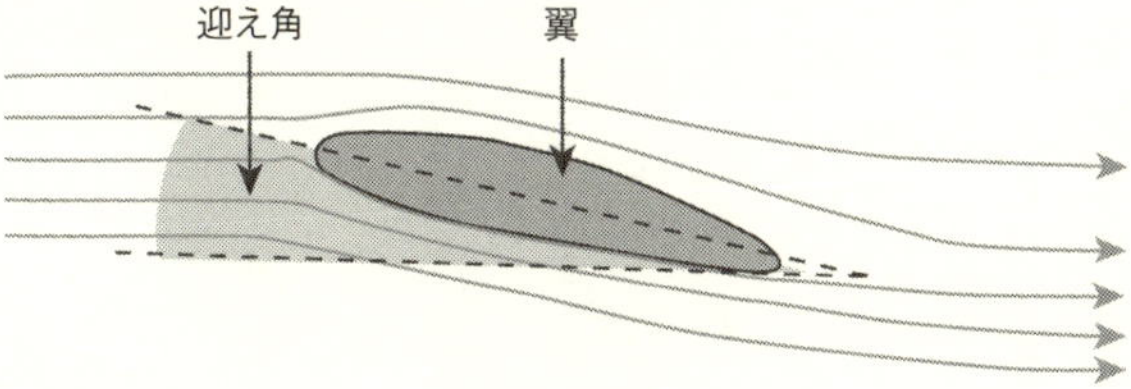

翼の迎え角

抗力とは

抗力（空気抵抗）とは物理的な力であり、物体が空気と接したときに初めて生じるものだ。これは空気中を移動する翼にも当てはまる。単純に言えば、翼と空気に速度の違いがあるために生じる摩擦力が抗力である。抗力は機体の進行方向とは正反対に働く。抗力とは、空気力学的な摩擦力の一種だと言えるだろう[8]。

抗力には、摩擦抗力、形状抗力（圧力抵抗）、誘導抗力の三種類がある。

摩擦抗力とは、移動する空気の分子と翼の表面の分子のあいだに生じる摩擦で、両者の相互作用に応じてその大きさは異なる。非常に滑らかな表面では、粗い表面に比べて摩擦抗力が小さくなるほか、空気の粘性（流体の変形しにくさを示す流体の内部抵抗）も抗力を左右する。たとえば、糖蜜の粘性は水よりも高い。空気の場合は、移動する物体に触れるとその表面に沿って流れようとする。つまり、空気にも「粘り気」のようなものがあるということであり、翼の表面では翼と空気の相対速度はゼロになる。翼の表面から離れるにつれて、相対速度は徐々に大きくなる。

形状抗力（圧力抵抗）は、空気中を移動する物体の運動に対する空気抵抗で、物体の形状によってその大きさが異なる。形が流線形に近づけば近づくほど、形状抗力は小さくなり、涙の形は形状抗力が最も小さい形の一つだ。

特に、自動車の場合は重要で、流線形を採用して形状抗力をできるだけ小さくすることによって、燃費を上げる。

誘導抗力は、湾曲した翼の先端近くに生じる。翼の湾曲が効果的であれば、翼の先端近くで上面と下面のあいだに圧力差が生まれる。誘導抗力と呼ばれるのは、翼端近くにできた渦に誘導されて生じる抗力だからだ。その大きさは、翼の形状と翼によって生じる揚力の大きさによって異なり、翼が長くて幅が狭いほど誘導抗力は小さくなる。

飛行機の操縦

すでに説明したように、ライト兄弟は数多くの実験を経て、三軸制御による有効な操縦法を開発して、機体を正しく制御できるようにした。機体を左右に傾けるローリング（機体の前後を軸にした回転）にはたわみ翼を使い、機首を上下に動かすピッチング（機体の左右を軸にした回転）の制御には主翼の前方に取りつけた昇降舵を使い、機首を左右に動かすヨーイング（機体の上下を軸にした回転）の制御には尾翼の方向舵を使う。しかし、その数年後にニューヨークのグレン・カーティスがエルロンと呼ばれる補助翼を開発すると、ライト兄弟のたわみ翼は使われなくなっていく。エルロンは翼の後縁に取りつけられる小さな翼面で、上下に動かせるようになっている。

機体を常に制御できるようにするには、どうすればいいのか。機体の安定を保ちながら操縦する方法は、離陸、着陸、巡航でそれぞれ異なる。通常、翼は巡航中に抗力をできるだけ小さくしながら、適切な大きさの揚力を得られるように設計されている。しかし、離着陸では巡航中よりも機体のスピードが

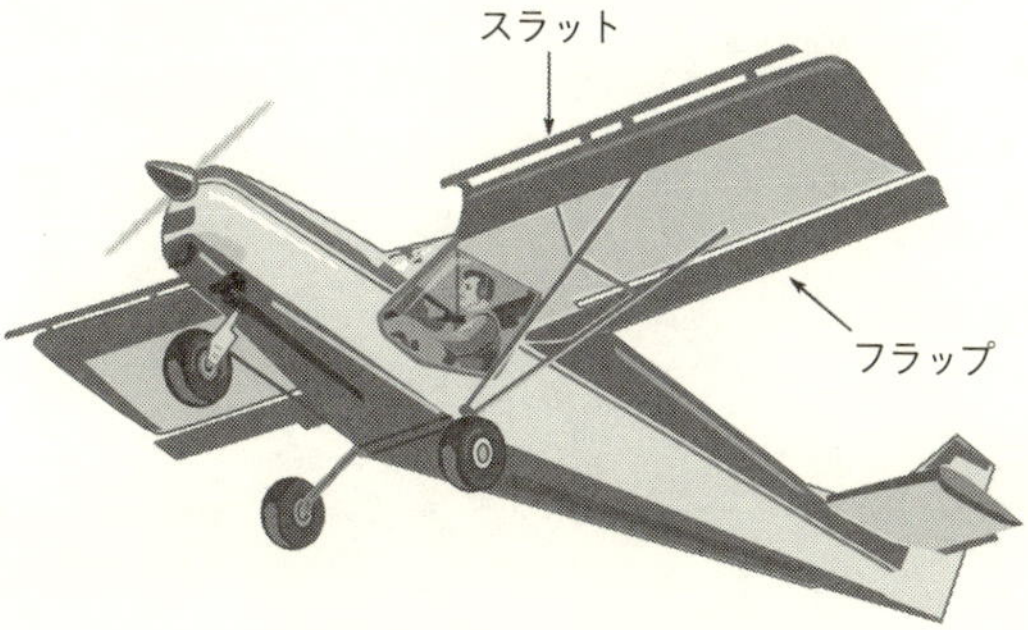

飛行機のスラットとフラップ

はるかに遅く、それに合わせた調整が必要であるため、まったく違った考え方をしなければならない。そこで重要になってくるのが、フラップやスラットといった翼面だ。これらがあるからこそ、飛行機は離着陸できる。

フラップは主翼の後縁に取りつけられた可動式の翼面で、安全に離着陸できるよう機体のスピードを下げるのに使われ、これによって離着陸に必要な距離を縮めることができる。主翼の後縁に取りつけられたフラップを下向きにすると、実質的に翼の形状が変わり、離陸時には揚力を、着陸時には抗力を増すことができる。

スラットも同様の働きをするが、主翼の前縁に取りつけられている点が、フラップと異なる。これも一時的に翼の形状を変えて揚力を大きくするのに使われるが、このとき変わるのが迎え角だ。スラットを使うことによって離陸に必要な速度を下げ、着陸に必要な距離を短くできる。

飛行機の尾翼には、水平尾翼と垂直尾翼の二つがある。これらには、飛行機の方向を制御するために使う操縦翼面が付いている。水平尾翼の操縦翼面は昇降舵と呼ばれ、機体の上下の向きを変えるのに使う。水平尾翼の実質的な迎え角を変えることによって、機体の後部に揚力を発生させ、機首を下向きにする。垂直尾翼に付いた操縦翼面は方向舵と呼ばれ、船の舵と同じように、機首の左右の向きを変える。

主翼の後縁にもエルロン（補助翼）と呼ばれる操縦翼面が取りつけられており、機体を左右に傾けるのに使われる。左右の主翼それぞれに付いていて、一方を下げたときにもう一方が上がるというように、反対の動きをするようになっている。一方の主翼でのみ揚力を増すことで、機体を傾ける（ローリングする）仕組みだ。

ここで重要なのは、機体を傾ける角度を細かく制御することである。これは機体にかかわるほかの動作でも同じで、このとき考慮するのが機体の重心だ。すでに説明したように、重心とは、機体のあらゆる重さが集中していると考えられる点であり、その点で飛行機を吊り下げると釣り合いがとれる。ここで、飛行機の機首から重心を通って尾翼へ抜ける一本の線を考えてみよう。この線はロール軸と呼ばれ、機体をローリングするときの回転軸となる。

次に、機体の上部から重心を通って下部に抜ける線を考える。これはヨー軸と呼ばれ、飛行機の方向舵を操作するときに重要で、この軸を中心にして機首を左右に回転する。最後に、主翼とほぼ平行で重心を通る線はピッチ軸と呼ばれ、飛行機の昇降舵を操作したとき（ピッチングしたとき）、機体はこの軸を中心に動いて、機首を上げ下げすることができる。

飛行機が戦争に使われた最初の事例

飛行機に関して本書で最も注目したいのは、戦争での使用だ。ライト兄弟が飛行機で空を飛んだあと、技術は急速に発展し、一九〇九年にはフランスの飛行家ルイ・ブレリオが初めて飛行機でイギリス海峡

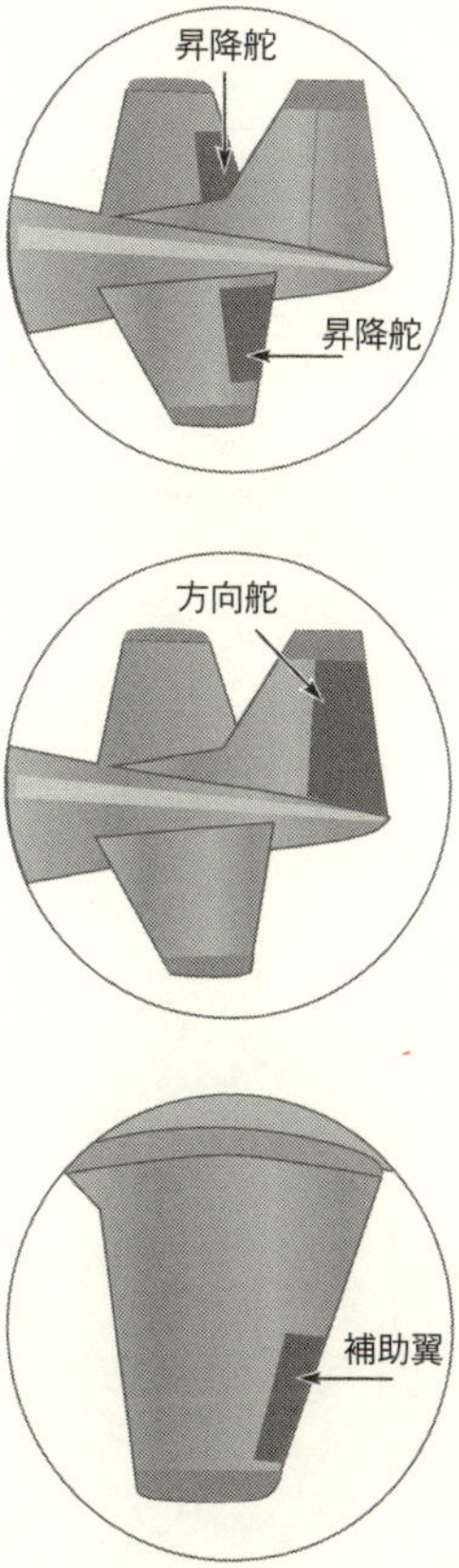

尾翼の昇降舵と方向舵、
主翼の補助翼

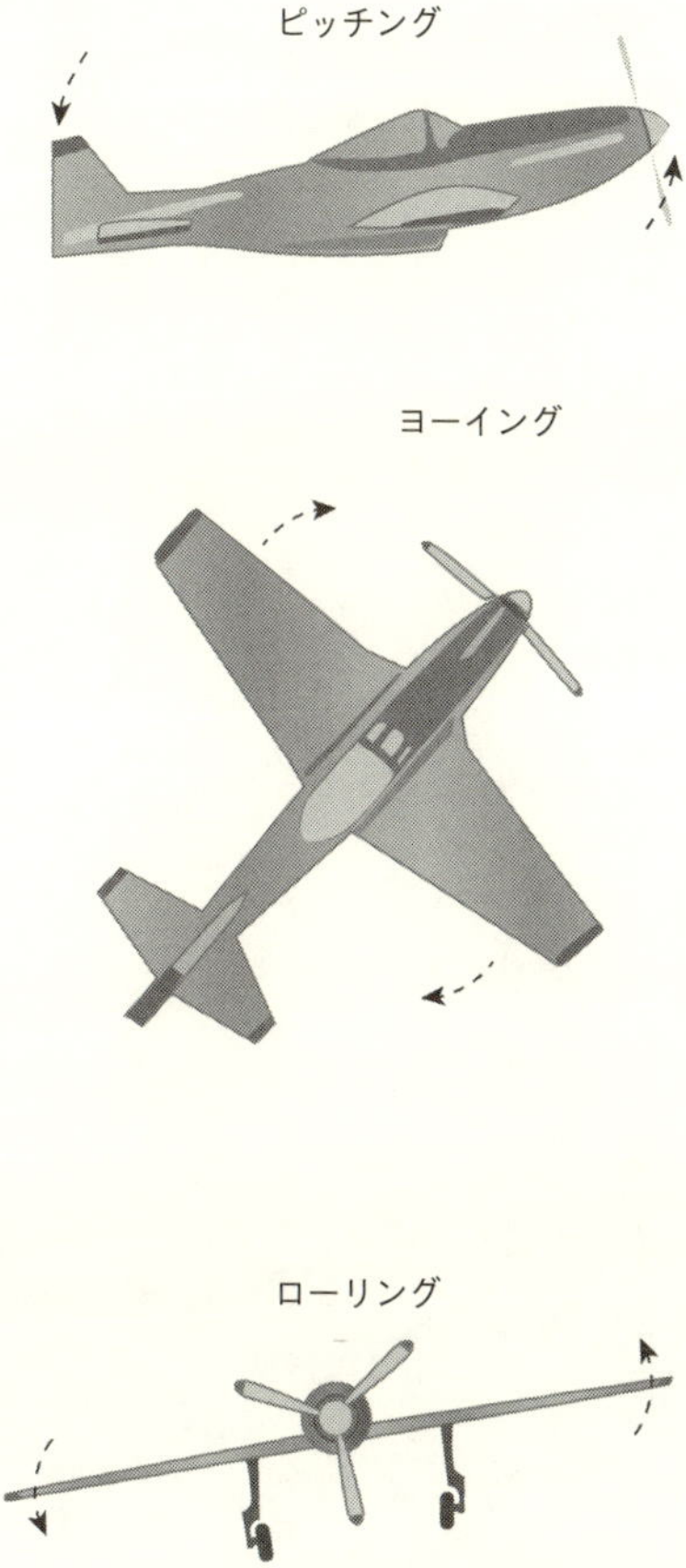

ピッチング、ヨーイング、
ローリングの動き

（英仏海峡）を横断した。一九一一年には、ニューヨークのグレン・カーティスが、世界で初めて大量に生産されて販売された飛行機〈カーティス・モデルD〉を開発した。カーティスではたわみ翼ではなく、主翼にエルロンが使われている点で、ライト兄弟の飛行機とは大きく異なるが、パイロットの後ろに主翼があり、その後部にプロペラがある推進式（プッシャー式）である点はライト兄弟の飛行機と同様で、〈カーティス・プッシャー〉と呼ばれることも多い。ユージン・イーリーはこの飛行機を操縦して、船上で離着陸した世界初のパイロットとなった。フランスの飛行家ローラン・ギャロスは、一九一三年にフランス南部からチュニジアまで飛び、世界で初めて飛行機で地中海を横断したほか、一九一五年には飛行機に初めて機関銃を積んで、二週間のうちにドイツの観測機を四機撃墜している。

ただし、飛行機が戦争で公式に使われたのは、一九一一年のことだ。トルコと戦っていたイタリアが敵地へ手榴弾を投下するのに使ったのが最初の事例である。一九一四年に第一次世界大戦が勃発する頃、両陣営とも装備している飛行機は非常に少数で速度も遅く、たとえば、九〇馬力のエンジンを積んでいた最初期のイギリスの飛行機は、最高時速が約一二〇キロだった。しかし、技術は急速に発展し、第一次世界大戦が終わる頃には、イギリスの戦闘機〈ＲＡＦ ＳＥ５〉は二〇〇馬力のエンジンを積み、最高時速およそ二二〇キロで飛行できるまでになっていた。(9)

開戦当初、すべての飛行機は、パイロットの後ろにプロペラを備えたプッシャー式の設計を採用し、観測と偵察に使われるのが一般的だった。しかしまもなく、プロペラを機体の前方に備えて飛行機を引っ張るほうが効率的であることがわかり、終戦の頃にはほぼすべての飛行機が牽引式となった。初期の飛行機はすべて、クランクシャフトの周りにシリンダーを円形に配置したロータリーエンジン（回転式の星形エンジン）を使い、シリンダーがプロペラとともに回転していた。しかしまもなく、エンジンがクランクシャフトに沿って直列に並んだ水冷エンジンのほうがはるかに馬力が大きいことが発見され、終戦の頃にはほぼすべての飛行機がこの直列エンジンを積むようになった[10]。

開戦当初は観測にだけ使われていた飛行機だったが、さらに効果的な活用法があることに両軍の将軍たちが気づくと、戦術や戦略としての爆撃や海戦にも投入されるようになる。その後、戦闘機が開発され、戦争で重要な役割を果たすようになっていく。

13 機関銃の戦争――第一次世界大戦

前の章では飛行機がどのように開発されていったか、そして、そこに物理学がどうかかわったかを説明したが、この章では、飛行機が戦争やその他の用途にどう使われたのかを見ていこう。一九一四年から一九一八年まで続いた戦争を今では第一次世界大戦と呼んでいるが、第二次世界大戦が勃発する一九三九年以前は単に「大戦争」と呼ばれており、それまで世界で起きた戦争のなかで規模においても範囲においても最大の戦争だった。当時のヨーロッパでは長年にわたって軍備の大規模な増強が続いており、科学界でいくつかの画期的な発見もあって、見たこともない兵器が大規模な戦闘で使われることも多かった。数分のあいだに何百人もの兵士が機関銃で掃射される、新型の奇妙な毒ガスによって部隊が全滅する、新型の強力な魚雷を受けて戦艦が撃沈されるなど、悲惨な光景が戦場で繰り広げられた。大戦で何よりも皮肉な側面は、その無益さかもしれない。機関銃をはじめとする新兵器の登場で、戦争は両軍ともに動きようがない膠着状態に陥った。長さ何百キロにも及ぶ塹壕(ざんごう)の中にこもった同盟国と連合国の両軍が、わずか数百メートル離れただけの状態で、にらみ合いを続けた。

物理学での画期的な発見が多くの兵器の進歩につながったのは確かで、なかでも応用物理学が、こうした大規模な膠着状態を生むことになる兵器の開発に貢献した。物理学が開発に一役買った兵器には、たとえば、機関銃、命中精度の高い大砲、飛行機、新型のライフル銃、手榴弾、火炎放射器、魚雷、潜水艦、戦車、新型の船などがある。こうした新兵器によって、四年に及んだ大戦で、何百万人もの兵士がなす術もなく戦場に散ったのである。

機関銃の開発

機関銃が中心的な役割を果たしたことから、第一次世界大戦は「機関銃の戦争」と言われることもある。それ以前に発明された機関銃の一種ガトリング砲は、アメリカ生まれの技術者ハイラム・マクシムが一八八四年に開発したマクシム機関銃に比べれば、おもちゃみたいなものだった。この機関銃では、発射時の反動を利用して次弾を装填する方式が使われていて、空の薬莢が自動的に排出され、次の弾薬が挿入される。銃弾はベルトで給弾するシステムを使って薬室に送り込まれ、銃身は水を満たした鋼鉄のジャケットに覆われて、燃焼で生じたガスが放つ強烈な熱で損傷したり溶けたりしないように冷却される(1)。

マクシム機関銃の大きな欠点は、重くて扱いにくいことだった。一台を操作するのに数人が必要で、信頼性もそれほど高くなかったため、第一次世界大戦以前は限られた場面でしか使われていなかった。しかし一八九六年にイギリスのヴィッカース社がマクシム機関銃を製造するマクシム社を買収すると、マクシム機関銃は設計が見直されて大幅に改良される。ヴィッカースは材料に使う金属を軽くして全体の重量を減らしたほか、操作を単純にし、ヴィッカース重機関銃と呼ばれるようになった。水冷式を採用し、イギリス軍が装備していたライフル銃〈リー・エンフィールド〉に使われるのと同じ口径七・七ミリの三〇三ブリティッシュ弾を使う。

発射に一人、弾の装填に一人、移動と設置に四人と、操作には合計六人が必要だったが、いったん設置してしまえばきわめて信頼性が高く、イギリス部隊は好んで使うようになった。全長はおよそ一・一メートル、最大射程はおよそ四〇〇〇メートルで、一分間に四五〇発から六〇〇発を発射できる。一二時間にわたって過熱や故障の問題を起こさずに運用でき、一時間におよそ一万発も発射することができた。一二時間を過ぎると銃身を交換する必要があったものの、開けた場所での戦闘でとりわけ大きな効果があった。兵士たちは機関銃による攻撃を恐れて塹壕に立てこもることになり、機関銃は戦闘が膠着状態に陥った主な要因の一つにもなった。一九一六年以降の大戦後半になると、イギリスとフランスの飛行機にも搭載された。[2]

ルイス式軽機関銃と呼ばれる機関銃も広く使われた。ヴィッカース重機関銃よりもはるかに軽量なのが特徴だ。一九一一年に米軍のアイザック・ルイス大佐によって設計されたが、実際に広く使っていたのはイギリス軍であり、第一次世界大戦で米軍が積極的に導入することはなかった。上層部が彼の機関銃の採用を拒否したことにルイスは幻滅し、一九一三年にアメリカを離れ、一時期ベルギーに滞在したあとイギリスに渡り、当地のメーカーの協力を得て機関銃を製造したのだ。重量はヴィッカース重機関銃の半分ほどの約一三キロで、全長も一・二メートル強だったため兵士一人でも簡単に運ぶことができた。三〇三ブリティッシュ弾を使用し（口径七・六二ミリの三〇‐〇六弾を使用するモデルもあった）、一分間におよそ六〇〇発を発射でき、有効射程はおよそ八〇〇メートル、最大射程は三二〇〇メートルに達した。

フランスの七五ミリの野砲も、特に大戦が始まる直前に、いくつかの戦闘で重要な役割を果たした。発射後の反動で、砲身のみが後座したあと再び前方の元の発射位置に戻る機構を備え、本体を動かさなくて済むため、照準を定め直す必要がないのが特徴だ。命中精度はきわめて高く、一分間に一五発を発射でき、開けた戦場でこの野砲を向けられれば、誰もが死を覚悟した。フランスで起きたマルヌ会戦では、四分間のうちに二〇〇〇人を超えるドイツ兵が撃ち殺された。

その他の兵器

こうやって書いてみると、第一次世界大戦で使われた兵器は機関銃だけだったように思われるかもしれないが、もちろんそうではなく、機関銃に匹敵する殺傷力をもった銃はほかにもあった。ライフル銃や、カノン砲などの大砲も性能が大幅に向上したほか、手榴弾が大きな役割を果たすようにもなり、火炎放射器も戦場に投入された。前に説明したように、大戦を膠着状態に陥らせたのは、こうしたさまざまな新兵器だったのである。そして、新兵器の大半は、物理学をはじめとする科学の大きな発展によってもたらされた(3)。

南北戦争で使われていたマスケット銃はすたれ、イギリス軍は、ボルト（遊底）を手動で操作して弾薬の装填と薬莢の排出を行うボルトアクション方式のリー・エンフィールド銃を使うようになった。発明者のジェームズ・パリス・リーの名前と、最初に製造した工場のあったイギリスのエンフィールドという地名にちなんで名づけられた銃である。弾薬は「マガジン」（弾倉）と呼ばれる金属製の箱に入れる。ボルトを開放すると、マガジンの底部に取りつけられたばねの力で弾薬が押し上げられ、ボルトを閉鎖すると、最上部の弾薬が薬室に押し込まれて、発射準備が整う。発射後にボルトを開けると空の薬莢が排出され、新しい弾薬が装塡される。マガジンには、三〇三ブリティッシュ弾を一〇発収めることができる。

ボルトアクション方式ですばやく簡単に操作でき、着脱式の比較的大きなマガジンを備えていたリー・エンフィールド銃は、優れたライフル銃だったと言える。熟練した銃兵なら一分間に二〇発から三〇発を発射でき、およそ六〇〇メートル離れた標的を正確に仕留められ、最大射程は約一四〇〇メートル近くもあった。ドイツ軍は、同じくボルトアクション方式を採用して命中精度の高さで知られたマウザー（モーゼル）銃を使っていたほか、大戦の終盤では対戦車ライフルも使っていた。大戦中には、イギリスの〈ウェブリー〉、ドイツの〈ルガー〉、アメリカの〈コルト45〉といった拳銃も広く使われ、主に将校が携行していた。

カノン砲などの大砲も、性能が大幅に向上した。要塞や隠れた標的に対する攻撃には、砲弾が高く湾曲した弾道を描く榴弾（りゅうだん）砲が使われて、大きな成果をあげた。比較的短い砲身から重い砲弾を発射する大砲で、ドイツ軍が大戦の前半にベルギーで使っている。ベルギーに侵攻したドイツ軍は、「ビッグ・バーサ」と呼ばれる巨大榴弾砲で要塞を砲撃した。こうした大砲の最大の問題点はその重量にあったが、最終的に鉄道を使うことによって輸送の問題を解決できた。実際、多くの大砲が列車に搭載され、これによって反動の問題も解消された。大砲のなかには、巨大な砲弾を五〇キロ近く離れた地点まで飛ばせるものもあった。

第一次世界大戦中には、臼砲（迫撃砲）も使われた。榴弾砲と同じく射角が高いが、それよりはるかに小型だった。砲身が短く大口径であるために砲弾を入れやすく、すばやく発射でき、最大射程はおよそ二〇〇〇メートルに達した。飛行機が戦争で大きな役割を果たすようになると、飛行機を撃ち落とすための高射砲（対空砲）も開発された。一分間に四発を発射でき、射程はおよそ二七〇〇メートルだった。

簡素な手榴弾もすでに登場していた。古くは中国で使われていたほか、一五世紀にはフランスでも使われた記録があるが、第一世界大戦中にはその技術を磨き上げるために多大な労力が注ぎ込まれた。ドイツ軍は手榴弾の備えを万全にした状態で開戦の時期を迎え、他国がそれに手早く追いついた形だ。特に塹壕戦では、手榴弾は大きな効果を発揮した。両軍とも擲弾（てきだん）兵の部隊が各種の手榴弾を使ってそれぞれ敵軍の塹壕を攻撃し、この任務が実行される頻度は戦争が進むにつれて増していった。開戦当初、イギリス軍は手榴弾をほとんど装備していなかったが、その一年後には一週間に五〇万個もの手榴弾を製造する体制を整えていた。

手榴弾には、衝撃を受けたときに起爆する着発信管を使う種類と、一定時間の経過後に起爆する時限信管を使う種類があった。着発信管を使う手榴弾は誤って爆発してしまう事故が起きるおそれがあったことから、時限信管を使う手榴弾のほうが一般に好んで使われ、戦争の後半になると、安全装置のピンを手で抜いて使う時限式の手榴弾が一般的になった。形や大きさもさまざまで、缶詰形の弾殻に柄が付いた手榴弾もあったが、その後主流になったのは卵形の手榴弾だ。手榴弾は手で投げる以外に、小銃で発射することもできた。手榴弾を発射する銃には、手榴弾に棒を取りつけて銃口に差し込むタイプと、銃口に取りつけたカップに手榴弾を入れるタイプがあり、発射には空砲を使う。カップ式はそれほど命中精度が高くないが、数百メートル先まで手榴弾を投射でき、イギリス軍とフランス軍が特に好んで使っていた。

手榴弾のなかでも、ミルズ型手榴弾は一九一五年五月にイギリス軍に採用されると、急速に広まった。表面に縦横に溝が刻まれているのが特徴で、起爆したときに弾殻が破片になって飛び散るようにして殺傷力を高め、重さはおよそ五七〇グラムしかなかった。信管につながっている安全レバーは、安全ピンで固定されている。安全ピンを取り外しても、レバーを手で握っている限り起爆しない。手榴弾を投げてレバーから手が離れると、時限装置が作動し、四秒後に爆発する。

ドイツ軍は、柄付き、球形、円盤形、卵形といったさまざまな手榴弾を使っていたが、なかでも卵形の手榴弾は、五〇メートルほど先まで比較的容易に投げられる点で好まれていた。

少なくとも攻撃を受ける兵士にとって最も恐ろしかった武器は、火炎放射器ではないだろうか。簡素な火炎放射器は以前の戦争でも使われていたが、効果の高い本格的な火炎放射器が使われたのは第一次世界大戦が最初だった。ドイツ軍は一九〇〇年には火炎放射器の試験を始めており、大戦初期の一九一四年に英仏の兵士に対して実戦で使用している。圧縮空気か、二酸化炭素、あるいは窒素を使ってノズルから油を押し出し、その混合ガスが空中に噴出したところで小さなトリガーによって点火すると、炎が勢いよく噴射される仕組みだ。初期の火炎放射器はおよそ二四メートル先まで炎が届いたが、その後改良が進んで炎の到達距離はおよそ四〇メートルにまで延び、塹壕戦では特に大きな成果をあげた。

ドイツ軍は、一人で運べる小型のモデルと、炎の有効射程が小型モデルの二倍もある大型で重量級のモデルという、二種類の火炎放射器を導入していた。大型モデルは数人がかりで運ばなければならなかった。小型の火炎放射器が最初に使われたのは、ベルギーのフランドル地方のフーゲでの戦闘だ。一九一五年七月三〇日、ガスボンベを背負ったドイツ兵の部隊がイギリス軍の前線を攻撃した。巨大な炎が噴射されるとは思ってもいなかったイギリス兵は、最初は恐怖に震え上がり、陣地をある程度失ったものの、その後はどうにか踏みとどまった。この結果に満足したドイツ軍は、その後のほとんどの戦闘に火炎放射器を投入した。しかし、火炎放射器を持った兵士はすぐに目をつけられ、英仏軍の集中攻撃に遭ったため、生き延びられる者はほとんどいなかった。

まもなくイギリス軍も独自の火炎放射器の実験を始め、軽量で持ち運びやすい種類から重量級の種類まで、いくつかのモデルを製作した。大型の火炎放射器はおよそ八〇メートル先まで炎が届いたという。フランス軍も複数のモデルを開発し、フランスのソンムの戦いで大きな戦果をあげた。

火炎放射器のほかに、毒ガスと戦車も広く使われたが、それについてはのちほど触れたい。

第一次世界大戦の開戦

開戦の引き金となったのは、オーストリア＝ハンガリー帝国の皇位後継者だったフランツ・フェルディナント大公が、一九一四年六月二八日にサラエヴォで暗殺された事件である。その後、思慮を欠いた事態がいくつも短期間に連続して発生したが、これは関連する国々が条約や同盟を結んでいたのが主な理由だった。フランツ・フェルディナントは国民のあいだで人気はまったくなかったものの、オーストリア＝ハンガリー帝国はセルビア政府の陰謀だとすぐに非難し（実際にフェルディナントを殺害したのは、「黒手組」と呼ばれる秘密結社が送り込んだ若いテロリストだったのだが）、数箇条の要求からなる最後通牒を通告した。セルビアがいくつかの要求を拒絶すると、オーストリア＝ハンガリー帝国は一九一四年七月二八日にセルビアに対して宣戦布告した。しかし、セルビアを支持していたロシアがすばやく支援に動く。一方、ドイツはオーストリア＝ハンガリー帝国と同盟を結んでいたことから、八月一日にロシアに宣戦布告した。その後、ロシアと同盟を結んでいたフランスに対し、ドイツは八月三日に宣戦布告し、ベルギーに侵攻すると、ベルギーと条約を結んでいたイギリスはドイツに宣戦布告した。[4]

開戦当初、誰もがそれほど長くならないだろうと思っていた戦争は、参戦国のかたくなな態度が主な原因で、いくらも経たないうちに激化し、手に負えない悪夢と化した。ドイツ、フランス、ロシアという大陸の三つの大国がすぐに、そろって攻撃的な姿勢を示したのだ。しかし参戦国にとって意外だったのは、それぞれの国が殺傷力の高い新型兵器を何種類も投入しても、優位に立てなかったことである。何百人もの兵士を一掃する機関銃に対しては、深い塹壕が最も有効な防御法であることが判明すると、短期間のうちに数百メートルのあいだを開けて両軍が塹壕を掘り、攻撃を避けて守りに入った。その後の四年間で両軍の塹壕の位置はほとんど変わらず、戦いは膠着状態に陥った。塹壕を移そうとする動きもいくつかあったが、そのたびに大量の兵士が敵軍の攻撃で殺害された。機関銃や大砲で掃射されただけでなく、毒ガスや手榴弾、火炎放射器による攻撃もあった。そして、兵士の頭上には新たなる兵器も飛来した。塹壕を上空から掃射する戦闘機である。

初期の戦闘機

ライト兄弟が世界初の動力飛行を成し遂げたのは第一次世界大戦が始まるわずか一〇年ほど前だったが、すぐに飛行機は戦争で大きな役割を果たすようになる。当初、飛行機は観測や偵察にのみ使われ、戦場を新たな視点で把握する重要な任務をこなすことができた。一九一四年八月二三日にベルギー南部で起きたモンスの戦いでは、ドイツの攻撃を受けるフランス軍を援護するために急遽現地入りしたイギリス軍が、戦いの直前に観測機を飛ばし、敵軍の動きを探ったところ、ドイツ軍に包囲されつつある驚愕の現状を把握した。イギリスの最高司令部はただちに退却するよう命じ、四面楚歌に陥る惨劇を回避することができた。その少しあとには、ドイツ軍の側方ががら空きになっていることをフランスの観測機が発見すると、フランス軍はすかさずそこを攻撃し、ドイツ軍のパリ侵攻を食い止めた。こうして観測機の重要性が明らかになる。[5]

しかし、敵も同じく観測機を飛ばすようになると、両軍の飛行機が空中で対峙する事態も起きるようになった。最初はせいぜい拳銃やライフル銃で撃ち合うか、敵のプロペラに向けて石を投げつけるくらいだった。空中戦を激化させたパイロットの一人が、フランスのローラン・ギャロスだ。戦争で使われた初期の飛行機のほとんどは、ライト兄弟の飛行機と同じく機体後方にプロペラがある「プッシャー式」を採用していたが、しばらくすると、プロペラを機体の前方に取りつけた「牽引型」の設計のほうが高性能であることがわかってきた。しかし、パイロットが狙いを定めて発射しやすい目の前の位置に機関銃を取りつけると、回転しているプロペラのあいだを弾が必ず通ることになり、プロペラの羽根がすぐに破損してしまう。このためギャロスは、プロペラに鋼鉄製の防弾板を取りつけて羽根を保護することにした。

一九一五年四月初め、ギャロスはみずから考案した新兵器を初めて試すことにした。彼の飛行機が次々に弾を発射しながら一直線に向かってくるのを見て、敵は驚いたに違いない。ギャロスは新兵器を使って数機のドイツの飛行機を撃ち落としたが、四月一八日に攻撃を受けてドイツ陣内へ不時着し、彼の飛行機は押収されてしまう。ドイツ軍の最高司令部は航空機メーカーであるフォッカー社のアントニー・フォッカーを呼んで、彼の飛行機を模倣するように命じる。しかし、フォッカーが調べてみると、その飛行機には深刻な問題があることが判明した。プロペラの羽根に当たった弾の多くが防弾板ではじき飛ばされ、その一部が後方へ跳ね返っていたのだ。このためフォッカーはチームとともに、弾がプロペラの羽根に当たらないように発射のタイミングを調整する機構の開発に乗り出した。クランクシャフトに連動するカムを取りつけて、プロペラの回転運動を銃の発射装置に伝え、プロペラの羽根が弾に当たる位置に来たときに、弾の発射を止めるプッシュロッド（押し棒）が作動するようにした。この新たな装置を飛行機に搭載すると、ドイツ軍は何カ月にもわたって空中戦で圧倒的な優位に立つことができた。(6)

その間、イギリスでも飛行機に機関銃を搭載する試験が進んでいた。飛行家のルイス・ストレンジは上翼の上に機関銃を取りつけ、発射した弾がプロペラに当たらないようにした。しかし、この設計にも問題点はあった。一九一五年五月一〇日、飛行中に機関銃の弾が詰まってしまったとき、ストレンジが詰まりを解消しようと操縦席から身を乗り出したために、飛行機が失速して反転し、きりもみ状態で真っ逆さまに急降下してしまったのだ。ストレンジはコックピットから放り出されたが、翼に取りつけた機関銃に何とかつかまることができた。コックピットに戻ろうと両足を何度か大きく振ったところ、幸いにも操縦席に復帰でき、機体の急降下を食い止めて、墜落を免れたのだった。

とはいえ、フォッカーが設計した新型の機関銃を取り入れたドイツ軍は、すぐに空中戦で優位に立った。新型の機関銃が搭載された飛行機の大半が、イギリスのほとんどの飛行機より全体的な性能で劣る〈アインデッカー〉だったにもかかわらずだ。イギリス軍のパイロットが〈アインデッカー〉を避けて飛行したため、空中戦での犠牲者は大戦の後半ほど多くなかったものの、士気が揺らいだイギリス軍は、〈アインデッカー〉に匹敵する戦闘機の開発を急いだ。

こうして、二機以上の戦闘機が繰り広げる激しい空中戦「ドッグファイト」の時代の幕が開けた。当初、空中戦ではドイツ軍が優位に立ち、自軍の損失一機に対し、イギリス軍の戦闘機を五機撃墜していた。マックス・インメルマンやオズヴァルト・ベルケといったドイツのエース（撃墜王）は、数多くのイギリス機を撃墜したことから祖国の英雄となった。彼らは六〇機近い敵機を撃ち落としている。一九一五年秋にはイギリス軍が、ドイツ機に匹敵する〈FE2b〉と〈DH2〉という二つの戦闘機を導入したほか、弾道が見える曳光弾も開発した。これによって、パイロットは必要に応じて狙いを調整できるようになった。

八機以上を撃墜したパイロットは、エースと呼ばれた[7]。当初、ほとんどのパイロットが単独で出動して敵機を探したが、一九一七年になると両軍が編隊を組むようになる。イギリス軍は、指揮官を先頭に主にV字形に並んで飛行する編隊を開発したが、戦闘に入ると二機ずつのペアに分かれ、一機が攻撃しているあいだにもう一機が援護する手法をとった。ドイツ軍の編隊はそれより大規模なことが多く、「フライング・サーカス」と呼ばれるようになった。

イギリスきってのエース・パイロットの一人が、ミック・マノックだ。イギリスの空中戦の戦術を開拓した人物で、一九一七年五月から一九一八年七月にかけて六一機ものドイツ戦闘機を撃墜した。ほとんどのパイロットは二五歳以下であり、一八歳でパイロットになる若者も多く、たいていは三〇時間程度の飛行訓練を受けただけで戦地に送り込まれた。いったん空軍に入れば、寿命が長くないことは容易に想像がつく。

空中戦の戦術はよく知られるようになり、誰もがこぞって最大限に活用した。太陽を背にして上から敵機に向かい、敵のパイロットの目をくらませる戦術はよく使われた。また、攻撃後に雲に入って隠れる戦法も両軍が使っていた。

大戦で最もよく知られたエース・パイロットは、何と言ってもドイツのマンフレート・フォン・リヒトホーフェンである。操縦する飛行機が赤く塗装されていたことから、「レッド・バロン」(赤い男爵)の異名でも知られ、生涯に八〇機を撃墜した記録をもっている。エースの大半は、数時間の飛行経験しかない新米パイロットを撃墜することが多かったが、リヒトホーフェンはイギリス軍屈指のエース・パイロットであるラノー・ホーカー少佐を撃墜する成果もあげ、一九一七年には、「フライング・サーカス」と恐れられたドイツの航空隊の指揮官となっている。しかし一九一八年四月二一日、リヒトホーフェンはフランスのソンム川付近で地上部隊から銃撃されて墜落し、その生涯を閉じた。

連合軍で最もよく知られているエース・パイロットの一人は、カナダ人のウィリアム(ビリー)・ビショップである。七二機を撃墜し、イギリス軍の飛行訓練プログラムの創設にも尽力した。リヒトホーフェンとも戦ったことがあるが、結果は引き分けに終わっている。一九一七年にはヴィクトリア十字勲章を授与された。一方、アメリカで最もよく知られるエース・パイロットはエディ・リッケンバッカーだ。パイロットになる前はカーレーサーだったという経歴の持ち主で、戦闘機を操縦するようになるのは自然な流れだった。一九一七年にアメリカが参戦すると、リッケンバッカーはすぐに入隊し、前線へ派遣されて、一九一八年九月二四日には航空隊の指揮官となった。彼が撃墜したドイツ軍の戦闘機は二六機に及ぶ。アメリカのパイロットでは、ウィリアム(ビリー)・ミッチェルもよく知られている。第一次世界大戦が終わる頃には、彼はアメリカの航空隊全体を指揮する立場にまでなった。

第一次世界大戦で最も注目されていたのは戦闘機だったが、それより大型の飛行機も、敵地へ爆弾を輸送して投下する重要な役割を果たした。工場や発電所、造船所、大型の軍事施設、部隊への補給線を破壊するための戦略爆撃が、この大戦では広く実施されている。初めて爆撃作戦を実行したのはドイツ軍だ。敵国の戦意をそぐために、巨大なツェッペリン飛行船を飛ばして小さな村を爆撃し、住民を恐怖に陥れた。イギリスはこうした空襲を合計で二三回も受け、当初はほとんどなす術がなく攻撃される一方だったが、飛行船は水素で満たされ、簡単に撃ち落とせることを発見すると、楽に反撃できるようになった。こうして飛行船による爆撃は下火になったものの、ドイツ軍はすぐに爆撃機を開発する。イギリス軍も一九一六年に〈ハンドレページ〉爆撃機を開発し、同年一一月にはドイツのいくつかの軍事拠点と潜水艦基地を爆撃した。一九一八年には、工業地帯の上空から最大で重さ七五〇キロの爆弾を投下する爆撃を実施している。イギリス軍はドイツの本土まで侵入できる航空隊を編成し、重要な工業拠点を爆撃した。対するドイツは報復として英仏の都市を爆撃したものの、最終的にイギリス軍が合計で約六〇〇トンの爆弾をドイツに投下したのに対し、ドイツ軍がイギリスに投下した爆弾の量はその半分以下にとどまった。

海戦と海中の脅威

第一次世界大戦が始まると、イギリスはただちに港を封鎖して、物資がドイツに輸出されるのを阻止した。この措置はまずまず有効で、とりわけ大戦の後半には大きな効果を発揮している。この海上封鎖の執行を担ったのが、世界最高の海軍と言われ、長きにわたって他国の手本にもなっていたイギリス海軍である。開戦当初、ドイツ軍が一三隻の戦艦と七隻の巡洋艦を所有していたのに対し、イギリス海軍は二一隻の大型戦艦と九隻の巡洋艦を擁し、その規模でドイツを大きく上回っていた。ドイツはイギリス海軍と海上で直接対戦することを避け、概して目立った行動をとらなかった。とはいえ、両軍が大規模な衝突を想定していたことは確かで、第一次世界大戦勃発時に起きた一件の軍事衝突が、その後の成り行きをある程度暗示している。

イギリス海軍は開戦時に、地中海を航行中のドイツの巡洋戦艦〈ゲーベン〉と巡洋艦一隻に遭遇した。二隻がジブラルタルに向かって航行するだろうと、イギリスの将校は予想し、砲撃の準備を整えて待っていたのだ。〈ゲーベン〉はイギリス戦艦よりもやや大型の大砲を備え、スピードが上回っていたものの、数で勝るイギリスは簡単に勝てるだろうと高をくくっていた。しかし意外なことに、射程の長い大砲を備えた〈ゲーベン〉にイギリス軍は手を出せず、二隻は無傷で難なく逃げきった。イギリス軍はこの事実に茫然自失の状態に陥り、もはや海の支配者ではないことを思い知らされた。もう一〇〇年も実戦経験がなく、戦争への備えが不足していたことは明らかだった。

このように、ドイツとイギリスの戦艦が大海戦を繰り広げることはなかったが、その後の数年間、イギリス海軍はさまざまな問題に直面することになる。その一つが、一九一四年までにドイツ軍が導入した世界最高の潜水艦だ。当初イギリス軍はそれを深刻に受け止めていなかったが、実際にはドイツの潜水艦は手ごわい敵となり、イギリス海軍はかなりの苦戦を強いられた。指揮官は打つべき対策を見つけられず、潜水艦による攻撃から防衛する手段がほとんどないことが判明する。一九一四年九月二二日、武装したイギリスの巡洋艦がドイツの潜水艦〈U－9〉によって一時間のうちに三隻も撃沈される悲劇があった。一四〇〇人が溺死し、イギリス海軍にとってそれまでの三〇〇年間で最悪の惨事の一つとなった。

当時すでに「Uボート」と総称されていたドイツの潜水艦は北海を数多く航行していたが、あまり問題視されていなかった。たいていの場合、潜水艦はあらかじめ警告したうえで標的を撃沈しており、犠牲者の数はそれほど多くなかったからだ。しかし一九一四年一一月、ドイツの海軍作戦部長が警告をしないことに決め、一九一五年二月にはイギリスとアイルランド周辺のあらゆる海域が交戦地帯に指定された。これは、中立国を含めたすべての国の商船も警告なしに撃沈されるということであり、その後の四カ月でドイツ軍は三九隻ものイギリス船を海に沈めている。潜水艦という深刻な脅威を抱えたイギリス軍は、有効な防衛手段をすぐに探し始めるのだが、そんな最中に起きたのが豪華客船〈ルシタニア号〉の沈没事件である。イギリスはすばやく手を打つ必要に迫られた(8)。

一九一五年五月一日、〈ルシタニア号〉は二〇二回目の大西洋横断に出発した。ニューヨークを出航し、イギリスのリヴァプールをめざす航海だったが、乗客一二五七人と乗員七〇二人が目的地に着くことはなく、そのほとんどが海で非業の死を遂げることになる。五月七日、アイルランド近くの海域で待ち構えていたドイツの潜水艦〈U‐20〉の艦長が、〈ルシタニア号〉が近づいてくるのを発見し、同船が方向を三〇度変えて格好の標的になったのを見てとると、すぐさま魚雷発射を命じた。〈ルシタニア号〉の船上では、何人かの人々が魚雷の接近を示す泡が海に出ているのを目撃し、誰かが「右舷に魚雷だ」との叫び声を上げた。そして、大きな爆発が一回起き、続いて船底のほうから今度は鈍い爆発音が聞こえたかと思うと、その直後、救命ボートを準備する間もなく、船は一気に二五度傾いた。死者は一一九八人。〈タイタニック号〉沈没に匹敵する数の犠牲者を出す大惨事となった。

これに激怒したのが、アメリカである。一二八人の自国民が犠牲になったことを受け、当時のウッドロー・ウィルソン大統領はドイツに強く抗議し、中立国の船舶に対する攻撃をただちに停止しなければ国交を絶つと警告した。イギリスも当然ながら激しい怒りをあらわにした。ほかの国も次々と非難を表明すると、イギリスにとって意外なことに、ドイツ軍はUボートの無差別攻撃を停止した。その後一年半近く、イギリスの船舶が撃沈されることはなく、イギリスはこの期間を利用して潜水艦に対抗する有効な武器を開発することができた。一九一七年六月には、水中の潜水艦が発するプロペラの音を検知できるハイドロホン（水中聴音器）を開発したほか、その後、TNT火薬を詰めたドラム缶を一定の深度で爆発させる爆雷と、その爆雷を船の甲板から次々に水中へ投入する装置も作り上げた。

このため、一九一七年一月にドイツが潜水艦による無差別攻撃を再開したとき、イギリス軍はそれに立ち向かう準備ができていた。それから三カ月も経たないうちにアメリカが参戦し、潜水艦による攻撃から船舶を守る新たな技術も開発された。それは、駆逐艦が船舶の集団を護衛する護送船団の導入である。潜水艦は常に対潜爆雷を受ける危険にさらされながら攻撃しなければならず、船団のなかの一隻でも沈められればいいほうだった。さらに、北海ではスコットランドからノルウェーにかけて、水深およそ一八〇メートルまでの海域に無数の機雷が仕掛けられたことによって、まもなくUボートの活動は完全に封じ込められたのだった。

毒ガス

戦争の膠着状態は、両軍にとって深刻な問題となった。どちらも攻撃を仕掛けたいのは山々だったが、単に攻撃するだけでは自殺行為になるのが明らかで、何らかの新兵器を開発する必要があったからである。いらだちを募らせたドイツ軍の最高司令部は、物理化学者のフリッツ・ハーバーに相談を持ちかけた。ハーバーには以前、弾薬にかかわる問題で助力を得たことがあり、膠着状態の打破にも力を借りられるのではないかと考えたのだ。連合軍の塹壕に向けて発射でき、敵兵が外に出ざるを得なくなるような兵器はあるかと問われ、ハーバーはすぐに毒ガスを使う案を思いついた。何人かのドイツ軍司令官は、連合軍が同じ手法を使って反撃してくるに違いないと、毒ガスの使用に懸念を抱いていたが、連合国の化学工業では同様の毒ガスの生産は難しいだろうと、ハーバーは請け合った。軍部に懸念はあったものの、ハーバーは毒ガスの開発を依頼され、塩素ガスを使うことに決める。ドイツ軍は一九一五年四月、イギリスとカナダ、フランス、フランス領アルジェリアの部隊が駐留していたベルギー西部のイーペル近くで毒ガスを使用した。塩素ガスを詰めた何千本ものボンベがドイツの戦線に輸送され、毒ガスを敵に向けて放出する送風機も投入された[9]。

一九一五年四月二二日の夜、黄緑色の大きな雲がゆっくりと漂ってくるのを発見したフランスとアルジェリアの部隊は、敵軍が攻撃の動きを隠すために煙幕のようなものを発生させたのではないかと考え、持ち場を離れずに攻撃に備えていた。しかし、数分後にその雲が辺り一面を覆うと、彼らは息苦しさを感じ、呼吸をしようとあえぎ始めた。吸い込んだガスによって、呼吸器官が損傷したのである。異変に気づくと、彼らはパニックに陥り、多くの兵士が散り散りに逃げて、あっという間に戦線にはおよそ六キロにも及ぶ切れ目ができた。しかし、毒ガスの絶大な効果に肝をつぶしたのはフランス軍だけでなく、ドイツ軍も同じで、せっかく戦線に切れ目ができても、ためらいがちにおそるおそる進軍するだけだった。敵地の一部を何とか掌握したものの、戦線の右側に展開していたイギリス軍とカナダ軍が勇敢に戦い、結局ドイツ軍の戦果はほとんどなかった。とはいえ、ここから大戦は新たな局面に入っていく[10]。

イギリスの報道機関が毒ガス攻撃をすぐさま非難し、この出来事を大きく取り上げると、アメリカも含めたほかの国々もそれに同調した。メディアの非難にもかかわらず、イギリス軍は報復に使える毒ガスの研究にすぐさま着手したが、ガスの放出方法に問題があることがわかってきた。放出中に風向きが変われば、味方も毒ガスを浴びる可能性があり、実際、イギリス軍もドイツ軍もこうした被害に遭っていた。ガスの放出方法を改良する必要に迫られたドイツ軍の司令部は、再びハーバーに相談を持ちかけた。毒ガスを充填した砲弾を発射し、敵の塹壕で爆発させる方法はあるだろうかと問われたハーバーは、みずからのチームとともにすぐさま開発にとりかかり、ホスゲンを使う手法を思いついた。これは塩素ガスと似ているが、異なるのは、吸い込んだときに咳や息苦しさといった症状を出すことなく肺を損傷する点だ。兵士は知らないうちに大量のガスを吸い込んでしまうため、化学兵器としては塩素ガスよりも強力である。

その後、ハーバーはマスタードガスの使用を思いつく。大戦で最も恐れられたこの毒ガスはほぼ無臭で、皮膚だけでなく体内の粘膜にも深刻なただれを生じる。ドイツ軍は一九一七年七月にマスタードガスを初めて使用した。

ドイツ軍が新たな毒ガスを開発するたびに、連合国も同じガスを開発し、ドイツ軍に対して使用した。毒ガスによる攻撃はいたちごっこに終わり、結局どちらかが優位に立つことはなかった。ドイツ軍は数十万人規模の死傷者を連合軍にもたらしながら、自軍に二〇万人前後の死傷者を出し、そのうち死者はおよそ九〇〇〇人にのぼった。大戦が終盤に入ると、ガスマスクが開発され、死傷者の数は減った。

毒ガスの開発にかかわったことに対し、ハーバー自身には罪の意識はなかったようだが、彼の妻は夫のやったことに愕然とし、みずから命を絶った。ハーバーは親友のアルベルト・アインシュタインからも、同じ人類の大量虐殺にかかわったことに対して強い非難を受けていた。しかし、結局はつらい立場に追い込まれることになる。ユダヤ人であるハーバーは一九三三年、ナチスによるユダヤ人の迫害が始まると、ドイツを脱出せざるを得なくなったのだ。

初期の戦車

膠着状態を打破するもう一つの試みが、一九一六年後半に初めて戦場に投入された戦車である。防弾の装甲車両が戦場で役立つだろうとのアイデアは昔からあり、レオナルド・ダ・ヴィンチも設計している。しかし、そのアイデアが本格的に検討されるようになったのは、第一次世界大戦が始まってからのことだ。一九一四年一〇月、イギリスの将校であるアーネスト・スウィントン大佐が、フランス北部を車で通行しているときに、近代兵器によって数多くの死傷者が出ている現実を目の当たりにし、兵士たちを保護する方策を検討し始めたのがその始まりだ。スウィントンは、大型の無限軌道（履帯）を備えた車両のことを友人から聞かされると、そうした車両を防弾にすれば、戦場できわめて有用な軍事車両になるはずだとひらめいた[11]。

翌一一月、スウィントンは帝国防衛委員会事務局長モーリス・ハンキーに自分のアイデアを提案し、興味をもったハンキーは公式の覚書を委員会に送った。しかし、陸軍はそうした新型車両にほとんど興味を示さない。そこでスウィントンは一九一五年六月、無限軌道を備えた車両を政府高官の前で実演することにした。その場にいたロイド・ジョージ（当時は軍需大臣で、その後首相に就任）とウィンストン・チャーチル（海軍大臣）は、無限軌道の性能に感銘を受ける。チャーチルが設置していた陸上軍艦

（ランドシップ）委員会は、この新型車両が戦時下で役立つだろうと認め、無限軌道を備えた設計で試作車を製作することに同意した。開発は極秘に進めなければならなかったため、ドイツ軍に実体を把握されないよう、新型車両に「タンク」というコードネームを付けた。戦車はその後も英語で「タンク」と呼ばれるようになる。[12]

スウィントンは顧問としてかかわり、新型車両で採用すべきいくつかの基準を提案した。スピードは最低でも時速六・四キロで、幅一・二メートルの塹壕を渡ることができ、有刺鉄線の鉄条網を難なく突き破れて、高さ一・五メートルの物体に乗り上げられ、かつ、二基の機関銃を備えた防弾車両であること。完成した試作車「リトル・ウィリー」はこうした基準をほぼ満たし、平坦地での時速はおよそ五キロ、重量は一四トンほどで、履帯のフレームの長さは約三・七メートルあった。車体は菱形に似た平行四辺形で、六人乗りだった。初期の試験では塹壕の横断に問題があったが、やや大型化した試作車「ビッグ・ウィリー」ではこの問題が修正されている。注目したいのは、これらの戦車が陸軍ではなく海軍によって製作されたことだ。

こうして実戦用のモデルを製作する準備が整い、最初に登場したのが〈マークI〉戦車である。一九一六年初めに披露されると、ロイド・ジョージは感銘を受け、すぐさま戦車の量産を命じた。その頃、イギリスの計画を聞きつけたフランスも、独自の戦車の開発に着手していた。

〈マークI〉は一九一六年九月の戦闘に向けて準備が整えられ、三六台が完成していた。チャーチルを含めた何人かの指揮官は、入念な試験を実施してから実戦に投入すべきだと訴えたが、ほかの指揮官からは、できるだけ早く使いたいとの声も上がっていた。当時、フランスのソンムで進行中の戦いでは、イギリス軍が期待したほどの戦果はあがっておらず、それが戦車の投入を求める圧力につながった。こうして九月にフランスのフレールの前線に戦車がずらりと並んだわけだが、その光景はドイツ軍の度肝を抜いたに違いない。とはいえ、チャーチルの主張は正しく、戦車は実戦に投入するには早すぎた。最初の攻撃で戦車の多くが故障し、なかにはぬかるみにはまって動けなくなったものもあり、相手を驚かせる効果はあったものの、十分な効果を発揮したとはとても言えなかった。

一方、フランスは一九一七年四月までに一二八台の戦車を生産し、実戦に投入したが、イギリスの戦車と同じく準備不足の状態で、いくつかの問題が起きた。戦車が実戦で初めて本格的な戦果をあげたのは、一九一七年一一月二〇日のカンブレーの戦いだった。イギリスは五〇〇台近くの戦車を投入してドイツの戦線を攻撃し、長さおよそ一九キロの戦線を突破した。その過程で一万人ものドイツ兵を捕虜とし、多数の機関銃を押収した。意外なことに、ドイツ軍は敵軍のまねをしようとせず、戦車を投入する計画をなかなか実行に移さなかった。大戦のこの局面で資源不足に陥っていたのが、その理由の一つだろう。

一方、イギリスとフランスはあらゆる資源を戦車の生産に注ぎ込んだ。第一次世界大戦が終わるまでにイギリスが生産した戦車は二六三六台、フランスは三八七〇台にのぼり、アメリカも八四台を生産した。ドイツは戦車を二〇台しか生産しなかったものの、それに十分対抗できる兵器を開発している。

全体としてみれば、イギリスの〈マークI〉は当時の条件下ではまずまずの働きをしたと言ってよい。ほとんどの戦場では、爆撃でできた巨大な穴がいくつも口を開け、鉄条網も至るところに張り巡らされていたが、〈マークI〉は幅二・七メートルまでの塹壕や穴を難なく渡り、鉄条網を物ともせず、小さな樹木ならなぎ倒すこともできた。

アメリカの参戦

終わりの始まりは、東部戦線だった。ロシアはかれこれ二年半もドイツとの戦闘をここで続けており、何度か敗北を喫して、兵士たちの士気はそれまでになく低下していた。ロシアは軍が統率をとれない状態に陥っていただけでなく、その政府も崩壊しつつあった。一九一七年三月には、ニコライ皇帝が権力の座から引きずり下ろされ、臨時政府が設けられたが、戦闘での敗北やそれに伴う問題にもかかわらず、驚くべきことに、新しい政府は戦争を続けると断言した。しかし、その頃にはロシア軍の崩壊は始まっていて、兵士の脱走は日常茶飯事で、やがて将軍たちはこれ以上続けられないと匙を投げた。ロシアは和平を求め、ブレスト・リトフスク条約に調印した。[13]

これでドイツは、西部戦線に大量の兵士を投入できるようになった。一カ月につき一〇師団のペースで兵士が次々に到着すると、大規模な新戦力を得たドイツ軍の司令部は、ここで連合軍を徹底的に打ちのめして終戦に持ち込もうと意気込んだ。そして一九一八年三月二一日、戦闘が開始されると、何日も経たないうちにイギリス軍の戦線とフランス軍の戦線のあいだに大きな風穴が開いて両軍が分断され、その隙を狙ってドイツ軍が進軍した。しかし、固い決意で立ち向かってくるイギリス軍のしぶとさはドイツ軍も舌を巻くほどで、イギリス軍は戦線から引き下がろうとしない。一進一退の攻防が繰り広げられるなか、ドイツに宣戦布告していたアメリカからも、大量の兵隊が大西洋を越えてやって来ようとしていた。

それまでウッドロー・ウィルソン大統領は、アメリカは戦争に介入しないという見解を示しており、ほとんどの国民もその見解に賛成していた。一一二八人のアメリカ人が乗船した〈ルシタニア号〉がドイツ軍に撃沈されたときには、多くのアメリカ人が怒りをあらわにしたものの、ドイツが潜水艦による攻撃を停止すると、その怒りもいったんは収まった。しかし、ドイツ軍は一九一七年一月三一日、中立国も含めたあらゆる国のすべての船舶に対して交戦地帯での無差別攻撃を再開すると決定した。その知らせにウィルソン大統領は唖然としたが、それでもアメリカは宣戦布告を差し控えた。しかし同年二月と三月に、ドイツ軍が数隻のアメリカの船舶を沈めたほか、ドイツからメキシコ政府に送信された電報をイギリスの諜報員が傍受して解読した。ドイツはその電報でメキシコに支援を求め、その見返りとして、テキサスやニューメキシコ、アリゾナといった、アメリカの手に渡ったあらゆる領土をメキシコに返還すると約束していたのである。

一九一七年四月二日、ウィルソン大統領が宣戦布告を議会に提議すると、即座に承認が得られた。その数カ月後には米軍の第一陣が太平洋を渡り、六月、パーシング将軍率いる派遣軍がフランスに上陸した。ドイツ軍は連合軍の戦線を攻撃し続けていたが、以前ほど大きな戦果は得られなくなっていた。そんななかで、米軍の第一陣と対峙することになる。

一九一八年四月には、イギリス、アメリカ、フランス軍などからなる西部戦線の連合軍の総司令官に、フランスのフォッシュ将軍が任命される。その間、三月にはフランスに駐留するアメリカ兵の数はそれまでの倍になっていた。その後も米兵は続々と到着し、五月に倍増、八月にはまた倍増するという勢いで膨れ上がっていった。ドイツ軍は七月に再び攻撃を仕掛けたが、連合軍の反撃に遭ってあっという間に退却した。イギリスは北へ進軍し、米軍はフランスのアルゴンヌ地域の全域で攻撃を続けた。七月一八日、フォッシュ率いるフランス軍が、兵力が倍増したアメリカの九師団などとともに攻撃を開始すると、ドイツ軍は劣勢に立たされた。八月八日にイギリスがまず四〇〇台を超える戦車を投入し、その後、戦車が数千台にまで増えると、ドイツの同盟国が降伏し始める。ブルガリアは九月、トルコは一〇月三〇日、そして、オーストリア＝ハンガリー帝国は一一月四日に降伏した。資源の供給も途絶え始めると、ドイツ兵の士気も一気に低下し、ついに一九一八年一一月一一日、連合国とドイツのあいだで休戦協定が結ばれ、第一次世界大戦は終結した。

14 無線とレーダーの開発

第一次世界大戦以降の戦争では、レーダーや無線、レーザーといった電磁波を活用した装置が大きな役割を果たすようになった。ただし、こうした技術を理解するには、第一次世界大戦より前の時代にさかのぼらなければならない。

電磁波の生成と検出

電磁波の存在を予測したジェームズ・クラーク・マクスウェルは、最も重要な物理学者の一人であると広く考えられている。彼の功績によって科学は大きく進歩し、日常生活は劇的な変化を遂げた。(1)

一九世紀半ばの段階で、電気と磁気についてわかっていたのは、次の四点である。

・あらゆる電荷の周囲には電場がある。電場の向きが同じ電荷どうしは反発し、異なる電荷どうしは引きつけ合う。
・磁極にはN極とS極の二種類があり、それらは常に対になって存在している。
・電場(あるいは電荷)が変化すると、磁場が生じる。
・磁場が変化すると、電場が生じる。

これらの事実はマクスウェルの時代以前にも知られていたが、彼の功績は、こうした事実を数式化し、電気と磁気が密接に関連して電磁場(電場と磁場)を形成するのを示したことだ。具体的には、電荷が振動することによってその周囲に電磁場が形成されることを示し、その電場と磁場が相互に影響を与え合って電磁波が発生すると予想した。電磁波が光と同じ速度で移動し、光も電磁波の一種であると提唱したことは、とりわけ重要なマクスウェルの功績である。彼はその他にも、電磁波の周波数(電荷の振動数)には光の周波数より大きいものも小さいものもあるだろうと指摘している。つまりこれは、あらゆる周波数の電磁波が存在するはずだとの主張であり、現在ではそれが正しいことがわかっている。

マクスウェルがこうした予測を発表したのは一八六〇年代だが、電磁波そのものが検出されるまでに、それほど長い年月はかからなかった。一八八七年、ドイツの物理学者ハインリヒ・ヘルツが、マクスウェルの予測した電磁波を検出すべく、簡単な装置を製作した。まず、わずかに隙間を開けて、両端に二つの真鍮の小球(ノブ)を設置した回路を作り、その回路に誘導コイルを接続すると、間隙に火花が発生した。次に、同じような小さな間隙(火花間隙)のある回路をもう一つ作り、それを受信器として使った。一つ目の回路を誘導コイルに接続すると、間隙に火花が発生して「信号」が送信される。この信

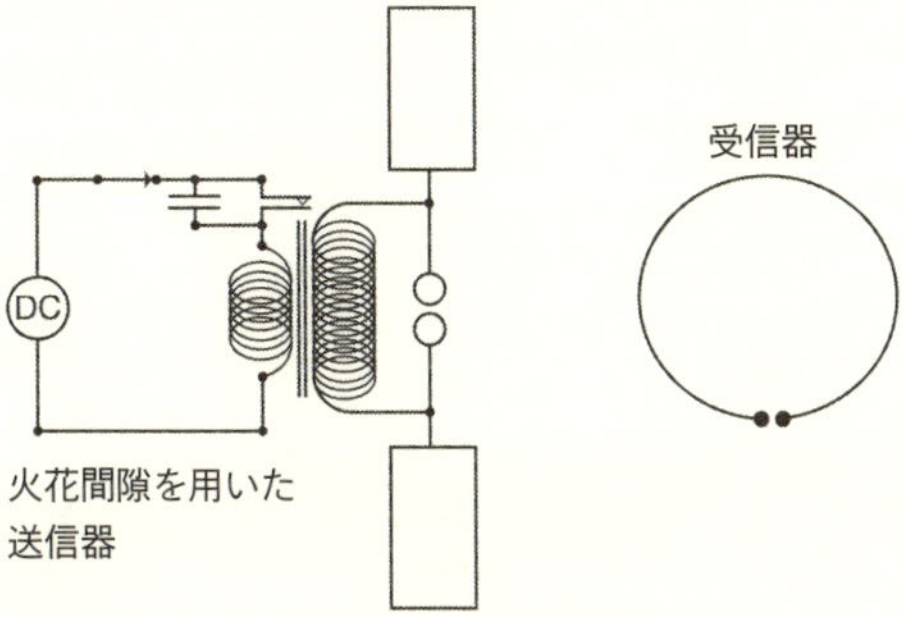

ヘルツの電磁波検出装置

号を、近くに置いた二つ目の回路（受信器）が受信すると、間隙に火花が散るというわけだ。ヘルツはこの信号に波の性質があり、一定の波長（周波数）があることを示した。電磁波であることの証しである。さらにヘルツは電磁波の速さを算出して、それが光速に等しいことも示した。ヘルツは一八八八年にこの発見を発表し、これがマクスウェルの予測を証明するものであると主張した。

電磁スペクトル

マクスウェルは正しかった。電磁波には、きわめて短い波長（高い周波数）のガンマ線から非常に長い波長（低い周波数）の電波まで、実に多様な種類があることが、今ではわかっている。これら二つのあいだには、X線や紫外線、可視光、赤外線、マイクロ波などがあり、こうした分類はそれぞれの周波数によって決まる。これらすべての波はエネルギーをもち（正確には電磁波もエネルギーの一種）、そのエネルギーの大きさは周波数（一秒間の振動数）によって異なる。[2]

電磁波のなかには、当時すでに知られていた種類もある。一八〇〇年には、ドイツ生まれの天文学者ウィリアム・ハーシェルが、太

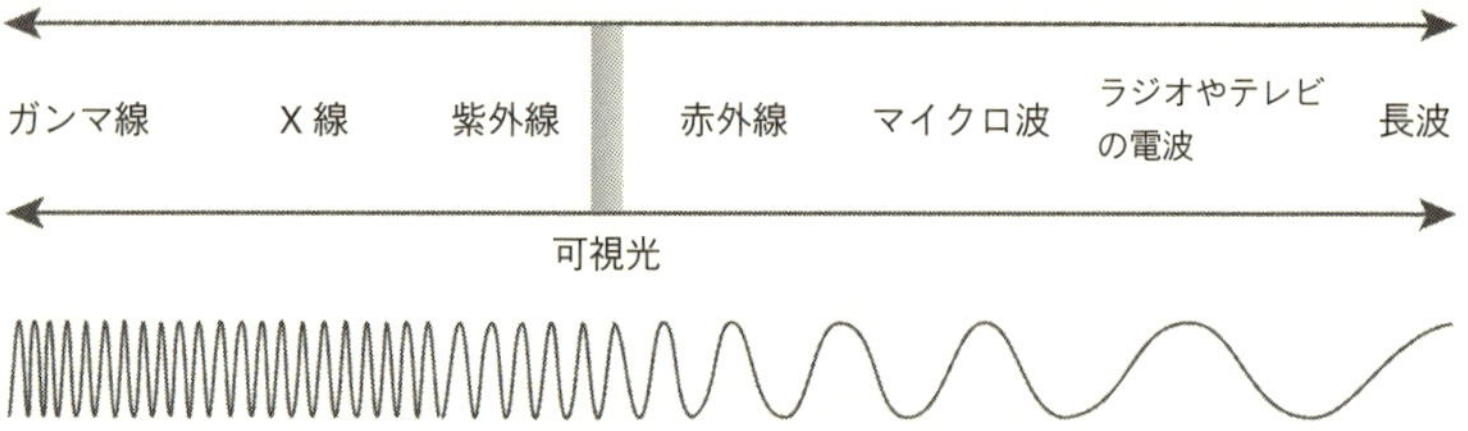

電磁波のスペクトル

陽光をプリズムで虹色に分解し、色のスペクトルに沿って温度計を動かして、さまざまな色の温度を測定したところ、赤色のさらに外側の領域の温度が最も高いことを発見し、太陽光には目に見えない熱をもった放射線が含まれていると考えた。現在では、これが赤外線であることが知られている。電気ストーブの電源を入れたとき、電熱線が赤くなるずっと前に熱を感じた経験はないだろうか。それが赤外線だ。

その翌年には、ドイツの物理学者ヨハン・リッターが可視光スペクトルの反対側を調べたところ、端の紫色の外側に、それと似た見えない光線があることを発見した。リッターはそれを「化学線」と呼んだが、この名称はのちに「紫外線」へと変わった。

それから一〇〇年近く経った一八九五年、ドイツの物理学者ヴィルヘルム・レントゲンが、真空管に高い電圧をかけたときに高エネルギーの放射線が生じることを発見し、それをX線と名づけた。また、ヘルツがそれ以前の実験ですでにマイクロ波と電波を発見している。そして一九〇〇年には、フランスの物理学者ポール・ヴィラールが、X線よりもさらに高いエネルギーをもつ電磁波を発見し、のちにガンマ線と名づけられた。

ここで話を戻して、それぞれの電磁波の違いを詳しく見ていくことにしよう。すでに説明したように、電磁波は振動数（周波数）の違いによって区別されている。周波数は波長（波の谷から谷、あるいは山から山の長さ）と関連してい

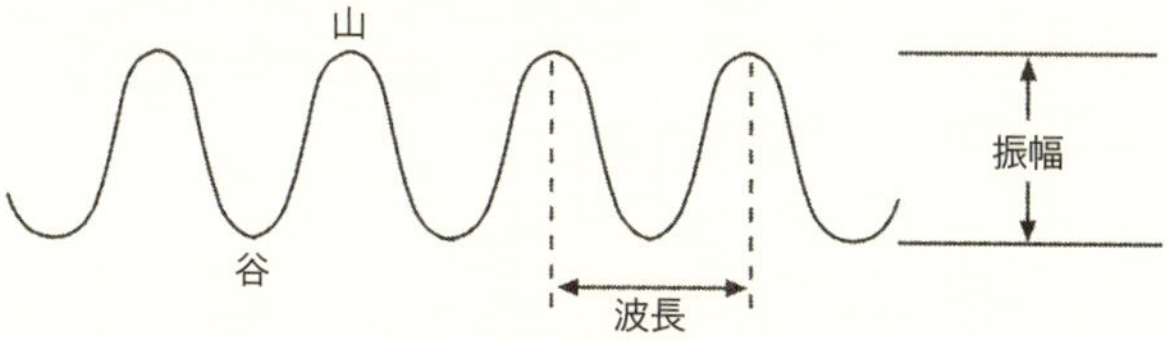

波の波長と振幅

るため、周波数が違えば波長も異なる。さらに、エネルギーの大きさも大小さまざまだが（これについてはのちほど説明する）、たいていの場合、電磁波は周波数の違いで分類されている。周波数は一秒当たりの振動数をヘルツ（Hz）という単位で表すが、周波数の幅があまりにも大きいため、一〇〇万ヘルツを表すメガヘルツ（MHz）という単位も使うことがある。さらに高い周波数をもつ電磁波には、一〇億ヘルツを表すギガヘルツ（GHz）という単位を使わなければならない。赤外線の周波数はこの範囲にある。さらに、赤外線よりも高周波の可視光や紫外線には、一兆ヘルツを表すテラヘルツ（THz）が使われる。

ほぼすべての種類の電磁波が、戦争に応用されて重要な役割を果たしてきた。電波は通信手段として広く利用されているほか、のちほど説明するように、レーダーは第二次世界大戦で重要な役割を果たして以降、現在でも広く利用されている。これもまたのちほど詳しく説明するが、レーザーは可視光を使うものが大半を占める一方、現在では可視光以外の電磁波を使うものもあり、軍事分野でやはり活用されている。軍事への応用という点では赤外線も重要で、暗視に使うさまざまな装置に使われている。負傷した兵士を治療する際にX線が欠かせないのは、言うまでもないだろう。

電波

電波は電磁波の一種であり、ヘルツが発見してからしばらくすると、電波を使った実験を始める科学者が現れ始めた。いち早く電波の研究に取り組んだ人物の一人が、イタリアのグリエルモ・マルコーニである。一八九四年にヘルツが死去すると、彼の功績を再評価する気運が一気に高まり、数多くの新聞がヘルツに関する記事を掲載した。こうしてヘルツの功績が、当時若干二〇歳だったマルコーニの目に留まる。ヘルツの発見した電波を使えば無線による電信システムを構築できる、つまり、電線を使わずにメッセージを送信できるようになるはずだと、マルコーニは確信するようになった。彼はまず、単純な装置を作って、それが実現可能かどうかを検証した。簡易な発振器（火花放電によって電波を発生させる火花送信器）と、初期の受信装置を改良したコヒーラ検波器による受信器を組み合わせたシステムで、モールス符号を出力する「電鍵」装置を使って、送信器から長いパルスと短いパルス（長点ツーと短点トンに対応する）の信号を送信すると、コヒーラが電波を検出して受信器が作動する仕組みになっている。(3)

一八九五年の夏には、およそ二・四キロ離れた地点に向けてメッセージを送信し、受信に成功したが、さらに装置の性能を上げるには出資者が必要だと、マルコーニは考えた。母国のイタリアで関心を寄せる人がほとんどいなかったため、彼は母親とともにイギリスに渡り、郵政省の電気技師長であるウィリアム・プリースに自分の装置を披露した。その後も、政府関係者に向けて実証実験を続けた結果、彼らの支援を得られ、一八九七年三月には、約六キロ離れた地点まで送信できるようになった。

マルコーニと彼の実験は国際的な関心を集め始める。一八九九年には、イギリス海峡の両岸に装置を設置し、フランスからイギリスへのメッセージ送信に成功すると、そのすぐあとに、『ニューヨーク・ヘラルド』紙の招待でアメリカへ渡った。翌年には、大西洋を横断してメッセージを送信する装置の開発を始め、一九〇一年一二月一二日にその目標を達成したと発表した。しかし、彼の主張に疑いの目を向ける人もいたことから、一九〇二年二月に、改良した装置を使ってその疑念を晴らす実験をした。これで、大西洋横断無線通信という目標を達成したことを証明したのである。

長距離の無線通信で当初から予想されていた問題の一つが、地球が球体であるという事実だ。電波は直進する性質があることから、電波が地表に沿って飛ばずに途絶えるのではないかと懸念されていたが、幸いにもそうした問題は起きなかった。帯電した粒子の層が大気中に存在するために、電波がそうした粒子に当たって地表へ跳ね返されるからだ。

マルコーニは引き続き装置の改良に取り組んだが、そのうちに競争相手の存在に気づく。彼の装置ではメッセージをツーとトン（長点と短点）の組み合わせで表すモールス符号を使っていたのだが、二〇世紀初頭に真空管が発明され、音声による無線通信が可能になったのである。この新技術が発展すると、電信機による通信はすっかり影が薄くなった。

しかし、欧米諸国の軍事当局が高い関心を寄せたのは、マルコーニの装置のほうだった。イギリスの陸軍省が彼の装置を導入したのを皮切りに、ドイツの大手電信会社も購入し始めた。マルコーニは一九〇〇年前後にドイツに会社を設立し、装置の販売を開始した。

無線技術は戦争で重要な役割を果たし始める。その後の数年間で、受信器と送信器は大幅な進歩を遂げ、無線は戦時中に主要な通信手段となった。第一次世界大戦で両軍が使い始め、第二次世界大戦で広く普及した。

X線

戦争に欠かせない電磁波には、X線もある。といっても、その主な用途は人を殺すことではなく、人の命を救うことだ。X線を使った技術の研究が始まったのは、電波の研究よりもさらに前のことである。ドイツの物理学者ヴィルヘルム・レントゲンがX線を発見した当時[4]、その数年前になされたある発見に科学界は湧いていた。内部を真空に近くして電極を配置したガラス管に高い電圧をかけると、「陰極線」と呼ばれる放射線が生じることがわかり、大きな関心を集めていたのである。レントゲンは陰極線を使った実験にさっそく着手し、一八九五年一一月八日には、ある奇妙な現象を発見する。彼は特定の化学物質で起きる発光現象「ルミネッセンス」にとりわけ大きな興味を抱いていて、陰極線がルミネッセンスを発生させるのかどうかを確かめたいと考えていた。ある日、真っ暗な部屋で実験していたレントゲンは、蛍光物質のシアン化白金酸塩を塗布した紙が発光していることに気づいた。陰極線が直接当たっていないのに光るのは奇妙で、実際、陰極線管は覆われていて、陰極線は遮蔽されていたのだ。にもかかわらず、陰極線管の電源を切ると、紙は発光しなくなる。こうした現象から、何らかの見えない放射線が陰極線管から放たれているのではないかと彼は考え、その放射線は陰極線がガラス管に当たって強く光っている箇所から放出されていることを突き止めた。さらに研究を進めると、この新たな放射線は透過性が高く、木材や金属箔を通り抜けるだけでなく、彼の手も難なく通過することを発見し、その放射線を使って写真を撮ると自分の手の骨が写し出されることも見いだした。この新たな種類の放射線は、骨折の治療のほか、体内に入った銃弾などの位置を特定するなど、医療分野に応用できる大きな可能性を秘めていると、レントゲンは考えた。この放射線を何と呼んでいいか考えあぐねた彼は、「X

線」と呼ぶことにし、その名前がやがて定着することになった。そして一九〇一年、歴史的発見からそれほど年月が経たないうちに、レントゲンはこの偉業に対して第一回ノーベル物理学賞を授与された。

X線は、戦争で重要な役割を果たすようになる。第一次世界大戦では、X線撮影装置は戦地に近い数多くの救急施設や病院に主要な備品として設置された。当時、負傷兵の治療にX線撮影装置をいち早く取り入れた人物の一人が、かの有名なキュリー夫人だ。その後、X線撮影装置は大幅に進歩し、戦場においても欠かせない装置となっている。

光と赤外線

ふだん目で見ている光が電磁波だと言われると不思議な感じがするかもしれないが、実際、光は電磁波の一種である。X線も光も周波数が違うだけで、基本的には同じものだ。すでに説明したように、周波数はエネルギーと直接関係がある。X線は周波数が光よりもはるかに高いため、そのエネルギーも大幅に高い。X線が人間の体を通り抜け、危害を及ぼす可能性があるのはそのためである。

拡大用のレンズが発明されて以来、望遠鏡や双眼鏡が戦争で重要な役割を果たしてきたことを考えれば、一般的な光も重要な武器の一つであるとも言える。実用的な望遠鏡を最初に考案したのは、オランダの眼鏡技師であるハンス・リッペルスハイだ。その噂を耳にしたガリレオが一六〇九年に望遠鏡を自作した。

単純な望遠鏡は、「対物レンズ」と呼ばれる比較的大きな凸レンズ（両面とも中央部が周辺部分より厚いレンズ）と、「接眼レンズ」と呼ばれる小さめのレンズを組み合わせたもので、屈折望遠鏡と言われている。一方、大きな凸レンズではなく、反射鏡を使う種類は反射望遠鏡と呼ばれ、主に天文観測で利用されている。屈折望遠鏡は古い時代の戦争で広く使われ、現代でも利用されている。リッペルスハイは一六〇八年に望遠鏡を二本並べた双眼鏡のような装置も製作しているが、それはきわめて簡素なものだった。陸地の観察に使う箱形の双眼鏡は一七世紀後半から一八世紀前半にかけて何人かの人物が製作したが、それでもまだ完成度は低かった。

現代の双眼鏡ではプリズムが使われているが、一八五四年にイタリアのイニャツィオ・ポロが開発した方式をはじめ、さまざまな方式がある。また、対物レンズや接眼レンズに加えて、ほかにも数枚のレンズが、現代の双眼鏡では使われている。

赤外線の話に移ろう。赤外線の軍事分野での活用例として代表的なのは、夜間に周囲を見るために使われる赤外線ゴーグルなどの暗視装置だ。装置には二種類ある。一つ目は、可視光に近い波長の近赤外線を利用するもので、「映像増倍管」(光電子増倍管)と呼ばれる特殊な装置でその領域の赤外線(および一部の可視光)をとらえて増幅させ、映像を生成する。従来のレンズでとらえた光を映像増倍管に送ると、そこで光の信号が同じ分布のまま電子に変換される。次に、電子増倍部で同じ分布を保ちながら電子の信号を増幅する。その後、蛍光物質が塗布されたスクリーンに電子が当たると、元の像の光を同じ分布のまま増幅した映像が表示される。

二つ目は、熱の分布を画像化する装置だ。可視光から最も遠い領域にある遠赤外線をとらえ、「サーモグラフィー」と呼ばれる温度分布図を生成する。サーモグラフィーは電気信号に変換され、その信号が処理装置に送られて、画像表示に適した形式に変換される。

こうした暗視装置は、夜間に標的の位置を特定するために軍隊で広く使われているほか、監視やナビゲーションにも利用されている。

レーザーも比較的新しく発見された重要な技術で、この領域の光（電磁波）を使っている。これについてはのちの章で詳しく説明したい。

レーダー

レーダーも電磁波を使う技術の一つであり、第16章で説明するように第二次世界大戦で大きな役割を果たして以来、軍事分野に欠かせない技術となっている。レーダー（radar）という単語はRadio Detection and Ranging（電波による探知と測距）の頭文字を組み合わせた用語で、この技術は次のような用途で利用されることが多い。

- 肉眼で見えない離れた物体の位置を探知する。
- 物体の速度を測る。
- 地上の特定領域の地形図を作成する。

レーダーではエコー（反響）と「ドップラー効果」を利用する。[5] エコーはいわゆるこだまのことで、たいていの読者が知っているだろうが、ドップラー効果については知らない人も多いと思うので、ここで説明しておこう。一般的にレーダーにはマイクロ波を使うのだが、仕組みの説明には音波を例にとるほうがわかりやすい。関連する現象は実質的に同じであるし、潜水艦などに搭載された「ソナー」と呼

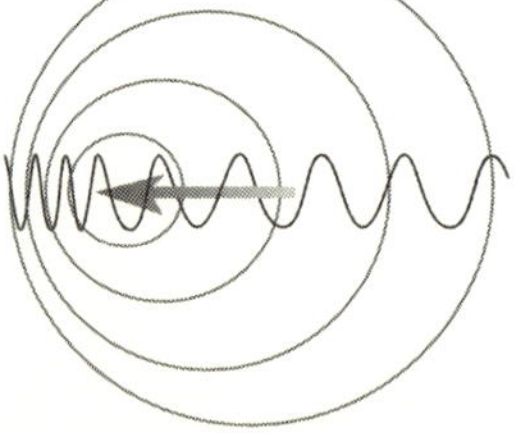
ドップラー効果。音波は音源の進行方向に縮み、その反対方向に伸びる。

ばれる装置では、音波がマイクロ波と同じように利用されている。ソナーについては次章で詳しく説明したい。

　ドップラー効果に話を戻そう。電磁波と同じように、音波にも一定の波長（周波数）がある。ここで、一台の車がクラクションを鳴らしながら近づいてくる場面を考える。クラクションの音の波は音速で車から離れているが、車自体が前に進んで音波にある程度「追いつく」かたちになっている。このため、音波はわずかに圧縮される、言い換えれば、波長が短くなる（図を参照）。逆に、車が通り過ぎると、後ろに伝わっていく音と反対側へ車（音源）が遠ざかるので、音波は引き伸ばされて波長が長くなる。このような現象によって、車が近づいてくるときには、停車中に鳴らした場合よりもクラクションの音が高く聞こえ、車が通り過ぎたあとは音が低く聞こえる。この効果はオーストリアの物理学者クリスティアン・ドップラーによって発見され、音波だけでなく、電波を含めたあらゆる波に共通だ。

　エコーを使ってある物体までの距離を測定する原理は、それほど難しいものではない。大気中での音速（秒速およそ三四〇メートル）と、音波が物体に到達して跳ね返ってくるまでの時間を測定できれば、その時間を二で割った数に音速を掛けることによって、物体までの距離を求めることができる。エコーを使って測定できるのは距離だけではない。エコーが返ってくるまでの時間とドップラー効果を組み合わせることによって、車などの動いている物体の速さも計算できる。たとえば、近づいてくる車に向かって音波を出すと、その大半はさまざまな方向に散乱してしまうが、なかには車に跳ね返って戻ってくる音波もある。散乱した音波は無視して、その戻ってくるエコーをとらえればよいのだが、話はそれほど単純ではなく、車は測定者に向かって近づいているため、エコーは圧縮され、元の音波よりも高い音になる。元の音波とエコーの音の高さの違いを測定すれば、車の速さを測ることができるというわけだ。しかも、エコーが返ってくるまでの時間も測定すれば、車の速さだけでなく、車までの距離もわかる。とはいえ、実用上、音波はあまり役に立たない。音波のエコーは微弱で干渉が多く、たいてい検出と測定が難しいうえ、減衰してあまり遠くまで届かないからだ。このためレーダーでは、こうした問題がないマイクロ波が利用されている。

ここで、マイクロ波を使う簡単なレーダーシステムを例にとって説明しよう。霧や雲に隠れた敵の飛行機をレーダーで探知したい場合、まずマイクロ波を送信する必要がある。のちほど説明するように、この信号として最適なのは、ごく短時間だけ発射したマイクロ波だ。たとえば、発射する長さを一マイクロ秒（一〇〇万分の一秒）としよう。一マイクロ秒間だけ送信機を作動させてアンテナから送信したマイクロ波が目標物に到達すると、そのほとんどは反射して四方八方に飛び散るものの、一部のマイクロ波はアンテナのほうへ直接戻ってくる。そのエコーを検出して増幅するわけだが、検出するには受信機が必要で、通常それは送信機と同じ場所に設置されている（場所が異なる場合もある）。レーダー送信機は信号を送るとすぐに停止し、受信機が作動してエコーの到達を待つ。レーダーの波は光速で移動するため、エコーはあっという間に受信機に到達する。エコーが検出されると、到達するまでにかかった時間とともに、波長の変化（ドップラー偏移）が専用の装置で測定される。この情報がコンピューターに送信され、近づいてくる飛行機などの物体までの距離とその速さが算出される[6]。

レーダーシステムでは、敵機までの距離とその速さだけでなく、飛行高度と移動方向まで探知することができる。また、飛行機に限らず、海上を航行する船舶や、宇宙船、他国から発射された誘導ミサイ

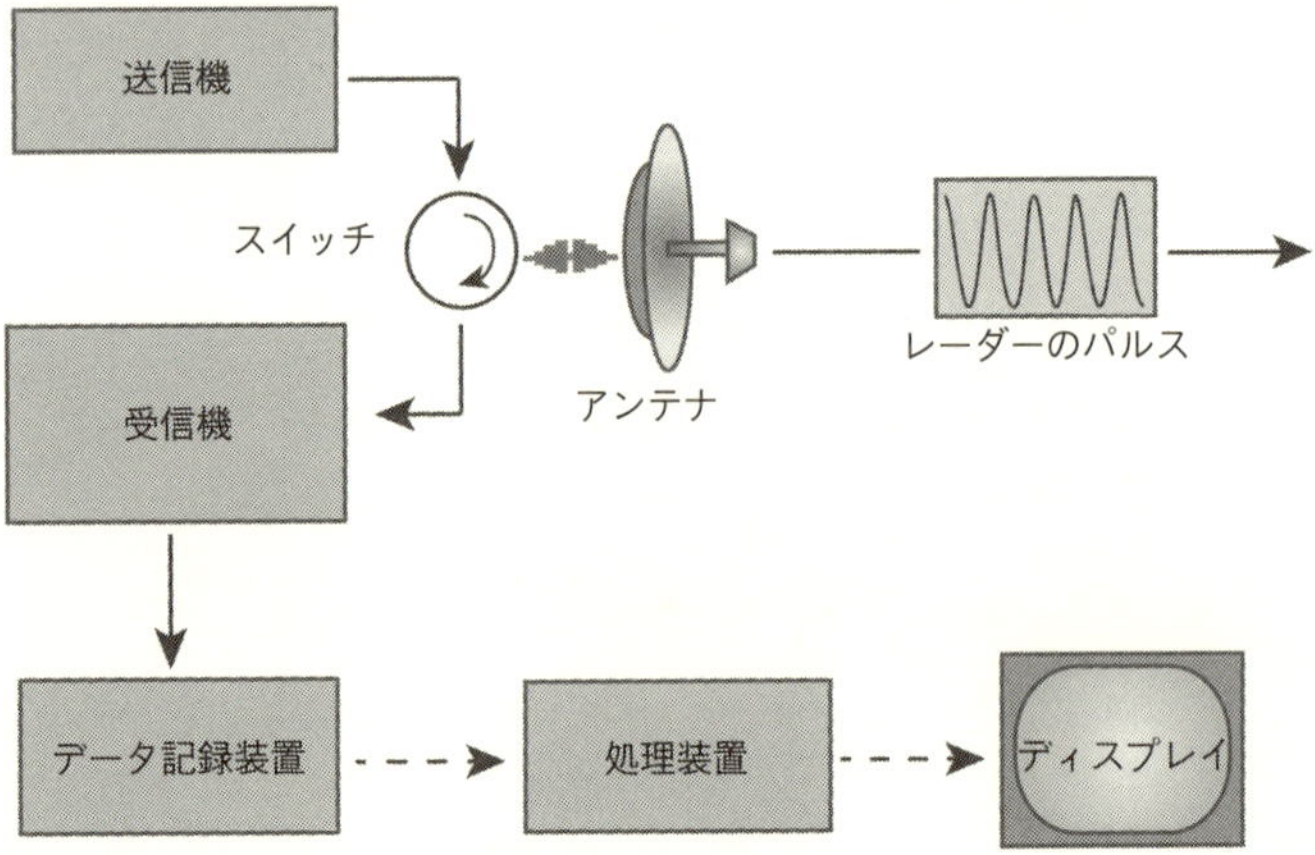

単純なレーダーシステム

ル、嵐などの気象現象、地形も探知の対象にすることが可能だ。対象物が雲などの大気現象に遮られていても探知できるため、レーダーは防衛システムに欠かせない技術となっている。

レーダー装置について、詳しく見ていこう。まず、送信機からターゲットに向けて送信されたマイクロ波の信号は、たいていの金属やカーボンファイバーに当たると反射するため、飛行機や船舶、車、ミサイルなどを探知するには最適だ。しかし、特定の磁性材料など、電波を吸収する素材に当たった場合は、レーダー信号が正常に反射されない。軍事用の飛行機や車両では、こうした素材を使ってレーダーによる探知を回避している。

受信機にかかわる問題もある。反射されたマイクロ波は微弱であることが多く、受信機でエコーを増幅しなければならない。レーダー信号は対象物に当たったとき、光が鏡で散乱するのと同じ原理で散乱するが、大きな違いが一つある。それは、光の波長がきわめて短いのに対し、マイクロ波の波長は比較的長いという点だ。レーダーの受信機で対象物を正しくとらえようとすれば、信号の波長は対象物の長さよりもはるかに短くしなければならない。初期のレーダーでは波長が長めの信号（電波の領域）を使っていたため、波長より短い物体では反射が起きにくく、反射した信号の解釈が難しかったが、最近のレーダー装置では波長が短めのマイクロ波を使うようになっている。

大気中やレーダー装置内に存在するマイクロ波と信号が重なる現象（干渉）も、レーダーにかかわるもう一つの問題だ。反射してきたレーダー信号からほかのマイクロ波の影響を取り除かなければ、信号を正しく分析することができない。建物や山などから反射したマイクロ波が、信号と干渉することもある。

レーダーの性能を高める装置

一九三〇年代後半になると、ドイツが軍事力を増強し、近いうちにイギリスに対して総攻撃を仕掛けてきそうなことが明らかになった。ドイツ軍は三〇〇〇機近い飛行機を擁していることが知られていたが、それに対して、イギリスはわずか八〇〇機しか所有していない。このためイギリスは、レーダー基地を国内各所に設置して広範囲に及ぶレーダー監視網を構築した。しかし、当時のレーダーにはまだ大きな問題があった。出力が低く、電波を使っていたため、敵機をはっきりととらえることができなかったのだ。イギリスは早急にレーダーを改良する必要に迫られた。当時利用できた最も短い波長は一五〇センチで、出力はおよそ一〇ワットだった。(7)

科学者たちが有望な技術の開拓に乗り出したところ、ニューヨーク州スケネクタディにあるゼネラル・エレクトリック社の研究者アルバート・ハルが、マグネトロンと呼ばれる単純な装置を一九二〇年

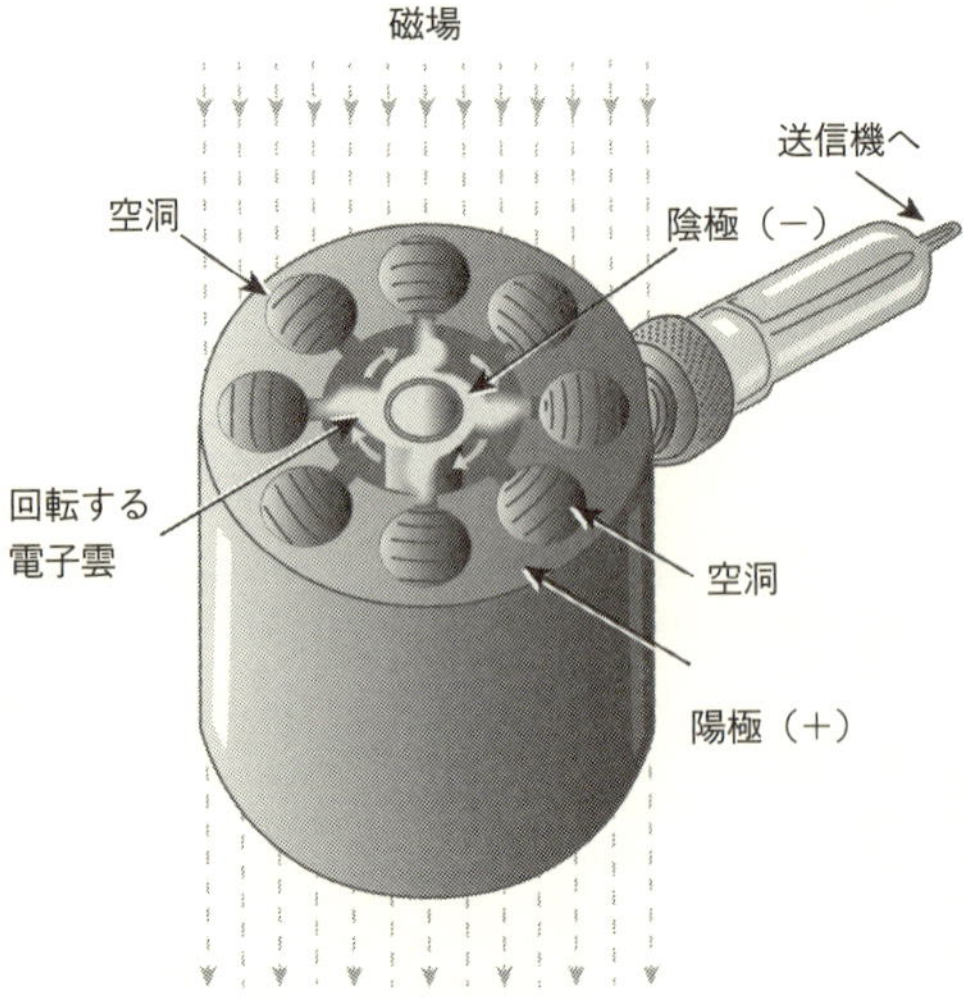

空洞マグネトロン

に発明していたことが判明した。ハルは自分の装置に将来性があるとは思っていたものの、具体的な用途を思いつけずにいたのだ。彼の装置はマイクロ波を生成するものではなかったが、少し手を加えればマイクロ波を生成できるのではないかとみられ、ある程度の関心は集めていた。しかし、イギリスの技術者ヘンリー・ブートとジョン・ランドールがハルの装置を詳しく調べ、注目すべき発見をするのは、一九三〇年代後半になってからのことだ。ハルの初期の装置は一般的な真空管と同じように陰極と陽極が一本のガラス管に設置されていたのだが、ブートとランドールは本体に銅を用い、本体が陽極として機能するように改良した。円柱状の本体の内側に複数の円筒状の空洞（キャビティ）が設けられ、それらは中心の空間に通じていて、そこに陰極が配置されている。円柱の軸と平行な磁場を発生させるために、永久磁石が使われる。陽極を高電圧の電源に接続すると、陰極から円柱の外側の陽極へ向かって電子が放出されるが、その電子は磁場によって進路を曲げられ、空洞の中で小さな円を描くような流れを作る。この流れによって発生したマイクロ波を「導波管」と呼ばれる装置へ誘導し、その後、外部装置へ伝えて利用する。特に興味深いのは、発生するマイクロ波の波長は空洞の大きさに関係するので、必要に応じて調整できることだ。

一九四〇年二月に装置を完成させたブートとランドールは、さっそく装置を試験してみると、何と五〇〇ワット近い出力で――それまでの装置の五〇倍もの出力で――マイクロ波を発生させたことに目を見張った。さらに、発生したマイクロ波の波長はわずか一〇センチで、以前よりも敵機をはるかにはっきりととらえることができるうえ、装置の大きさは手のひらに収まるほど小さい。二人はこの成果に満足し、その後数カ月かけて、装置の完成度を高めた。

その頃にはすでに戦争が始まっていて、イギリスは資金不足に陥っていた。とはいえ、イギリスにはレーダー装置が必要であり、しかも、ドイツ機から国土を守るレーダー防衛システムを構築するには数多くの装置を導入しなければならない。イギリスでは装置を量産できないことがわかっていたチャーチルは、大西洋の向こう側に目を向ける。アメリカなら生産できるうえ、独自のレーダーシステムを開発中で、ブートとランドールが考案した装置を見れば驚嘆するだろうと踏んだのだ。チャーチルは「マグネトロン」をアメリカに提供する見返りにその大量生産の支援を受けるよう、航空研究委員会のヘンリー・ティザード委員長に提案した。

この極秘任務が決行されたのは、一九四〇年九月のことである。ティザードは五〇〇ワットを出力できるマグネトロンが入った小箱を携えて、アメリカに渡った（当時のアメリカ製マグネトロンの最大出力は、せいぜい一〇ワットほどだった）。そして、それほど時間をかけることなく、取引は成立した。この装置は「わが国にもたらされた貨物のなかで最も貴重なもの」だと、アメリカの高官は後日述べている。[8]

一九四〇年末までに、ベル研究所の科学者たちが大量生産に適した装置を作ると、それを利用してさらに強力なレーダーシステムを開発するために、マサチューセッツ工科大学（ＭＩＴ）に研究所が設置された。イギリスでは、電気通信研究所（ＴＲＥ）の科学者が、飛行機に搭載して地形を読み取ることができる画期的な新型レーダーシステムを開発した。

生産されたマグネトロンは、複数の小さな空洞があることから「空洞マグネトロン」と呼ばれ、潜水艦の潜望鏡などのようにきわめて小さい物体も探知することができる。その頃、マグネトロンは飛行機に搭載できるまでに小型化され、航空隊が敵の潜水艦を容易に見つけて破壊できるようになっていた。この新型装置は、イギリスに到達する前のドイツ軍の爆撃機を探知するのにも大活躍し、イギリス空軍が事前に防衛体制を整えることもできるようになった。レーダーを利用することで、連合軍によるドイツ爆撃の精度も高まったが、これについては第16章で詳しく説明する。

15 ソナーと潜水艦

潜水艦についてはこれまでの章で簡単に触れているが、本章ではさらに詳しく見ていきたい。潜水艦が年々改良されていくと、それが軍事分野で秘めている大きな可能性に、世界の国々が注目するようになった。

一八世紀以前にも荒削りな設計ながら潜水艦はいくつか登場していたが、実用的なモデルをいち早く製作した人物の一人が、アメリカの技術者ロバート・フルトンだ。彼は一七九三年から一七九七年にかけて実際に動く世界初の潜水艦を設計し、フランスで試作した。全長およそ七・三メートルのその潜水艦〈ノーチラス〉は、一七分間にわたって潜航できた。アメリカの南北戦争でも潜水艦は利用されている。南軍はH・L・ハンリーが建造した有名な潜水艦を筆頭に、四隻を建造した。南北戦争の終結後も潜水艦に関する研究は続けられたが、その中心人物だとよく言われるのがサイモン・レイクとジョン・ホランドである。レイクは潜水艦の沈降と浮上に浮力を利用する実験に取り組み、ホランドは潜水艦を推進させる手法の研究に尽力した。アメリカ海軍で初めて就役した潜水艦〈ホランド〉は、一八九七年にホランドによって建造された。全長はおよそ一六メートル、重量は約七〇トンで、水上を航行するための内燃機関と、水中を進むためのモーター（電動機）を搭載していた。

あらゆる潜水艦が利用している原理は、はるか昔にシチリア島シラクサのアルキメデスが唱えたものだ。すでに簡単な説明は記したが、ここではそれを詳しく見ていきたい。

アルキメデスの原理

アルキメデスの原理は、水などの液体中に存在する物体にかかる圧力、もっと正確に言うなら、流体中の物体にかかる浮力に関するものだ。[1] まず、圧力とは何か、というところから説明を始めよう。圧力とは単位面積に働く力であり、数式では、圧力をP、力をF、面積をAとすると、P＝F/Aと表すことができる。水中に沈めた物体にかかる圧力を例にとると、その圧力は物体の上方にある水の柱の重さによって生じる。その水の重さは、単位体積当たりの重量、つまり水の密度に関係している。水の密度は一立方センチ当たり一グラムだ。

ここで浮力について説明するために、立方体を水中に沈めた場面を考え、それにかかる浮力を求めてみよう。浮力とは物体を押し上げる力であり、アルキメデスの原理では「水などの流体中の物体にかかる上向きの力の大きさは、それが押しのけた流体の重さに等しい」とされている。アルキメデスは、王冠の製作を依頼された金細工師が材料として渡された黄金の一部を着服し、代わりに銀を混ぜて王冠を作ったかどうか確かめてほしいと、シラクサの王から依頼を受けたときに、この原理を発見した。実際、金細工師は黄金を着服していたことが明らかになった。

アルキメデスの原理は、物体全体が沈んでいる場合にも、表面に浮かんでいる（一部だけが沈んでいる）場合にも当てはまる。物体が押しのけた水の重さよりも、物体の重さのほうが軽い場合、その物体を水没させても浮かんでくる。つまり、物体の密度が水の密度より小さい場合、物体は水面に浮かぶということだ。

水中に沈めた立方体に話を戻そう。完全に水没しているとすると、立方体のどの面にも同じ大きさの圧力がかかる。したがって、どの面に働く力にも、それと同じ大きさで反対向きの力があるので、両者は打ち消し合うことになる。しかし、上面を押す力と底面を押す力の大きさは同じではない。立方体の底面は上面よりも深いところにあるため、底面に働く上向きの力は、上面にかかる下向きの力よりも大きくなる。この圧力の差は、立方体が押しのけた水の重さに等しい。これが浮力である。浮力が立方体自体の重さより大きい場合、立方体は浮かび上がる。これはまさに、アルキメデスの原理が示していることだ。水中にある物体の密度が水の密度よりも小さければ、必ず起きる現象であり、重い鋼鉄でできた船が浮かぶ理由でもある。鋼鉄自体の密度は高いが、船の内部は大部分が空気なので、平均すると船の密度が水よりも小さくなるのだ。

潜水艦の物理学

潜水艦は水中に沈むだけでなく、水面に浮くこともできる。浮いているときは潜水艦の平均密度が水の密度より小さく、潜航しているときは密度が水より大きくなければならない。つまり、密度を変える

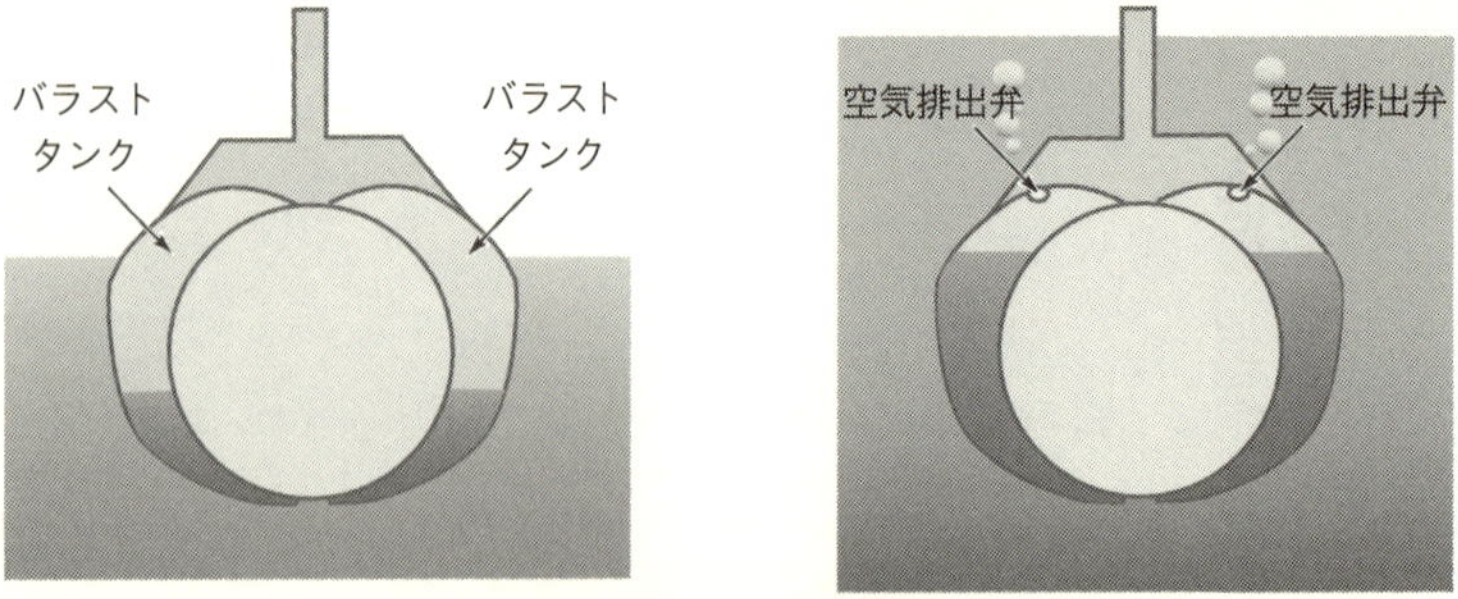

潜水艦のバラストタンク

必要があるということであり、潜水艦では密度を変えるために船内に備えたバラストタンクを使っている。タンクが空のとき（空気で満たされているとき）は潜水艦の密度が水の密度より小さくなるため、潜水艦は水面に浮く。反対に、潜航するときには上部の空気排出弁から空気を抜き、下部の海水注入用の孔からタンクに水を入れると、入った水の量に応じて潜水艦の密度が大きくなり、沈降できるようになる。水面に浮上するときには、圧縮空気の入ったタンクからバラストタンクへ空気を送り込んで排水する。(2)

潜航と再浮上の操作には、潜水艦に備えられた水平舵も使われる。飛行機の翼のような形で、飛行機の動翼と同じような働きをして、船体を上下に移動させる。

潜航中には、どの深度でも潜水艦を水平に保って安定させることが重要だが、実際にはいくつかの問題がある。たとえば、水深が深くなるほど水の密度が大きくなる海域では、そのぶん潜水艦が受ける浮力も大きくなるし、水温も小さいながら潜水艦に影響を及ぼす。こうした問題があるために、潜航中の潜水艦は前後のバランスをとるのが難しく、艦首や艦尾の一方だけが上がったり沈んだりしやすいので、船の重量配分を常に調整し、姿勢を水平に保つ（トリムを調整する）ようにしなければならない。この作業は船体の前方と後方に備えられた小型のタンクを使って実施する。両タンクのあいだでポンプを使って水を移動させることによって、重量のバランスを常に調整するのだ。同様のシステムは、前後のバランス以外の安定性を保つためにも使われている。(3)

スクリュープロペラの動力

潜水艦のスクリュープロペラを回すためには動力が必要だが、その動力源は時代とともに変化してきた。初期の潜水艦では、数多くの男が手でクランクを回す「人力」が採用されていたが、その後、さまざまな種類のエンジンが導入され始めた。一九〇〇年頃までには、水上の航行にはガソリンエンジンが、水中の潜航には電動のモーターが使われるようになり、しばらくするとガソリンエンジンはディーゼルエンジンに置き換えられた。この方式を取り入れた初期の潜水艦では、ディーゼルエンジンとモーターはどちらもスクリュープロペラにつながる駆動軸に位置し、両者はクラッチで切り離せるようになっていた。両者を併用することにより、ディーゼルエンジンでモーターを発電機として駆動させて蓄電池に充電し、その電力でモーターを駆動できるようになった。両大戦で使われた潜水艦で大きな問題の一つは、蓄電池の充電のために頻繁に水面に浮上しなければならなかったことだ。その後、水中でも充電できるようにシュノーケル（ディーゼルエンジンを動かすのに使われる吸気管）が考案されたが、それでも水面近くまで浮上する必要はあった。

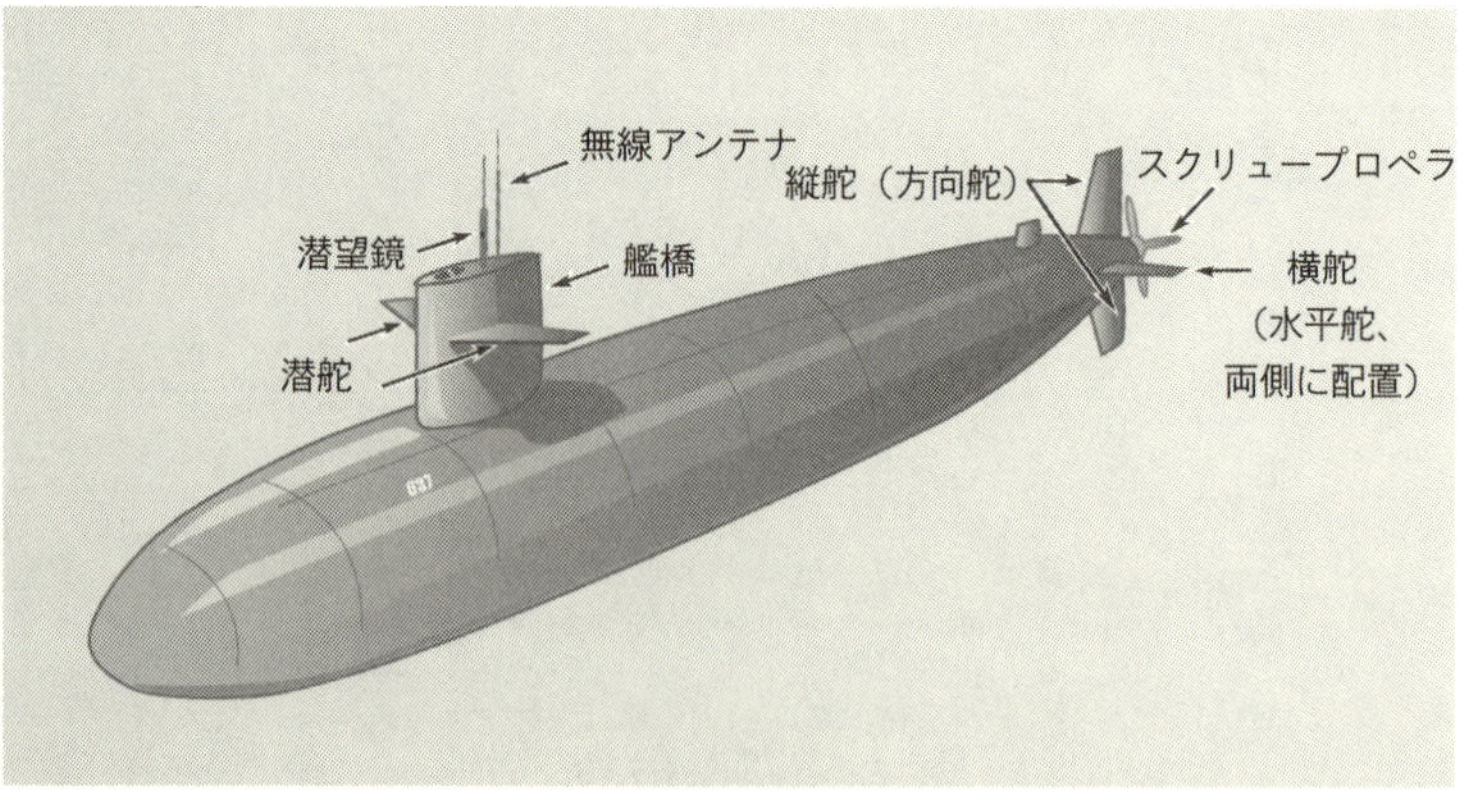

潜水艦の各部

船体の形状と潜望鏡

潜水艦の航行で大きな問題の一つは、流体力学的な抗力だ。抗力は自動車でも問題であり、その形状には空気抵抗を最小限に抑える設計が採用される。潜水艦の場合も同じで、水中を航行する際には空気中を移動する場合よりもはるかに大きな抗力を受ける。両大戦以降は、抗力をできるだけ抑えるために、前面を涙滴型にするようになった。しかし最近では、涙滴型もある程度はまだ使われているものの、それとは少し違ったデザインも採用されている。

潜水艦の上部に備えつけられている塔には、潜望鏡や無線機、さまざまな電子機器が収められている。初期の潜水艦では、ここに司令室も設ける場合が多く、司令塔と呼ばれていたが、現在では司令室を本体に置くのが一般的で、司令塔はセイル（艦橋）と呼ばれている。潜望鏡は、潜航中に水面の状況を確認するために使われ、画像を反射させる複数の鏡やレンズが長い管に設置されている。最近の潜水艦では、光学式の潜望鏡に代わって電子光学式の潜望鏡（電子光学マスト）が使われるようになっており、高解像度カメラが撮像したカラー画像が大型モニターに映し出される（光ファイバーを通して、光の信号が伝送される）。

航法

現代の潜水艦では、水上を航行するときにはＧＰＳ（全地球測位システム）を使っているが、潜航中にはＧＰＳは使えない。このため新しい潜水艦では、起点からの移動距離や速度を割り出して位置を算出する慣性航法装置が採用されている。このシステムはきわめて複雑で、通常はジャイロスコープを使って方角を検出し、潜水艦の位置を計算している。アメリカの潜水艦が採用しているのは、ＳＩＮＳ（船舶慣性航法装置）というシステムだ。ジャイロスコープを使って検出した進路の変化のほか、速度や距離のデータをコンピューターに送り、起点の座標と比較することによって潜水艦の位置を算出する。この装置を使えば、潜水艦の現在地を常に特定できる。

ジャイロスコープは水中航行に役立つだけでなく、のちほど説明するように、魚雷を標的まで誘導するためにも使われている。ジャイロスコープが役立つのは、「ジャイロ効果」と呼ばれる基本的な性質があり、慣性力によって元の姿勢を維持しようとするためだ。前に説明したように、これは主にニュートンの運動の第一法則「静止しているか等速度運動をしている物体は、外部から力を加えなければいつまでもその状態を続ける」によるものだ。ジャイロスコープが軸を一定の方向に向けて回転しているとき、外から力が加わると、元の姿勢を維持しようとする慣性力が発生する。その慣性力を検出することによって、潜水艦や魚雷の進路の変化をとらえるのだ。潜水艦や魚雷だけでなく、宇宙船やロケット、誘導ミサイル、船舶などにも利用されていることを考えれば、ジャイロスコープが戦争で重要な役割を果たしているのは明らかだ。

ソナー

水中を航行する際にもう一つ重要な装置は、ソナーである。水深が深くなると光が届かなくなり、潜水艦は潜航中に周囲を確認することが難しくなる。船体の外にビデオカメラを設置したとしても、光が届かない水中ではカメラはほとんど役に立たない。ソナーは、マイクロ波ではなく音波を使う点を除いてレーダーとよく似ている。前の章で説明したように、レーダーシステムでは電磁波のパルスを送信してそのエコーをとらえ、それを分析して、周囲にある見えない物体の存在も知ることができる。これと同じように、ソナーを使えば、水中で潜水艦の周囲に何があるかを把握することができる。

潜水艦では、アクティブとパッシブという二種類のソナーが使われている。アクティブ・ソナーはレーダーに似ていて、発信した音波が反射して戻ってくるまでの時間が、周波数の変化とともに記録される。アクティブ・ソナーの送信器（信号発生器）によって生成された「ピーン」という音波のパルスが、比較的幅の狭い音響ビームとなって、特定の方向へ発射される。このソナーは、ほかの潜水艦や船舶など、潜水艦の周囲に存在する物体を検出するために主に使用される。反射して返ってきた音波を解析することによって、物体までの距離やその方向、速度がわかる。距離は信号を発してから返ってくるまでの時間を計測することによって特定でき、速度はドップラー効果を利用して把握する。(4)

アクティブ・ソナーを戦争で利用することの問題点の一つは、周囲の船舶や潜水艦にソナーの音波が簡単に検知され、自艦の位置が敵に知られてしまうことだ。このため、多くの場面ではパッシブ・ソナーが使われる。これは、単純に言えばきわめて高感度の水中マイクロホン（水中聴音機）であり、自艦の周囲に伝わってくるさまざまな音をとらえる装置だ。ここで問題となるのは、言うまでもなく、マイクで拾った音が何かを特定することだが、この作業はコンピューターに任せることが多い。コンピューターにはさまざまな音とその音源の情報を収めた膨大なデータベースが保存され、検知された音をコンピューターに読み込ませて、音源が特定される。一般的に、パッシブ・ソナーのほうが探知する範囲が広いうえ、敵に検知されないという利点もある。

第二次世界大戦では、アクティブ・ソナーの使用は最小限に抑えられることが多く、ほとんどの潜水艦ではパッシブ・ソナーに頼りきっていた。しかし、技術と装置の進歩によってアクティブ・ソナーの性能も上がり、現在ではどちらの形式のソナーも使われている。とはいえ、いずれの形式にも問題がある。信号は水深や水温、海水に溶けている物質の濃度などに影響を受けるため、こうした要素を考慮しなければならない、というのが問題の一つだ。また、海では、海面近くの温かい水の層と低温で動きの少ない深層とのあいだに、水温が急激に変化する境界層があり、その層を通った音波は屈折しやすい。「サーモクライン」（水温躍層）と呼ばれるこうした層のことも考えなければならない。

ソナーは潜水艦以外でも利用されている。第二次世界大戦中にはソナーを内蔵したブイ「ソノブイ」も広く使われ、現在でもまだ使用されている。ソノブイは長さ約九〇センチ、幅約一三センチのものが主流で、アクティブ型とパッシブ型があり、飛行機や船舶から投入して水面に浮かべて使う。そこからの信号を付近の船や飛行機で受信する。使用できる時間（蓄電池の容量による）と探知できる範囲に限りがあるのが難点だが、有効な追跡手段として活用された。

水雷

潜水艦に機雷を初めて搭載したのは、ロバート・フルトンだと考えられている。彼の潜水艦〈ノーチラス〉に搭載されていたのは、ダイナマイトの箱よりわずかに大きい程度の機雷で、敵の船舶の下方で爆発するように設計されている。フルトンは一八〇一年にフランスで機雷の実演をして小型の船を沈め、その後イギリスでも実演したが、どちらの国の政府もあまり関心を示さなかった。

水雷が初めてその真価を発揮したのは、アメリカの南北戦争のときだ。最も効果的に活用していたのは南軍で、当時の水雷は潜水艦の先端から突き出た長い棒の先端に装着し、それを敵の船に突き刺したり引っかけたりする種類のものだった。船に突き刺すときの衝撃で起爆させることもあれば、時限装置を使うこともあった。こうした水雷を使って南軍が二二隻の北軍の船を撃沈した一方で、北軍が魚雷で沈めた南軍の船は六隻にとどまった。南軍の潜水艦〈H・L・ハンリー〉が敵を撃沈した攻撃は、とりわけ有名だ。一八六四年二月一七日の夜、〈H・L・ハンリー〉は北軍の船〈フーサトニック〉を外装水雷で撃沈したが、その爆発はあまりにも大きく、自艦も損傷して、乗員全員とともに海の底へと沈んでしまった。〈H・L・ハンリー〉の残骸は一九九五年に発見され、二〇〇〇年に引き揚げられた。

魚雷の技術で大きな進歩があったのは、一八六四年のことだ。イギリス人のロバート・ホワイトヘッドが、オーストリアで働いているとき魚雷に興味をもち、水中を自ら進む魚雷を製作しようと考えた。そして、一八六六年に完成したのが、圧縮空気を使った二気筒のエンジンで自航する魚雷である。最高時速はおよそ一二キロで、射程は一八〇メートルほどだった。オーストリアの高官はその魚雷に感銘を受け、すぐに購入を決めた。ホワイトヘッドはほかの数カ国にも製造権を販売したが、アメリカ海軍はなぜかすぐには興味を示さなかった。

魚雷の仕組み

現代の魚雷は、自航式の発射体である。発射機から放たれたときには初速があるが、水中を進むにつれ、重力で下向きに引っ張られ、水の抗力による摩擦を受けて速度が低下するなど、さまざまな力の影響を受ける。水による摩擦はきわめて大きく、空気抵抗のおよそ一〇〇〇倍にも及ぶ。設計によっては、魚雷自体の浮力など、ほかの力からも影響を受けるため、それらすべての要因を考慮に入れなければならない。

初期の魚雷では、圧縮空気を使ってスクリュープロペラを回していた。その数年後には、圧縮酸素を使うほうが効率的だとわかったものの、酸素を使った魚雷は攻撃を受けると潜水艦自体に危険が及ぶおそれがある。このため、ドイツ軍は蓄電池を動力とした小型のモーターを推進機構に採用した。電気推進式の魚雷には、標的に向かっているときに気泡を出さないという利点もある。以前の魚雷と比べて速度が遅く、射程も短いが、製造費ははるかに安い。まもなくアメリカも、電気で推進する魚雷〈マーク18〉を投入した。

魚雷は砲弾と同じように、照準を定めてから発射する。いったん潜水艦を離れるとその軌道を制御することができず、標的が魚雷に気づいて回避行動をとったとしても、どうすることもできない。このため、標的が発する音を追尾したり、ソナーで標的の位置を把握したりすることができる誘導式の魚雷が使われることが多い。これらは「音響魚雷」や「音響追尾魚雷」と呼ばれ、第二次世界大戦後半にドイツ軍が初めて投入し、水上の船舶にも水中の潜水艦にもきわめて効果的であることが明らかになった。音響魚雷の先端には音響センサーと送信器が搭載されているため、標的が発する音を検出することも、みずから音波を発することもできる。多くの場合、まずパッシブ・ソナーを使い、敵を検知したあとにアクティブ・ソナーに切り換える。音波を送信して敵の位置を正確に把握したところで、攻撃する。

魚雷では「スーパー・キャビテーション」という効果も役立てられている。物体が水中を高速で移動すると、物体の後方の圧力が下がり、その結果、気泡が生じて物体を包み込むという現象だ。水中を移動する魚雷では、水から受ける大きな抗力をいかに減らすかが課題だが、魚雷が気泡に包まれると抗力が大幅に小さくなる。このため、スーパー・キャビテーションによる気泡が生じるように設計されている魚雷もある。

第二次世界大戦での潜水艦

第二次世界大戦では、両軍とも潜水艦を広く活用していた。開戦当初はドイツ軍がきわめて効果的に利用し、終戦にかけてはアメリカ軍が日本との戦いにおいて活用した。航行速度や移動範囲、潜水時間に限りはあったものの、潜水艦は奇襲攻撃を仕掛けて敵に大きな打撃を与えることができ、数多くの死者を出した。初期の潜水艦は水中での使用を前提としたものではあったが、多くの時間を水上で過ごし、敵に攻撃するときだけ潜航していた。(5)

第一次世界大戦の終わりを告げたヴェルサイユ条約で、ドイツは潜水艦の建造を禁じられた。しかし、ドイツは潜水艦を以前よりはるかに速く秘密裏に製造する方法を見いだすと、製造に注力し、第二次世界大戦が始まる頃には世界最大の潜水艦隊を擁するまでになっていた。さらに、潜水艦にかかわる新たな技術や手法も開発し、英米の潜水艦より優れた潜水艦を建造した。ドイツのUボートが当初活躍した主な要因は、第一次世界大戦時にUボートの船長だったカール・デーニッツの功績である。第二次世界大戦では、彼は潜水艦隊を編成し、高度な訓練を積んだ乗組員を配置したほか、「群狼戦術」と呼ばれるきわめて効果的な戦術を開発した。ドイツのUボートはまず海の広い海域に展開し、敵の護送船団を探す。それを見つけると、Uボートの艦長はほかのUボートに信号を送り、陣形を組んで護送船団より先回りして包囲する。当時の護送船団は駆逐艦などの戦艦に必ず守られていたため、Uボートの艦長は護衛艦の裏をかかなければならない。このため一斉攻撃は夜間に実施して、できるだけ大きな混乱を巻き起こし、自分たちが逃げやすい状況をつくる。この戦術が初めて実行されると、連合軍は大打撃を受けた。

ドイツのUボートの主な目的は、アメリカからイギリスへの物資の供給を断つことにあった。Uボートは数多くの商船を撃沈し、当初の目的を達成していたかに見えたが、一つ問題だったのは、ドイツ軍の最高司令部、とりわけヒトラーが、潜水艦がどれほど有効な兵器かを認識していなかったことである。ヒトラーは地上戦にばかり目を向け、潜水艦を重要視していなかった。デーニッツがUボートの増強を依頼しても、ヒトラーには受け入れられなかった。

そのうちイギリスとアメリカは、潜水艦の攻撃に対抗するきわめて有効な装置や手法を開発し、一九四三年になると群狼戦術はもはや通じなくなっていた。レーダーやソナーとともに、海上から「ハフダフ」(短波方向探知機)と呼ばれる装置を使い、三角測量によって無線の発信源を特定するようになったのだ。さらに、イギリスの暗号専門家が、Uボートの艦長が使っている暗号をついに解読し、攻撃がいつどこで行われるかを把握できるようにもなった。一九四三年五月、デーニッツが三週間のうちに四一隻のUボートを失うと、戦況は変わり始める。前年の一九四二年末までドイツは一隻の潜水艦の喪失に対して敵の船舶を一四隻沈めていたが、それに比べると今や猛烈な勢いで潜水艦を失っていたのである。

Uボートは蓄電池の充電のために浮上する必要があり、水上では特に狙われやすかった。レーダーやハフダフで容易に位置が特定され、その知らせを受けた飛行機がすぐに出動して攻撃してくる。潜水艦はほとんどの時間を水中で過ごさざるを得なくなった。ドイツ軍は水面付近で蓄電池を充電するためのシュノーケルを開発し、それなりの効果を発揮したものの、最終的にはUボートの八割近くを失うことになった。イギリス軍がドイツの潜水艦を沈めるペースも上がり、全部で三九隻を撃沈した。

日本軍と戦うアメリカ軍も、太平洋で効果的に潜水艦を活用した。アメリカ軍が参戦したのは、日本軍による真珠湾への奇襲攻撃を受けたあとだ。二時間のうちに、日本軍は死者二四〇〇人、負傷者七〇〇人という被害を米軍にもたらした。この攻撃でアメリカ艦隊は大打撃を受けたが、近くの潜水艦基地と燃料庫や弾薬庫は攻撃を逃れたほか、大型の航空母艦は当時外洋を航行中だった。このため、アメリカ軍に残された主な戦力は航空母艦と潜水艦となった。ただし、アメリカの潜水艦も魚雷も日本やドイツのものには性能で及ばなかった。

参戦当初、アメリカの潜水艦にはレーダーが搭載されておらず、魚雷の性能も劣っていて、不発に終わることもよくあった。こうした不利な状況のなかでも、米軍は残された戦力で反撃を開始した。真珠湾攻撃を受けた一カ月後には、潜水艦〈ポラック〉が東京湾付近で日本の貨物船を撃沈したほか、大戦の前半には日本軍の暗号を解読するという重要な成果をあげた。日本軍の戦略や動きを把握できるようになったことは、その後の戦いに計り知れないほど大きな恩恵をもたらした。

米軍の潜水艦も当初は他国に劣っていたが、性能の向上に多大な力を注いだ結果、一九四二年八月までには潜水艦に初めてレーダーシステムを搭載することができた。旧式の潜水艦に代わり、新型のガトー級潜水艦が投入された。魚雷に関しては数々の苦い経験があった米軍だが、その性能も徐々に完成に近づき、新しい戦術も開発した。一九四三年にはドイツの群狼戦術の模倣まで始めたが、日本軍にはそれほど通用しなかった。

開戦当初、米軍より優れた潜水艦と魚雷を擁していた日本軍だが、その利点を生かしきれていなかった。主に米軍の戦艦への攻撃に潜水艦を投入したが、戦艦は商船よりもはるかに難しい標的だったのだ。しかも、潜水艦は艦隊とともに使われることが多かった。

一九四三年が終わる頃には、米軍の潜水艦が日本海軍に対して大きな打撃を与え始めていた。潜水艦隊の戦力はアメリカ海軍全体で見れば二パーセントにすぎなかったが、それでも八隻の航空母艦と一隻の戦艦、一一隻の巡洋艦を破壊するなど、日本海軍の損失の三割と日本商船の損失の六割は米軍の潜水艦によるものだった。日本軍は大打撃を受け、まもなく資源不足に陥った。

アメリカの潜水艦が特に大きな効果を発揮したのは、日本軍最大級の空母二隻を撃沈した、一九四四年六月のマリアナ沖海戦だ。六月一九日午前八時を回った頃、潜水艦〈アルバコア〉が日本軍最大の新型空母〈大鳳〉の艦影をとらえると、船長が魚雷の発射を命じた。しかし、魚雷の管制装置が故障したため、手動でできるだけ正確に狙いを定めて発射しなければならなくなった。発射された六本の魚雷のうち、四本が外れ、一本はそれを発見した日本軍機による捨て身の体当たり攻撃もあって標的まで届かず、残りの一本だけが〈大鳳〉の右舷に命中して、航空燃料のタンク二基を破壊した。当初、この攻撃による損傷は軽微だとみられていたが、漏れ出た燃料が気化して爆発性のガスが発生した。その処理に当たったのが未熟な将校で、ガスを追い出すために換気扇を最大限に作動させるよう命じたために、拡散したガスが船内に充満して、爆発の危険性を高めてしまう。魚雷を受けてから何時間か経ったあと、〈大鳳〉は何度か大爆発を起こし、まもなく海中へと沈んでいった。

〈大鳳〉に魚雷が命中した数時間後には、アメリカの潜水艦〈カヴァラ〉が日本軍の空母〈翔鶴〉の艦影をとらえ、六本の魚雷を発射した。命中した三本のうちの一本が前方の航空燃料タンクに当たって、爆発を引き起こした。まもなく爆発が次々に起こり、あっという間に炎に包まれた空母は、あっけなく転覆し、水中へと消えていった。

日本海軍は手痛い敗北から立ち直れず、この海戦は日本海軍末期の戦いの一つとなった。戦後、性能を大幅に高めた原子力潜水艦が登場するが、これについてはのちの章で説明したい。

16 第二次世界大戦

第二次世界大戦は、人類史上最も多くの死者を出し、最大の被害をもたらした戦争だ。五〇カ国もの国が参戦したこの大戦ほど、物理学をはじめとする科学全般に甚大な影響を与えた戦争もなかった。六年に及んだ戦いで数多くの兵器の開発や改良が行われ、物理学の進歩によって以下の重要な新技術が登場することになる。

・レーダーの新技術
・ロケットやミサイル
・最初のジェット機
・暗号解読装置をはじめとするコンピューター技術の発達
・近接信管など、誘導弾に使われる数多くの装置第二次世界大戦では、史上初めて軍事利用を主目的とした大型の研究開発施設が設けられるなど、物理学やほかの科学分野が大規模に活用された。アメリカのマサチューセッツ工科大学に設置された放射線研究所、イギリスのブレッチレー・パーク、原子爆弾を開発するマンハッタン計画の一環として設けられたアメリカのロスアラモス国立研究所などが代表的な大型研究施設の例であり、ドイツも同様の施設を設けていた。

ミサイルや戦略爆撃の精度、飛行機や船舶、潜水艦の航法、レーダーの開発など、さまざまな場面において、物理学は重要な役割を果たすようになる。第二次世界大戦は最初の「ハイテク戦争」とも言え、戦闘で利用されていた新技術の多くが、物理学の応用によって誕生したものだった。

大戦はいかにして始まったか

第二次世界大戦が勃発した主な要因は、第一次世界大戦終結に当たってドイツに課せられた降伏条件にあると考える歴史家は多いが、それ以外にも、終戦後の経済状態も一因だったとみられている。ドイツ全域で失業率が高まり、インフレによって通貨の価値がどん底まで下がったところに、一九二九年の世界恐慌によって状況はさらに悪化し、貿易は落ち込み、世界中で無数の労働者が失業する事態に陥った。とりわけヨーロッパの経済状態は悪く、人々はそれぞれの国の指導者に変化を求め始めた。暮らしに安心感を求めていたのである。[1]

この時代には、何人かの独裁者が権力の座に就いた。イタリアでは一九二二年にムッソリーニ率いるファシスト党が政権を奪取し、一九三〇年代初めにはドイツでヒトラー率いる国家社会主義ドイツ労働者党（ナチス）が勢力を拡大し始めたほか、日本では軍部が中心となって国を支配し始めた。全体主義を標榜する政府が実権を握ったこれらの国々では、政府の方針に反対することは許されなかった。さらに、指導者たちは、国民が喜ぶような魅力的な公約を掲げた。国は再び大国となって、めざましい成長を遂げる。そんな言葉を国民は信じきった。

ヒトラーは政権をほぼ全面的に掌握した頃には、フランスやイギリスといった国々への報復を考えていた。国が置かれた状況を苦々しく感じていたヒトラーには、同じような思いを抱いた信奉者がいた。ヴェルサイユ条約によってドイツが大規模な軍隊の編成と再軍備を禁じられていたために、ヒトラーは自由に動けない。しかし、条約に従うつもりはなかった。ナチスの権力掌握以前にも、ドイツはロシアと秘密裏に軍事面で連携していた。ロシアにさまざまな新型装置に関する軍事機密を教える見返りに、国際的な監視の厳しい目を逃れてロシアの奥地で兵器を製造できるようになり、戦車や飛行機を製造するだけでなく、パイロットの養成や高度な能力を備えた新しい軍隊の編成のために、訓練施設までロシア国内に設けることができた。兵器製造の大部分を請け負ったのは、ドイツの大手鉄鋼会社クルップだった。そして一九三五年、ヒトラーはついに再軍備宣言をして、ドイツ国内で兵器の生産を始めた。止められるものなら止めてみろと、英仏に挑むような態度だった。[2]

当時、イギリスもフランスも不況に陥っており、軍事事業に投入できる資源はきわめて限られていた。両国は行動を起こすべきときではないと考えていたものの、徐々にドイツの動きに懸念を示し始めた。

戦争に備える

一九三〇年代後半に入ると、ドイツは世界屈指の軍事大国としての地位を取り戻した。ヨーロッパのどの国ももしのぐ軍事力を備えていたが、空軍の増強が大きな課題だと、ヒトラーは感じていた。第一次世界大戦では主として塹壕戦が繰り広げられたうえ、数年にわたって膠着状態が続き、両軍とも目立った進撃ができなかった。ヒトラーは第一次世界大戦の繰り返しは避けたいと考え、そうした状況を何とか打破しようと心に決めていた。このため新しい戦術や技術が必要だった。新たな戦略で大きな役割を担ったのが、高い能力をもった大規模な空軍（ルフトヴァッフェ）である。一九三〇年代後半には、ドイツはヨーロッパ随一の空軍を擁していた。イギリスやフランスよりも飛行機の性能が優れていただけでなく、その数もはるかに多かった。戦闘機と爆撃機の数はイギリスが一〇七〇機、フランスが一五六二機に対し、ドイツは五六三八機も所有していたのだ。さらに、英仏のパイロットは腕が落ちていたが、ドイツのパイロットは高度な訓練を受けていて、一九三六年から一九三九年にかけてのスペイン内戦で実戦経験があった。ドイツ軍が長距離爆撃機を数多く投入していたことも、イギリスにとって大きな脅威となった。

ドイツの戦車はフランスの戦車と性能では変わりがなかったが、その数はフランスを大きく上回っていたうえ、全車両が無線を装備していた。装備を強化したドイツに、相手側はほとんど太刀打ちできなかった。対戦車兵器もあったが、あまりにも数が少なかったためほとんど何の役にも立たなかった。ドイツの重戦車は敵の銃弾をものともせず、ほとんど跳ね返して突き進んだ。当時のドイツ軍最大の強みは、電撃戦（ブリッツクリーク）と呼ばれる新しい戦略である。戦車と飛行機で集中攻撃を実行しながら、地上部隊もすばやく動いて攻撃する。敵に反撃されても決して手を緩めることなく、ひたすら攻撃し続ける戦略で、これは大きな戦果をあげた。ドイツの戦車は敵よりも機動性が高く、砲撃の影響をほとんど受けなかったうえ、急降下爆撃機〈シュトゥーカ〉を主とした徹底的な空爆の援護も伴っていた。〈シュトゥーカ〉は標的に向かって急降下してから爆弾を落とすため、命中精度がきわめて高く、開戦当初は大きな戦果をあげた。

ヒトラーはまず、侵攻対象にオーストリアを選んだ。オーストリアをドイツの一部とみなしていたヒトラーは、併合を望んでいたのである。そして、ヴェルサイユ条約によって併合が禁じられていたにもかかわらず、一九三八年三月、オーストリアに侵攻した。ありがたいことに、抵抗はほとんど受けず、勝ち誇ったように進入したヒトラーを群衆は熱狂的に迎え入れた。オーストリアがドイツの一部となると、次はチェコスロバキアが標的にされた。まず、ドイツ系住民の多い北部と西部の国境地帯（ズデーデン地方）を、チェコ政府の抑圧から解放するとの名目で併合し、一九三九年三月には、政府が弱体化して抵抗力をほとんど失っていたチェコスロバキアの残りの地域へ軍隊を進めた。チェコ側は勇敢に戦ったものの、ドイツ軍には太刀打ちできず、いくらも経たないうちに打ち負かされた。

次にヒトラーが目をつけたのは、ポーランドだ。しかし、これにはいくつかの問題があった。ポーランドは英仏と条約を結んでいたし、侵攻する名目もなかったのだ。ポーランドは外国の侵攻に備えて武装していたが、兵力においても、戦車や戦闘機の性能においても、ドイツ軍に太刀打ちできるようなものではなかった。さらに、ヒトラーは侵攻に先立って、ソ連と条約（独ソ不可侵条約）を結んでいた。英仏が参戦してきた場合には中立の立場を維持するというもので、ドイツがポーランドを占領した暁にはその一部をソ連と山分けするという約束も秘密裏に交わされていた。

ドイツはまず侵攻の名目として使えるように、いくつかの「事件」を仕立て上げることにした。八月三一日夜、ドイツ軍はポーランド軍を装って国境近くの無線局に偽の襲撃を行った。それを受けてヒトラーは翌朝、宣戦布告もなくポーランドへの攻撃を命じる。これが、第二次世界大戦の始まりとなった。ドイツ空軍はポーランドの町ヴィエルニを爆撃して一二〇〇人近くの命を奪い、町の約七五パーセントを破壊した。犠牲者の大半が民間人だった。その後ドイツ軍は立て続けに、西部と南部、北部の国境地帯へと進撃し、空軍はポーランドの主要都市を爆撃した。この攻撃では電撃戦の戦術が効果を発揮し、ドイツ空軍がポーランドの滑走路や管制施設を爆撃するなか、ポーランド軍は早々に国境近くの拠点からの退却を余儀なくされた。

最初の攻撃から二日後には、イギリスとフランスはドイツに対して宣戦布告した。これですぐに援軍を得られると期待したポーランドだったが、実際には支援は得られなかった。ポーランド軍は二週間にわたって何とか持ちこたえていたが、九月一七日になると今度はソ連軍が東部に侵攻してきた。ポーランド軍は二つの前線で戦わなければならなくなり、二国の軍勢を食い止める力はほとんどなく、一〇月六日には、ドイツとソ連に国土の大部分を明け渡し、分割占領されることになった。意外なのは、ポーランドが公式には降伏していないことだ。ポーランドは大規模な軍事的地下組織を編成し、何年にもわたってドイツ軍と戦い続けたのである。

フランスでの戦闘とダンケルクの戦い

ポーランド侵攻のあと、イギリスは主にフランスなど、大陸へ軍隊を派遣したが、両軍とも攻撃せず、何カ月にもわたって待ち続けるだけで、ほとんど何も起こらなかった。この期間のことを、イギリスは「まやかし戦争」と呼び、ドイツは「座り込み戦争」と呼んだ。そして一九四〇年四月、ドイツはデンマークとノルウェーに侵攻する。デンマークはいくらも経たないうちに降伏した。ノルウェー国王は約二カ月後にイギリスに逃れ、英仏軍は援軍を派遣したものの撤退し、ドイツはノルウェーを占領した。そんななか、イギリスの首相にウィンストン・チャーチルが就任した。(3)

一九四〇年五月一〇日、ついに膠着状態が破られるときがやって来た。ドイツ軍がフランスとベルギー、オランダ、ルクセンブルクに攻め入ったのである。以前から使ってきた電撃戦の戦術を駆使して、数日後にはオランダを、数週間ののちにはベルギーを降伏させた。しかし、フランスはまずまず大規模なイギリス軍の支援を受けていたこともあり、二国よりも手ごわかった。ドイツの進軍を止められるのではないかとの期待感もあったものの、ドイツ軍はベルギーとの国境地帯であるアルデンヌを難なく攻略すると、まず西へ向かい、その後北へと進路を変えて、五月二〇日にイギリス海峡まで達した。ドイツ軍は最前線で英仏の軍隊を分断し、海のほうへ追い込んで、このまま包囲して捕らえるだけかに見えたが、意外なことに、ここでドイツ軍はおよそ三日間にわたって進軍を止め、次の一手に備えて部隊の再編と計画の作成に取りかかった。英仏の連合軍はこの隙に、イギリス海峡を横断して撤退する準備を始める。兵士の数が多すぎて手近にある船だけではとても足りなかったが、この苦境を伝えるニュースがイギリスに届くと、商船や漁船、遊覧船など、ありとあらゆる船で構成された「艦隊」が海峡を渡り、兵士たちが待つダンケルクの海岸へとやって来た。その後の九日間で、三〇万人以上の英仏の兵士が救出され、イギリスへと渡った。乗船する際にはドイツ軍の飛行機による空爆に遭ったが、それでも乗船を続け、夜の闇にまぎれて出発しなければならなかったものの、追い詰められた兵士たちの大部分が無事に脱出した。撤退する兵士たちを援護するため、フランスの二つの師団が残り、ドイツの進軍を遅らせたが、最後には力尽きて捕らえられた。フランスの残りの軍隊が六月三日に降伏すると、同月一四日、ドイツ軍はパリへ無血入城した。フランスが公式に降伏したのは六月二二日だった。

レーダーの強み

第二次世界大戦の開戦までには、両軍ともレーダーを開発していたが、それをとりわけ大きく活用していたのがイギリスだ。大戦の初期に開発に力を入れ、ドイツ軍よりもはるかに効果的にレーダーを利用した。ドイツ軍はレーダーなど大した役には立たないとみくびっていて、イギリスに攻撃をして初めてその能力の大きさに気づいたのだった。レーダーはブリテンの戦いでイギリスの勝利に大きく貢献した。[4]

この新技術の開発が始まったとき、「レーダー」という用語はまだ使われておらず、当時は、距離と方向の測定（Range and Direction Finding）という英語の頭文字をとってＲＤＦと呼ばれていた。ヘンリー・ティザード率いるイギリスの航空研究委員会が一九三五年に最初の研究を始めた頃には、ドイツが軍備増強を公にし、イギリスではそれを懸念する声が高まっていた。襲来する敵機――特にドイツの爆撃機――を探知するための研究事業がロバート・ワトソン＝ワット率いるチームによって始められると、電波のエコーを使っておよそ二七キロ先の飛行機を探知できることがまもなく判明し、大規模なＲＤＦ開発事業が本格的に始まった。[5]

一九三六年、開発チームはイングランド東部サフォークのバウジーに拠点を移した。ワトソン＝ワットはイギリス有数の科学者と技術者を数多く集めたチームを率いて、技術を大きく改良する。まもなく、イギリス南部と東部の沿岸に一連のレーダー基地が設置された。「チェーン・ホーム」（CH）と呼ばれるこのレーダー監視網は、一〇～一五メートルの波長（二〇～三〇メガヘルツ）の電波を使う比較的単純なもので、得られる画像はとても鮮明と言えるものではなかった。当時、画像の表示に使っていたのは簡素なオシロスコープだったが、わずかに手を加えれば、襲来する爆撃機の方向とおよその高度を特定することができた。

このシステムを使って、イギリスは襲来するドイツの爆撃機を「発見」し、それに対抗する戦闘機を出動できるようになった。必要なときだけ戦闘機を派遣すればよいので、イギリス海峡の哨戒のために燃料を浪費せずに済む[6]。

ドイツ軍はしばらくすると、イギリスに爆撃機を探知されていることに気づき、目に見える電波塔の何カ所かに爆撃を試みたが、たいした成果をあげられなかった。特定の電波塔を使用不能にしても、たいてい数日後には復旧したからだ。このため、ドイツ軍は戦術を変えて、CH基地のレーダーでは電波が検出できない低空まで爆撃機の高度を下げることにした。しかし、対するイギリスには、チェーン・ホーム・ロウ（CHL）という低空探知用のレーダーがあった。もともと戦艦からの砲撃を探知するために開発されたものだが、このシステムを使って、高度を下げて襲撃してくるドイツ機を探知できた。

一九四一年一月には、大幅に性能を上げた新しいレーダーシステムである地上要撃管制（GCI）が開発され、導入された。基地は回転式のアンテナを備え、オペレーターの周囲の空域を二次元で表示できるようになった。近づいてくる飛行機は、現在のレーダーで使われている表示と同様、画面上に明るい点（光点）として表示される。平面位置表示器（PPI）と呼ばれるこの表示器は、CHで使われていたものに比べると大幅に進歩し、飛来してくる飛行機の位置と高度がすぐに特定できるようになった。

一方、一九三九年には、エドワード・ボーエン率いるチームが、飛行機や潜水艦に搭載できる小型のレーダーを開発している。空中迎撃（ＡＩ）レーダーと呼ばれる航空機搭載レーダーで、イギリスの飛行機や潜水艦の多くにすぐに搭載され、襲来するドイツの爆撃機への対応能力がさらに増した。対するドイツ軍は夜間や悪天候のときだけ飛行して探知されないようにしたが、レーダー網をかいくぐることはできず、派遣されたイギリスのパイロットに見つからないようにするくらいしか対処法はなかった。

しかし一九四〇年初め、ジョン・ランドールとヘンリー・ブートによって発明された空洞マグネトロンが、レーダーに革命を起こす。レーダーシステムで波長の短い電磁波を使えば分解能が大幅に向上することは以前から知られていたが、波長を短くするとシステムの出力が低下してしまう問題があった。しかし、マグネトロンの導入によってこの問題を解決できた。「センチメートル波」のレーダーの製作が実現し、出力も大幅に増加した。とはいえ、問題はまだあった。この装置は大量に必要だったのだが、イギリスはその開発と製造ができる状況になかったのだ。前に説明したように、これが一九四〇年九月にティザードらが訪米する極秘任務へと発展し、マグネトロンの大量生産がアメリカで実現する運びとなった[7]。

イギリスはこれで、高性能のレーダー装置を航空機や船舶、潜水艦に搭載できるようになった。それはきわめて効果的なレーダーだった。潜水艦の潜望鏡のような小さな物体も探知できるほどの高分解能を得たことによって、ドイツのＵボート計画の威力を急速に弱めた。Ｕボートを次から次へと見つけだして撃沈し、ついにはＵボート艦隊を撤退させるまでドイツ軍を追い込んだ。

レーダーは大戦を通して数々の進歩を遂げ、一九三八年には沿岸防衛（ＣＤ）レーダーが開発されている。これは飛行機に搭載するレーダー装置ではないため、出力を大幅に上げることができた。レーダーに対抗する技術も大戦中に開発され、両軍が使用していた。たとえば、レーダーと同じ周波数の電波信号を送信するレーダー・ジャマー（妨害電波発信装置）だ。強力な電波を発してレーダー受信機の処理能力を飽和させ、正常な信号の受信を妨げる。「チャフ」と呼ばれる薄い金属片も使われた。レーダーの波長に応じた長さのチャフを空中でまくと、雲のようになり、それがレーダー受信機には巨大な雲として表示されるので、レーダーの信号を妨害することができる。

イギリスにとって幸運だったのは、ドイツがレーダーの威力をみくびっていたことだ。ドイツはレーダーの開発にも、レーダー対策にも力を入れなかった。

ブリテンの戦い

フランスが降伏してまもなく、ドイツは次の標的としてイギリスを選ぶ。その後の数カ月間に繰り広げられた戦闘は完全な空中戦で、第二次世界大戦で最もよく知られる戦いの一つとなった。ヨーロッパ全域を手中に収めるにはイギリスを攻撃しなければならないことは、ヒトラーにはわかっていた。そのためには、大規模な部隊をイギリスに上陸させなければならない。ただし、上陸に際しては、イギリスの強力な海軍と空軍からの攻撃に常にさらされ、多大な損失を被るだろう。「アシカ作戦」というコードネームで呼ばれたイギリス本土上陸作戦を始めるに当たり、まずイギリスの空軍（ＲＡＦ）と海軍を抑え込まなければならないと、ヒトラーは考えた。(8)

ドイツ空軍のヘルマン・ゲーリング総司令官は、イギリス南部に配備されたイギリス空軍を四日で打

イギリスの戦闘機〈スピットファイア〉。ほとんどのドイツ機よりスピードと機動性で勝り、レーダーとともにイギリスの大きな強みだった。

ち負かし、残りのイギリス空軍部隊を四週間で壊滅させると、ヒトラーに請け合った。その言葉に勝利の確信を得たヒトラーは、上陸作戦の決行日を九月一五日に設定した。数の上でドイツが圧倒的な優位にあるのは明らかだった。イギリス空軍が一六六〇機の飛行機を擁するのに対し、ドイツが保有する飛行機は四〇〇〇機を超え、そのうち一四〇〇機が爆撃機で、八〇〇機が戦闘機、三〇〇機が急降下爆撃機、そして、二四〇機が双発の戦闘爆撃機だ。イギリス空軍の戦闘機のうち八〇〇機は〈スピットファイア〉と〈ハリケーン〉だった。

戦闘は一九四〇年七月一〇日、ドイツ軍によるイギリス沿岸部の海運拠点と船団への爆撃で始まった。しかし、ドイツは七月末までに一五〇機のイギリス機を撃墜する一方で、二六八機を失う。このため、標的を飛行場や司令室、レーダー基地にも拡大し、イギリスのレーダーシステムを機能停止に追い込もうと考えた。ドイツ軍の電撃戦では急降下爆撃機〈シュトゥーカ〉が広く活用され、ほぼ無防備だったポーランドやフランス、ベルギーへの侵攻ではとりわけ大きな成果をもたらしたが、時速およそ五六〇キロという最高速度を誇る〈スピットファイア〉のような戦闘機とは、これまで対戦したことがなかった。

〈シュトゥーカ〉の最高速度はせいぜい時速三二〇キロほどで、機動性が高くなかったうえ、急降下による攻撃は空中戦では役に立たなかった。八月半ばまでに、ほぼすべての〈シュトゥーカ〉がイギリスの戦闘機に撃墜されると、ゲーリングはわずかに残った〈シュトゥーカ〉を戦地から引き揚げた。

飛行機の数で優位に立っていたドイツ軍に対し、イギリスにはいくつかの大きな強みがあった。まず、ドイツの戦闘機はイギリスとの往復に足りる程度の燃料しか搭載できず、航続距離が短かった。そのため、爆撃機の護衛任務についても、爆撃機がイギリス上空に入ったところで引き返さなければならなかった。爆撃機は攻撃を受けやすくなり、多くが撃墜された。また、ドイツの戦闘機はイギリス上空で弾が尽きることが多く、そのたびに基地へ引き返さなければならない。その点、イギリス機はすぐに着陸して弾を補充することができたうえ、レーダーによる探知システムという最大の強みももっていた。イギリス空軍はドイツの爆撃機や戦闘機の位置を常に把握できていたが、ドイツ機は敵機の位置を推測することしかできなかった。

九月七日になると、ドイツは港湾やレーダー基地への攻撃をやめ、ロンドンをはじめとする都市を夜間に空襲する戦術をとり始める。それでもドイツ軍は劣勢を覆せず、イギリスの二倍近い損失を出した。そして、九月一五日に一日で六〇機を失いながらイギリス機を二八機しか撃墜できない事態に陥ると、その二日後、ヒトラーはイギリス侵攻の無期限延期を決めた。しかし、ドイツ軍による大都市への無差別空襲は続く。両軍とも大打撃を受けたが、最終的にドイツ軍の損失のほうがはるかに大きかった。一〇月半ば頃になると、散発的な爆撃はまだあったものの、空襲は下火になった。こうしてブリテンの戦いはイギリスの勝利というかたちで終結した。しかし、大戦はまだまだ続く。

アメリカの参戦

一九三九年以前にも、ほとんどのアメリカ人は祖国がいずれ第二次世界大戦に参戦し、ヨーロッパで戦うことになると考えていたようだ。ただ、実際に参戦する引き金となったのは、一九四一年一二月七日（現地時間）の日本軍による真珠湾攻撃である。日本の六隻の空母が、四時間にわたって雷撃機や戦闘機、急降下爆撃機をハワイの真珠湾に次々と送り込んだ。当時、日本とアメリカのあいだで政治的緊張が高まっていたことから、日本軍が攻撃してくるおそれがあると米軍指導部がある程度予想していたにもかかわらず、米軍は完全に不意を突かれた格好だった。日本軍は米軍の八隻の戦艦と一〇隻の小型軍艦、二三〇機の飛行機を破壊し、二四〇〇人の米兵の命を奪った[9]。

翌日、アメリカが日本に対して宣戦布告すると、日本と同盟を結んでいたドイツとイタリアは、アメリカに対して宣戦布告した。日本は真珠湾への攻撃を繰り返すことはしなかったが、フィリピンのマニラ近郊にあったアメリカ空軍基地を攻撃したうえ、近くのバターン半島へ侵攻し、数多くの米兵とフィリピン兵を捕虜とした。このあと、捕虜を収容所まで移動させる悪名高き「バターン死の行進」があり、数多くの捕虜が死亡した。オーストラリアへと逃亡したダグラス・マッカーサー司令官は、再訪を誓っている。日本軍は侵攻を続けて、オランダ領東インド諸島（現在のインドネシア）を攻略し、その後、ツラギ島、ガダルカナル島を含めたソロモン諸島を占領した。日本軍の勢いは止められないように思われた。

残りのアメリカ海軍は、まずソロモン諸島沖の珊瑚海で日本軍と対峙した。二日間にわたる戦闘で、日本軍が小型空母一隻と駆逐艦一隻、小型船舶数隻を失ったのに対し、米軍の損失は空母一隻と駆逐艦一隻で、五分五分の戦いだったと一般に考えられている。ただし、その過程で米軍は、日本軍にとってオーストラリア攻撃の足がかりとなる島への侵攻を食い止めたほか、日本軍の戦術について多くの情報を得て、その後の戦いに生かすことができた。

そして一九四二年六月、この大戦でも大きな海戦の一つが起きた。連合艦隊司令長官である山本五十六は、米軍艦隊のほとんどを一気に撃沈して決定的な打撃を与えようと、ミッドウェー島付近で大規模な攻撃を計画していた。だが、アメリカの諜報機関が日本軍の暗号文の解読に成功した。その計画を事前に把握した米太平洋艦隊司令長官のチェスター・W・ニミッツは、「罠」を仕掛ける戦術を採用し、待ち伏せして迎え撃つ計画を練り上げた。海戦が終わってみると、日本軍が四隻の空母と数多くの飛行機やパイロットを失ったのに対し、米軍の損失は空母一隻にとどまった。これは日本軍にとって大きな敗北であり、太平洋戦争における転機となった。これでアメリカ海軍が日本海軍に対して優位に立ったのは明らかだった。

一九四四年一〇月にフィリピン周辺海域で行われたレイテ沖海戦は、史上最大規模の海戦だ。この戦いでアメリカ海軍は大勝を収め、日本海軍の艦隊は壊滅的な敗北を喫した。この戦いで沈没を逃れた日本海軍の残りは、日本へと退却することになる。

日本軍はそれまでに南太平洋の数多くの島々を占領していたが、米軍は滑走路を設けられる島を一つずつ攻略しながら日本へと徐々に近づく「飛び石作戦」に着手するとともに、島に駐留する日本軍へのあらゆる補給を絶つ攻撃に出た。しかし、日本兵の多くは掩蔽壕（えんぺいごう）や洞窟に潜伏する行動に出たほか、捕虜になるよりは死んだほうがましと、決死の覚悟で戦ってくる。米軍は難しい戦いを強いられた。

その後、硫黄島や沖縄での地上戦に突入したが、日本兵は最後の一人が死ぬまで徹底的に戦う場合がほとんどだった。さらに、日本軍は飛行機を米軍の艦船にパイロットもろとも体当たりさせる「神風特攻隊」も投入し、数多くの船を沈没させたり損害を与えたりした。

最後の最後まで決してあきらめない日本軍の戦い方を踏まえ、米軍の司令部は、日本本土に上陸すれば多数の米兵の命が失われるだろうと判断した。そしてトルーマン大統領は、一九四五年八月に広島と長崎に原子爆弾を投下する命令を出し、それからまもなくして日本は降伏した。原子爆弾については次章で詳しく説明する。

ここからは、ヨーロッパ戦線でのアメリカ軍の戦いについて見ていこう。一九四二年一一月、米軍がイギリス軍とともに北アフリカに上陸した。両軍はチュニジアでドイツの進軍を止め、一九四三年五月までにドイツ軍を打ち負かして、その過程で二五万人以上の兵士を捕らえる。次に英米両軍は、ドイツとイタリアの防御が最も弱いとみられるシチリア島に狙いを定め、一九四三年七月に大規模な上陸作戦を敢行して、一カ月余りのあいだにシチリア島を連合軍の支配下に置いた。次の目標はイタリア本土である。米英軍が九月にイタリア上陸を果たすと、イタリア軍はほぼ即座に降伏したが、イタリアに駐留していた数多くのドイツ兵は冬になっても戦闘をやめなかった。しかし一九四四年六月にローマが陥落し、その後しばらくして連合軍がイタリアのほとんどを支配することとなった。

一方、イギリスでは史上最大の上陸作戦が計画されていた。一九四四年六月六日に始まった連合軍によるノルマンディー上陸作戦では、何千隻もの船と一〇〇万人を超える兵士が投入され、ドワイト・D・アイゼンハワー総司令官の指揮のもと、ナチスに支配されたフランスへの上陸拠点を確保し侵攻すべく、連合軍がイギリス海峡を渡った。ドイツ軍はこの侵攻を予想していたものの、連合軍の上陸地点までは把握していなかった。上陸作戦に先立ち、連合軍はイギリスを拠点に二カ月前からフランス全土の飛行場や橋梁、鉄道を爆撃してきた。そして地上部隊の上陸前夜、落下傘部隊が先んじて上陸し、海岸線に沿って艦砲射撃が実施されるなか、上陸部隊が上陸した。それぞれの上陸地点はコードネームで呼ばれ、イギリス軍とカナダ軍はゴールド、ジュノー、ソードと名づけられた海岸から上陸し、米軍はユタとオマハと呼ばれる海岸から突入した。イギリス軍とカナダ軍の上陸は大した抵抗勢力もなく比較的スムーズに進行したが、米軍はドイツ軍による激しい銃撃に遭い、多数の死傷者を出した。それでも、五日間で連合軍の一六の師団がノルマンディーに上陸し、ヨーロッパをナチス支配から解放すべく進軍した。連合軍は八月二五日までにパリを解放し、そのあとベルリンへ向けて突き進んだ。

東では、ドイツ軍の侵攻を退けたソ連軍が、やはりベルリンへ向かっていた。ドイツが早晩敗北するであろうことはほぼ誰の目にも明らかだったが、ドイツ軍は簡単にはあきらめず、一九四四年一二月には大規模な反撃に出た。アルデンヌの森で連合軍を不意打ちし、連合軍の戦線を突破した結果、戦線に大きな突出部（バルジ）ができたことから、この戦いは「バルジの戦い」と呼ばれている。しかし、一月後半までに連合軍の大規模な援軍が前線に到着すると、ドイツの攻撃はやんだ。連合軍は三月にはライン川を渡り、ベルリンに向けて最後の進軍を始めた。残ったドイツ部隊は東からも西からも攻め入られ、一九四五年五月二日に白旗を掲げた。

飛行機の進歩

大戦中には重要な技術的進歩がいくつもあったが、その多くで物理学が大きな役割を果たしている。ここで話を戻して、そうした進歩のいくつかを見ていこう。飛行機の設計で最も重要な進歩はジェット機が開発されたことだが、従来の飛行機にも大きな進歩があった。まず、大戦で使われていた主な飛行機と、その性能を紹介する。数ある当時の飛行機のなかでも、イギリスの〈スピットファイア〉は最高の戦闘機の一つであることは間違いなく、ブリテンの戦いではドイツ空軍との戦闘に投入され、大きな戦果をあげている。最高時速は約五六〇キロで、上昇の性能が高かったうえ、操縦が比較的簡単だった。イギリスの〈ハリケーン〉も優れた飛行機であり、ブリテンの戦いで広く使用された。〈スピットファイア〉に匹敵する唯一のドイツ機は〈メッサーシュミットBf109〉だった。最高時速はわずかに遅く、操縦性も劣っていたものの、降下のスピードは速かった。

日本海軍の主力戦闘機は、三菱重工業が開発した〈零戦〉(零式艦上戦闘機)だ。真珠湾攻撃も含め、太平洋戦争を通して使用された。当初は米軍の戦闘機を圧倒していたものの、戦争後半に入ると、ほとんどの米軍機に太刀打ちできなくなり、劣勢に立たされた。

その米軍で最も優れた戦闘機の一つが〈P－51マスタング〉だった。最高時速およそ七〇〇キロというスピード、優れた操縦性、航続距離の長さから米軍パイロットに好まれ、第二次世界大戦で最高の戦闘機だと考える人々も多い。米軍でもう一つ特筆すべき戦闘機は、ロッキード社が開発した〈P－38ライトニング〉だ。最高時速およそ六七〇キロで、大戦中に最も多くの日本軍機を撃墜した米軍の戦闘機だと言われている。〈F4Uコルセア〉も優れた米軍機であり、米海軍と海兵隊で使用されていた。日本軍の〈零戦〉より優位に立った最初の米軍戦闘機で、およそ七〇〇キロという最高時速は零戦よりもはるかに速く、ローリングする性能も優れていた。

とはいえ、第二次世界大戦で登場した飛行機のなかで最も高速で興味深い飛行機は、世界で初めて実戦で使われたジェット機であるドイツ軍の〈メッサーシュミットMe262〉だ。最高時速はおよそ八五〇キロで、連合軍の最速の戦闘機より一五〇キロも速かったが、連合軍にとって幸いだったのは、戦闘に投入されたのが大戦の後半で、生産数が少なく、ほとんど影響を受けなかったことである。とはいえ、〈メッサーシュミットMe262〉のパイロットはおよそ五四〇機の連合軍機を撃墜し、あまりも速くて敵に狙われにくかった。実際、あまりに速かったので、パイロットのほうも新しい戦術を覚えなければならなかった。だが、連合軍もこのジェット戦闘機を封じる手段をまもなく見つける。離着陸時や地上で待機中に攻撃するのが最も効果的であることに気づき、ジェット機の拠点であると確認されたドイツ国内の飛行場に対して激しい爆撃を実施した。連合軍を脅かした〈メッサーシュミットMe262〉にも、欠点が数多くあった。従来の飛行機と比べて二倍の燃料が必要であり、終戦近くになるとドイツ軍は燃料不足に苦しんだ。また、エンジンの信頼性にも数々の問題があった。

ジェットエンジンは、ドイツのハンス・フォン・オハインとイギリスのフランク・ホイットルという二人の人物がそれぞれほぼ同時期に発明した。ターボジェットエンジンの特許を最初に取得したのは、フランク・ホイットルのほうだ。それは一九三〇年のことで、オハインよりも六年早かったが、実際に飛行できるジェット機を最初に製造したのはオハインのほうだった。二人は互いにそれぞれの研究をまったく知らなかった。

ホイットルはイギリスのパイロット兼航空技術者で、一九二八年にイギリス空軍に入隊した。二二歳のとき、ガスタービンを飛行機の動力源にするアイデアを思いつき、一九三五年、ジェットエンジンの製作に取りかかった。一九三七年に試験を実施し、一九四一年にはそのエンジンを搭載した飛行機で初飛行を達成している。

オハインもホイットルと同じく、二二歳のときにジェット推進を使った飛行機のアイデアを思いつい

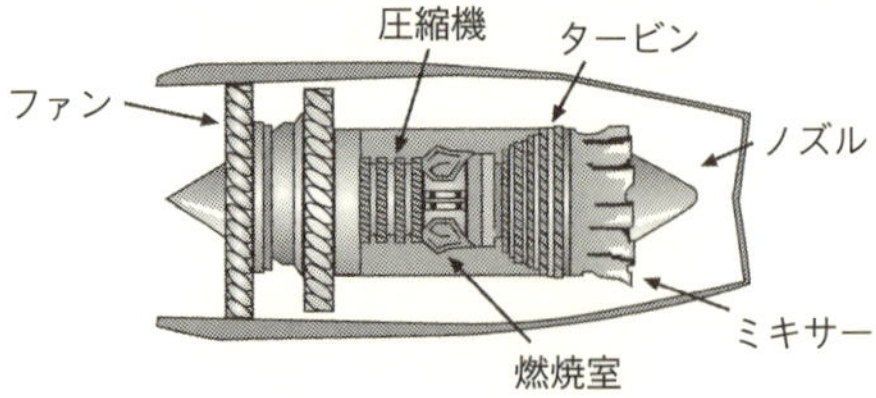

ジェットエンジンの詳細

た。彼の設計はホイットルのものと似ていたが、内部に使われている部品の配列が異なっている。一九三九年には、彼が設計したエンジンを使った飛行機が初飛行を果たした。このように、ドイツもイギリスも、第二次世界大戦が始まる以前にジェットエンジンを開発していたが、終戦までにこの技術を新型戦闘機に採用したのはドイツだけだった。

ジェットエンジンの原理は、「どの作用にも同じ大きさで反対向きの力（反作用）が働く」とするニュートンの運動の第三法則だ。この反作用が、ジェット機を前に進める推進力となっている。この現象を目で見るのに最も簡単な方法は、膨らませた風船を空中に飛ばすことだ。口から空気が抜けるにつれて、風船がさっと動いたり宙返りしたりしながら飛んでいく光景を目にすることになるが、このとき風船は、空気が抜ける方向とは反対向きに進む。簡単に言えば、ジェットエンジンでもこれと同じような現象が起きている。

現在では数種類のジェットエンジンがあるが、ここではターボジェットエンジンに的を絞って説明しよう。ターボジェットエンジンの前面には吸気口が設けられ、そこから入った空気が圧縮機によって圧縮される。圧力の高まりに伴って圧縮空気は五〇〇℃を超える高温になり、燃焼室に入る。そこで燃料を噴射して圧縮空気と混ぜ、燃焼させる。これでガスの温度はさらに上昇し、燃焼室から出るときにはおよそ一六〇〇℃に達している。こうして生じた高温・高圧のガスはあらゆる方向へ大きな力を及ぼすが、エンジンの後部の排気口だけからガスを噴出させることによって、膨大な推力が発生して飛行機を前へ進ませる。エンジンから排出される過程で、排気口のブレードをガスが通過すると、タービンシャフトが回転し、それが圧縮機のブレードを回転させる動力となって、新たな空気を取り込むようになっている。「アフターバーナー」と呼ばれる再燃装置を使って、排出する高温ガスに再び燃料を噴射して燃焼させると、さらに大きな推力を得ることができる。

戦争で使われた初期のロケット

第二次世界大戦ではジェット機だけでなく、大型の弾道ミサイル（ロケット）も初めて投入された。とはいえ、ロケット技術の大半はアメリカの物理学者ロバート・ゴダードによって戦前に開発されていた。ゴダードは現代のロケット推進技術の父とされ、メリーランド州にあるＮＡＳＡ（アメリカ航空宇宙局）のゴダード宇宙飛行センターは、彼にちなんで名づけられた施設だ。ゴダードは研究生活の大半をマサチューセッツ州ウスターにあるクラーク大学で過ごし、物理学科の長を務めた。一九一四年にロケット用の液体燃料と固体燃料の特許を取得し、一九二六年には液体燃料を使った最初のロケットを製造して打ち上げている。ジャイロスコープによる制御、動力駆動の燃料ポンプ、ロケットの外装に取りつけて誘導を助ける翼など、ロケット工学において数々の功績を残したほか、空気のない真空でもロケットは飛行できる（後方の空気を押して推進するわけではない）ことを示した最初の人物でもある。

第二次世界大戦の前から、ドイツ軍はロケットを兵器として使う可能性について検討していた。ロケットがどれほど効果的な兵器となり得るかを探る任務を与えられたのは、陸軍兵器局の将校ヴァルター・ドルンベルガーだ。彼はこの問題に取り組んでいるときに、ヴェルナー・フォン・ブラウンという若い技術者に白羽の矢を立て、ロケット開発の技術者として雇い入れた。一九三七年には、フォン・ブラウン率いる八〇人のチームは、バルト海沿岸のペーネミュンデ陸軍兵器実験場に研究拠点を移した。ヒトラーもこのプロジェクトに関心を寄せ始めた。

研究チームは、解決すべき問題を数多く抱えていた。ロケットは一見シンプルだが、正常に動かすためには、物理学をはじめとする多くの科学的知識を必要とする。フォン・ブラウンが完成をめざしていたV2ロケットは高度一一〇キロ近くまで到達できるが、その高度までいくと空気はほとんどなく、ロケット燃料を燃やすためには酸素を供給しなければならない。つまり、推進剤に大量の酸素を加える必要があるということだ。V2ロケットでは、エタノールと水の混合燃料（エタノールが七五パーセント）と、酸化剤として液体酸素が使われた[10]。

ロケットが推進する原理はジェット機と同じで、ニュートンの運動の第三法則にのっとって、反作用の力から推力が発生する。ここで大切なのは、ロケットの飛行にいくつかの段階があるということだ。発射、推進（動力飛行）、慣性飛行、落下というのがそれぞれの段階だが、最初の発射の段階ではまだロケットが発射台に載せられて止まっている状態なので、厳密に言えば飛行ではない。このときロケットには、自重による下方向への重力と、発射台からの反作用の力がかかっている。これら二つの力は同じ大きさだ。

推進の段階は、ロケットエンジンが点火したときから始まる。この段階でロケットに作用しているのは、ロケットの自重による重力、エンジンから得た推力、空気抵抗で生じる抗力だ。「力は質量と加速度の積に等しい」というニュートンの運動の第二法則を適用すると、$F_t - F_d - wt = ma$（F_tは推力、F_dは抗力、mは質量、aは加速度、wtはロケットの重さ）となる。ここには、ロケットが上昇するにつれて燃料が消費され、ロケットの質量が変化するという小さな問題があったが、この問題は早々に解決された。

エンジンの燃焼がある時点で止まると、ロケットは慣性飛行の段階に入る。この段階では、ロケットは上向きの推力を受けずに慣性で進む。エンジンが停止しても、それまでに得た速度によってある程度の時間は高度を上げ続けるが、最高高度に達すると、あとは$a = (wt - F_d)/m$という数式に従って重力加速度を受け、地表へと落下するだけだ。空気抵抗はあるものの、放り投げた石と同じように、ロケットも落ちてくる。実際の打ち上げでは、ロケットが真上に上がってまっすぐ落ちてくるわけではなく、水平方向への移動もあるため、その軌道は砲弾が描く弾道と似たものになるのが一般的だ。

液体燃料ロケットでは、推進剤と酸化剤を異なるタンクに保管しておく必要がある。燃焼室に噴射された酸素と燃料は混合されて燃焼し、発生した燃焼ガスが下端のノズルから噴出すると推力が生じる。このときガスはきわめて高温になるため、ノズルを冷却しなければならない。初期のロケットでは推進剤のアルコールと水を利用してノズルを冷却した。

ヴェルナー・フォン・ブラウン

飛行段階に入ると、ロケットがひっくり返って制御不能に陥らないよう、機体を安定させなければならない。安定飛行のための制御方式には、能動式と受動式の二つが使われている。能動式の制御システムは、飛行中に動かせるもの（可動翼など）で、受動式の制御装置は固定されたものだ。それ以外に、ロケットの姿勢を安定させるために最も重要なのが、ロケットの重心だ。ロケットを含めたあらゆる物体は、ぐるぐる回転する（タンブリング）状態に陥ったとき、重心を中心にして回転する。重心とは、すべての質量が集中していると考えられる点「質量中心」と同じだ。

ロケットが飛行中に不安定になってくるくる回る状態に陥った場合、ロール軸（横揺れ）、ピッチ軸（縦揺れ）、ヨー軸（偏揺れ）という三つの回転軸のどれか一つを軸にして回ることになる。それら三本の軸が交差する点が重心だ。ロール軸を中心とした回転は問題ないが、ほかの二つの軸を中心とした回転は姿勢が不安定になるので防がなければならない。これには、誘導装置として使われているジャイロスコープが活用される。ロケットの下端に取りつけられた翼も、機体の安定に役立つ。

ヒトラーはV2ロケットを報復兵器と称し、一九四四年九月初め、それによる攻撃を開始すると宣言し、標的にロンドンを選んだ。それから数カ月のあいだに、およそ一四〇〇発がロンドンに向けて発射された。しかし、命中精度はきわめて低く、イギリスに致命傷を負わせることはできなかった。V2ロケットは恐怖を与える兵器としての心理的効果が大きく、実際のところ、イギリス上空を飛んでいく姿は住民に大きな恐怖を与えた。時速およそ三五〇〇キロというその圧倒的なスピードと飛行高度の高さのために、迎撃はほぼ不可能と言ってよかった。V2ロケットの攻撃によっておよそ二五五〇人のロンドン市民が死亡し、六五〇〇人が負傷した。

ドイツ軍は、「ブンブン爆弾」というあだ名で呼ばれたV1飛行爆弾も製造している。全長は約八メートルと、全長一四メートルほどのV2よりも小型で、スピードも遅かった。間欠燃焼型のジェットエンジンであるパルスジェットエンジンを動力とし、エンジンの吸気口から取り込んだ空気と燃料を混合して点火し、燃焼ガスを噴出する。吸気口に設置されたシャッター弁が高速で開閉されて、ブンブンという独特の音がすることから、前述のあだ名が付いた。

Ｖ１はＶ２の製造と同時期にペーネミュンデで開発された。Ｖ１は弾道ミサイルではなく、スロープのついたカタパルト式の発射台を使って地上から打ち上げられ、巡航ミサイルと呼ばれている。Ｖ１による攻撃は、Ｖ２による攻撃に先立ち、一九四四年六月半ばに同じくロンドンを標的に実施された。Ｖ２と同様、Ｖ１も的を絞った攻撃はできず、やはり恐怖を与える武器としての側面が大きかった。Ｖ２と違ったのは、その攻撃を防ぐ有効な防御策があったことだ。スピードの速い飛行機ならＶ１を空中で撃ち落とせたうえ、沿岸を防衛する砲台からも容易に迎撃することができた。一九四四年八月後半までに、イギリス沿岸に到達したＶ１の七割近くが沿岸部で撃ち落とされている。イギリスに向けて発射された合計およそ一万発のＶ１のうち、約二四二〇発がロンドンに到達し、およそ六一八〇人の死者と一万八〇〇〇人近くの負傷者を出した。

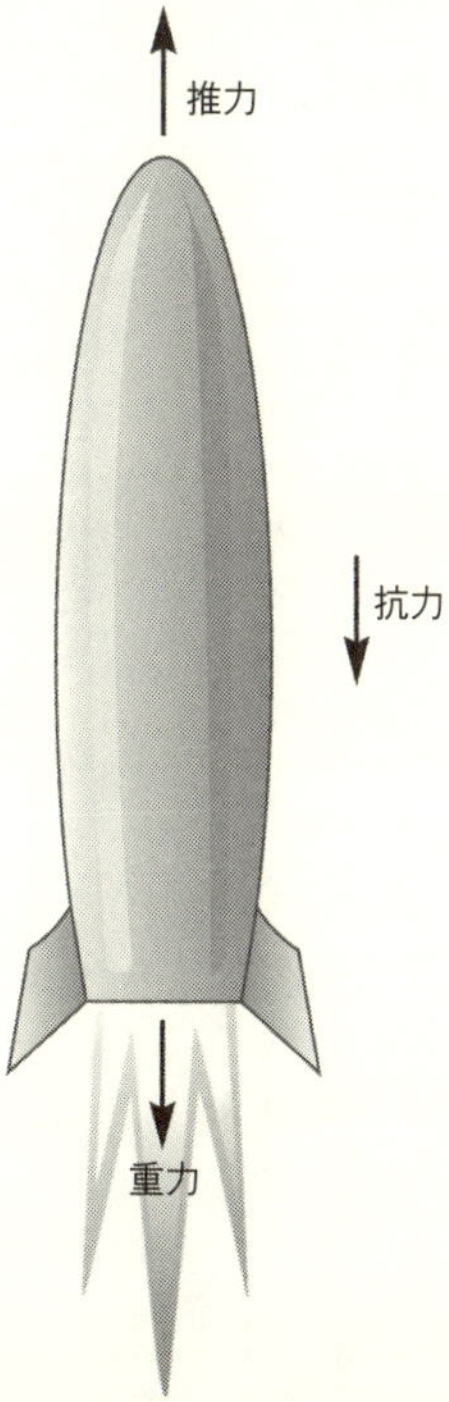

ロケットにかかる推力と抗力、重力

その他の兵器と小火器

第二次世界大戦では、戦車が大きな役割を果たした。実際、ドイツ軍による電撃戦のときには、どうやっても止められそうにないほどの勢いだったことから、連合軍は戦車に対抗する兵器をすぐに探し始めた。その後の数年で、戦車の装甲を貫通できる弾頭が何種類か開発された。そうした兵器には物理学の重要な原理が利用されている。それらの弾頭で用いられているのは、成形炸薬だ。成形炸薬は、砲弾のエネルギーを一点に集中させる形をした炸薬（爆薬）で、アメリカの化学者チャールズ・モンローが発見した「モンロー効果」と呼ばれる現象に基づいている。炸薬に円錐形のくぼみを作ることによって、爆発時の衝撃波が円錐形の中心軸に集中するので、その威力が大幅に増すことを、モンローは発見した。

こうした弾頭を持つ成形炸薬弾は戦車に対して用いられ、対戦車榴弾（ＨＥＡＴ）と呼ばれている。爆発すると、金属の内張りが溶解して液体金属の噴流（メタルジェット）が生じ、無数の金属片が音速の二五倍近い超高速で標的に当たって、重厚な戦車の装甲を貫くことができる。対戦車榴弾の弾頭は回転すると効果が低下するため、通常は安定翼を取りつけて安定させている。

大戦後半に対戦車榴弾が初めて投入されると、戦車を使った戦闘に劇的な変化がもたらされた。一人の兵士が、手で持てるほど小さい兵器だけで戦車を破壊できるようになったのだ。ドイツ軍は、この新兵器から戦車を防御する手段の研究にすぐに着手し、「スカート」とよばれる薄い装甲や金網を車体の側面に取りつけるようになった。これで、弾頭を本体への着弾前に起爆できるようになった。

戦車に対して大きな効果を発揮した砲弾は、ほかにもある。粘着榴弾（ＨＥＳＨ）と呼ばれるもので、もともとコンクリート造りの建物を貫通する目的で開発されたが、戦車に対しても有効だということがわかった。標的に当たると弾頭がつぶれて、表面に広範囲に広がるのが特徴だ。この段階で起爆装置が働き、広範囲で強い衝撃波が生じる。衝撃波が金属の装甲を通って戦車の内部に伝わると、内壁が剥離して金属片が戦車内で高速で飛び散り、中にいる兵士を死傷させたり、弾薬や燃料に火をつけたりする。

対戦車榴弾や粘着榴弾はバズーカ（携帯式対戦車ロケット弾発射装置）を使って発射する。バズーカは反動のないロケット弾発射器で、もともとロバート・ゴダードがロケット推進を研究しているときに、共同研究者のクラレンス・ヒックマンとともに開発したものだ。二人は一九一八年一一月、メリーランド州にある米陸軍のアバディーン試験場でこの兵器を披露したが、当時はまだ成形炸薬弾を使っていなかった。成形炸薬弾とセットで使われるようになったのは一九四二年のことだ。まず北アフリカで使用されたほか、それとほぼ同時期に東部戦線でソ連軍によっても使用された。とはいえ、初期のモデルは信頼性の点で劣っていた。ドイツ軍はそのいくつかを戦場で手に入れると、すかさず模倣して改良を重ね、装甲を貫く性能を上げて、連合軍も舌を巻くほど威力を増したバズーカを作り上げた。

物理学がかかわったもう一つの重要な技術は、近接（VT）信管だ。開戦当初、弾頭が起爆するのは、標的に当たったときか、タイマーで設定した一定の時間が経過したときに限られていた。どちらの起爆方法にも欠点があり、ほとんどの砲弾がその威力を十分に発揮できていなかった。しかし、近接信管の登場によって、標的までの距離が事前に設定した値よりも近づいたところで自動的に起爆できるようになった。敵軍の頭上など、地面に着弾する前に砲弾を爆発させることで、より有効な攻撃を実施できる。

近接信管では電磁波の原理が利用されている。アンテナに接続された発振器が信号の送受信器として機能し、砲弾が標的に向かって飛んでいるときに、標的から反射した信号を分析して標的との距離を特定する。近接信管は、ブンブン爆弾と呼ばれたV1飛行爆弾の攻撃を迎え撃つイギリス軍の防御や、バルジの戦いで大きな効果を発揮したほか、太平洋では日本軍のカミカゼ攻撃に対する防衛にも役立てられた。

第二次世界大戦では、無線誘導によるミサイルも初めて使われた。ドイツ軍が開発したのは、〈フリッツX〉という対艦誘導爆弾だ。飛行機から発射され、同じ飛行機から送信した無線信号をミサイル内部の受信器で受けることによって、その弾道が制御される。だが、〈フリッツX〉はそれほど大きな戦果をあげたとは考えられていない。対するアメリカ軍は〈GB－1〉という滑空爆弾を開発して、ドイツのケルンに投下した。ドイツ軍はまた、〈Hs293〉という誘導爆弾も開発して、連合軍の数隻の戦艦に大きな損害を与えている。

大戦中には、「ノルデン爆撃照準器」という独創的な装置も登場している。大戦初期には、高高度からの爆撃の精度を上げることが、大きな課題となっていた。一九四三年の時点で、爆撃機によって高い高度から投下された爆弾のCEP（平均誤差半径）はおよそ三七〇メートルで、命中精度は著しく低かった。あまりにも精度が悪かったため、空軍も海軍もピンポイント爆撃による攻撃はできないものとあきらめていたほどだ。しかし、アメリカに移住したオランダ人技術者のカール・ノルデンが、数年かけて爆撃の精度を高める照準器の開発を続けていた。爆撃照準器を使用する際の大きな問題の一つは、照準器が真下を向くように飛行機の水平を保つことだった。風も大きな障壁となった。しかし、ノルデン爆撃照準器を使えば、狙った標的を仕留める絶好のタイミングで爆弾を投下できる。ジャイロスコープ、モーター、ギア、鏡、水準器、望遠鏡を備えたアナログ計算機が使われていて、爆撃手が対気速度や風速、風向、高度を入力すると、標的に命中させるために必要な弾道が自動的に算出される。飛行機が標的に近づくと、パイロットは飛行機を自動操縦に切り替えて、投下すべき正確な地点まで飛行させる。

この照準器を使うことによって、高度約六四〇〇メートルから爆弾を投下した場合のＣＥＰをおよそ三〇メートルに収められるようになったという。

ノルデン爆撃照準器は最高軍事機密の一つで、戦時中はその存在さえも知られないように保護されていた。大戦後半のドイツへの爆撃では、とりわけ大きな効果を発揮した。

最後に、戦時中に使われた小火器と歩兵の武器を見ていこう。こうした武器の威力や精度、殺傷力は、第一次世界大戦中に使われたものよりも大幅に上がっている。とはいえ、第一次大戦で使われていたボルトアクション方式のライフル銃も、第二次世界大戦当初は使用され、その後は長い射程と命中精度の高さを生かし、狙撃用のライフル銃として活用された。ボルトアクション方式のライフル銃にスコープ（望遠鏡機能付き照準器）を取りつければ狙撃用として優れた武器となったが、接近戦では射撃のスピードが求められていたため、半自動式のライフル銃がまもなく開発された。アメリカ製で最高級の半自動小銃の一つが〈Ｍ１ガーランド〉で、大戦中には米軍の標準的なライフル銃となった。

大戦では、短機関銃（サブマシンガン）も大きな役割を果たした。標準的な機関銃よりも小型で軽く、弾薬も軽くて小さいために、標準的な機関銃に比べれば射程が短く、命中精度も低い。しかし、接近戦では大きな効果を発揮し、ドイツ軍は短機関銃を広く活用していた。ドイツで最も有名な短機関銃は〈ＭＰ－18〉で、米軍はそれに匹敵するトンプソン短機関銃を使っていた。

短機関銃で大きな問題となったのは、命中精度の低さと射程の短さだ。たいていの戦場では、ある程度離れたところからの命中精度の高さと速射の両方が求められる。リー・エンフィールド銃やスプリングフィールド銃といった、ボルトアクション方式のライフル銃ほど高い命中精度は必要なかったが、短機関銃よりも射程の長い武器の登場が待ち望まれていた。そんななかで開発されたのが、突撃銃（アサルトライフル〉だ。ドイツ軍が一九四三年にいち早く投入した〈MP－43〉（StG44）は、明らかに優れた兵器だった。戦後に登場したアメリカ製の〈M－16〉とソ連製の〈AK－47〉は、〈MP－43〉を基に開発された。

標準的な機関銃も第一次世界大戦の頃と同じように利用されたが、大幅に軽量化され、兵士一人でも扱えるほどになった。とはいえ、弾薬の運搬や、設置、射撃中の弾薬の装填には、もう一人の兵士が必要だった。手榴弾や火炎放射器、各種の軽迫撃砲も大戦で利用され、その大半が技術の進歩によって殺傷力を増した。

コンピューターと諜報活動

大戦で大きな進歩を遂げた分野には、コンピューターもある。第一次世界大戦は、大量の情報をできるだけ速く伝える必要性に迫られた最初の戦争だとも言え、優れた通信システムが求められたが、当然ながら、第二次世界大戦ではその必要性がさらに高まった。さまざまな中隊や大隊の移動や指揮にかかわる情報を伝えなければならない一方で、その情報を敵に知られないように保護する必要もあった。つまり通信を暗号化しなければならないということであり、暗号が利用されるようになるとまもなく、その考案者と敵の解読者のあいだで熾烈な競争が繰り広げられることになった。暗号はどんどん複雑化し、やがて人の手では解読できない入り組んだ暗号まで考案された。その復号ができたのは、機械、つまりコンピューターだけである。コンピューターに関する研究は、主にドイツで大戦前から進んでいた。一九三六年には、ドイツ人技術者のコンラート・ツーゼが〈Z1〉という簡素なコンピューターを製作している。ツーゼは戦時中も研究を続けて、その性能を大幅に向上させた。アメリカでは〈ハーバード・マークI〉（ASCC）という同様の装置が開発された[11]。戦時中に敵の暗号を解読する必要が生じたことなどから、コンピューターの大型化や処理速度の向上が求められた。ドイツは〈エニグマ〉と呼ばれる暗号生成器を使い始めた。オペレーターがこの装置に入力したメッセージは、刻み目の入った分厚い円盤（ローター）を使って暗号化される。それぞれのローターの両面にはアルファベットの文字に対応する二六個の電気接点（端子）があり、入力したメッセージは接点を経由して第二のローターに送られる。しかし、ローター内部の複雑な配線で異なる文字に対応する接点に信号が伝わるので、たとえばCという文字を入力すると、Zなどの別の文字が第二のローターに伝えられる。その情報はさらに第三のローターへと受け渡され、さらに別の文字に置き換えられる。ローターの数は初期のモデルでは三枚だったが、後継機では数が増やされて処理はさらに複雑になり、第三者がメッセージを解読することはほとんど不可能になった。しかも、装置を使用するたびに設定を変更して、暗号を変えることもできる。

アラン・チューリング

一方、暗号文を受け取った側が復号する作業は単純で、送信者の装置と同じ設定を使うだけでよかった。

こうして複雑に暗号化されたドイツのメッセージの解読に最初に成功したのは、ポーランドの諜報機関だ。一九三二年、あるドイツのスパイから得られた情報を基に、複雑な数学を駆使して暗号を破り、一九三九年までドイツの暗号文を解読し続けた。しかし、第二次世界大戦が勃発すると、ドイツは暗号化システムを大幅に複雑化した。こうなるとポーランドの諜報機関の手には負えなくなり、すべての情報をイギリスとフランスに譲り渡すことになる。イギリスの暗号解読班は「ウルトラ」というコードネームで呼ばれ、バッキンガムシャーのブレッチレー・パークに設けられた。

イギリスは暗号文の解読に着手したものの、当初はほとんど成果をあげられなかった。その苦境を救ったのが、アラン・チューリングである。アメリカのプリンストン大学で数学と暗号学を研究し、博士号を取得したチューリングは、〈エニグマ〉が生成した暗号文の解読にふさわしい人物だった。チューリングは〈ボンブ〉と名づけた装置をまもなく製作し、それを使って暗号を解読した。〈ボンブ〉では、メッセージを送信した〈エニグマ〉の「正しい」設定を探す。考えられる設定は何十億通りにも及ぶが、チューリングの装置の処理速度は（当時としては）速く、正しい設定を突き止めることができた。しかし、問題はあった。チューリングらが製作を許された〈ボンブ〉は数台しかなく、ドイツ軍が送信する大量のメッセージをすべて解読するには、まったく数が足りなかったのだ。不満を募らせ、手詰まりの状態に追い込まれたチューリングと共同研究者のゴードン・ウェルチマンは、ウィンストン・チャーチルにじかに書簡を送るという掟破りの行動に出た。チャーチルはすぐに対応し、彼らの要請を優先的に処理するように手配した。その後の数年で、二〇〇台を超える〈ボンブ〉が運用されるようになった。[12]

〈エニグマ〉はドイツの空軍と陸軍、海軍に利用されていたが、ドイツの司令部は〈ローレンツ〉と呼ばれる、さらに複雑な暗号機を使っていた。この装置は一九四一年に導入され、一二枚のローターを使っていて、その暗号を解読するには、当時のあらゆるコンピューターよりもはるかに大型のコンピューターを開発するしかなかった。これは莫大な予算と労力を要する事業ではあったが、それによって得られる情報の価値は計り知れないほど大きい。設計技師のトミー・フラワーズによる試作機〈コロッサス・マークⅠ〉は一九四三年一二月に完成し、一九四四年二月に運用が開始された。〈コロッサス〉を投入したことによって、ドイツ軍の〈ローレンツ〉から送信されたメッセージを解読できるようになり、その後の数カ月でドイツ軍の機密情報を大量に傍受して解読した。〈コロッサス〉は、チューリングの〈ボンブ〉とともに、戦争の長期化を防ぐのに役立ったと言える。

17 原子爆弾

前章で説明したように、第二次世界大戦で利用された兵器の多くの開発には物理学が重要な役割を果たしたが、当時の最強の兵器である原子爆弾の開発では、さらに大きな役割を果たした。物理学のなかでも根本的な概念を理解していなければ原爆が生まれなかったことを考えれば、物理学はその開発の要だったと言える。原子核を構成する粒子を結びつけているのは結合エネルギーと呼ばれるものだが、この結合エネルギーがあるからこそ、原爆はその機能を果たすのだ。

原爆の開発は、人類の歴史においても圧倒的な規模をもつ大事業だったことは確かだ。数人の独創的な学者による数多くの重要な大発見があっただけでなく、数千人規模の人員による多大な労力がなければ成し遂げられなかっただろう。当初はほとんど不可能と思われた目標を達成できたという事実に加え、意欲や固い決意、創意工夫があれば実現できるということを示した事例である。

そもそもの始まり

原爆の開発の始まりがいつなのかをはっきり示すことは難しいが、イギリスのケンブリッジ大学のジェームズ・チャドウィックによる実験は不可欠だったと言える。それに先立って、イレーヌとフレデリックのジョリオ＝キュリー夫妻は未知の粒子をパラフィンにぶつけて陽子を放出する実験に成功し、チャドウィックは彼らの実験を再現しようとしていた。ジョリオ＝キュリーはその未知の粒子がガンマ線だと考えていたが、チャドウィックはそれが電荷をもたない粒子であることを示し、「中性子」という名前を付けた。[1] 中性子は陽子とともに原子核を構成しているが、その質量は陽子とほぼ同じであることがわかった。原子核を構成する陽子と中性子の数を合わせたものを質量数（A）と呼ぶ。そして、原子核に含まれている陽子の合計数を原子番号（Z）と呼んでいる。原子核内の中性子の数は、AからZを引くことによって求めることができる。たとえば、原子核に一つの陽子しか含まれていない水素原子の場合、AもZも1なので、A−Z＝0となり、中性子の数は0ということになる。同じように、陽子を二個含んでいるヘリウム原子はAが4でZが2であることから、A−Z＝2となり、二個の中性子を含んでいることがわかる。すべての元素について、これと同じように中性子の数を求められる。

中性子は電荷をもたない点で、研究にとってきわめて重要な粒子であることがわかった。それまでの物理学者は、原子核の構造などを探るために、粒子を高速で原子核に衝突させたときに起きる現象を調べていた。しかし、当時知られていた粒子は陽子と電子しかなかった。電子は軽すぎて原子核がびくともせず、陽子は原子核と同じく正電荷を帯びているため、原子核と反発し合い、こちらも発射体としては適切でない。しかし、中性子は電子や原子核と電気的に反発することがなく、発射体として理想的である。ここで中性子をどのように活用するかを説明する前に、アインシュタインが原爆の開発にどのような貢献をしたかを見ていこう。

アインシュタインの役割

アインシュタインは原爆の生みの親と呼ばれることもあるが、彼自身はその呼称をひどく嫌っていたし、実際のところ、彼と原爆のあいだには直接の関係はほとんどない。ただ、アインシュタインの研究が原爆の開発において重要な役割を果たしたことは確かだ。一九〇五年に特殊相対性理論に関する有名な論文を発表したすぐあと、アインシュタインは「物体の慣性はそれがもつエネルギーに依存するか?」と題した短い論文を発表して、エネルギーと質量に関連があることを示している。たった三ページの論文だが、それまでに発表された論文のなかでも特に重要な論文の一つだったと言える。この論文は、一九〇七年に発表された論文とともに、質量とエネルギーの等価性を示したものだ。ある物体がもつエネルギー(E)はその物体の質量(m)と光速(c)の二乗をかけた値に等しい、つまり数式で表せば$E=mc^2$という等式が成り立つ。光の速さは秒速三〇万キロだから、その値を二乗すると、とんでもなく大きな数になる。これはつまり、ごく小さな質量の物体でさえも大量のエネルギーをもっていることを意味している。質量をエネルギーに直接変換するのはきわめて難しいが、原子爆弾のなかではそれが実際に起きているのだ(2)。

エンリコ・フェルミ

イタリア人の大発見

たいていの物理学者は、実験主義者か理論家のどちらかになるものだが、ローマ大学のエンリコ・フェルミはその両方に秀でた数少ない物理学者の一人だった。理論物理学の分野でも重要な貢献をしただけでなく、実験家としても優れた手腕を発揮した。一九三二年に中性子が発見されると、それが実験では理想的な発射体になることをフェルミはすぐに認識した。電荷をもたないから原子核に跳ね返されることがないし、高速で照射すれば、原子核を取り巻く電子の影響を受けずに済むからだ。どうやって中性子を発生させるかという問題はあったものの、フェルミはまもなく、大量の中性子を放出できる装置を考案することができた[3]。

当時の物理学で特に注目されていた分野の一つが、放射性崩壊である。これは不安定な原子核が放射線を放出してほかの原子核に変わる現象で、原子核が自然に崩壊する元素は当時でも数多く知られていた。崩壊に伴って、アルファ線やベータ線、ガンマ線といった放射線が放出されることもわかっていた。この分野には、マリー・キュリーをはじめとする数多くの研究者が貢献してきたが、一九三四年になると、ジョリオ＝キュリー夫妻が放射能を人工的に生成することが可能になったと発表した。つまり、安定した元素を放射性元素に変えることができるというのである。二人はアルミニウムの原子核にアルファ線を照射して放射性元素を作り出したほか、同じ方法でホウ素からも放射性元素を生成した。

フェルミは二人の成果に強い関心を寄せ、自分ならこの研究をもう一歩先へ進められるだろうと確信した。[4] アルファ粒子は大きくて重く、紙一枚でも簡単に止めることができるうえ、電荷を帯びている。発射体としては中性子のほうがずっと適しているし、フェルミにはそれを生成する装置もあった。さらに彼は、数年前に開発されていた放射線の測定装置「ガイガー・カウンター」（ガイガー＝ミュラー計数管）の改良も終えていた。フェルミの研究グループはまず中性子を使ってジョリオ＝キュリーの実験を再現し、彼らの研究成果が正しいことを確かめると、より重い元素に目を向けた。実際のところ、その多くは放射性元素に変わったが、ほとんどの場合、その半減期（放射性元素が崩壊し、その量が半分になるまでの時間）は短く、なかには一分以内の元素もあった。[5]

フェルミの研究チームは、周期表に載っていた元素のほとんどについて、中性子を照射する実験をした。当時知られていたなかで最も重い元素はウランだったが、フェルミはウランにとりわけ大きな関心を寄せていた。これより重い元素は見つかっておらず、ウランの原子核に衝突させた中性子が吸収されたとしたら、いったい何か起きるのか興味があったのだ。新しい元素が生成されるかどうかを確かめたかった。ウランの質量数（原子核に含まれている陽子と中性子の合計数）は二三八だから、一個の中性子が吸収されたとしたら、質量数が二三九のウランが誕生するはずだ。しかしここで、ウラン239をどうやって検出するかという問題がもち上がった。検出手法の開発はかなり難航したが、チームは少しだけ重くなった元素を何とか特定することができ、フェルミは大いに喜んだ。ウラン238よりも重い元素を作ったのである。フェルミはここで実験を終えたが、それによって史上最大の発見を成し遂げる機会を失った。

そんななか、フェルミの周辺にはだんだん不穏な空気が漂い始めた。ドイツではヒトラーが権力の座に就き、イタリアのムッソリーニがヒトラーと協定を結んだ。すでに反ユダヤ政策を始めていたヒトラーから、ムッソリーニに協力要請が入ると、イタリアのユダヤ人も新たに法的制約を課されることになる。フェルミ自身は危険にさらされることはなかったが、妻のラウラはユダヤ人であり、やがては当局に連行されるおそれがあった。彼は途方に暮れた。妻とともに出国する許可は、おそらく下りないだろう。それに先立ち、フェルミはアメリカの複数の大学から誘いを受けていたが、すべて断ってしまっていた。まだ、就職口はあるだろうか。フェルミは問い合わせてみようと思い立ち、手紙を書いてみたところ、何とコロンビア大学から受け入れの申し出があった。しかし、怪しまれずにどうやって国を出るかが問題だ。

解決の糸口が見つかったのは、一九三八年秋のことである。コペンハーゲンで開かれた物理学の会合に出席したとき、物理学者のニールス・ボーアに呼び止められ、その年のノーベル賞の候補となっていることを伝えられた。ノーベル賞を受賞するとの期待に胸が高鳴ったが、それだけでなく、その機会を利用してイタリアを脱出できるかもしれないと考えると心が震えた。そして数週間後、フェルミは実際に受賞を知らせる電話を受け取った。授賞式のために、彼自身がスウェーデンのストックホルムを訪れる用事ができただけでなく、家族も一緒にスウェーデンに招かれた。ノーベル賞の授賞式を終えるとすぐ、フェルミは妻と子どもたちを連れてイギリス行きの飛行機に搭乗し、イギリスに到着するとニューヨーク行きの船に乗り込んだのだった。

ハーン、マイトナー、シュトラスマン

物理学者のリーゼ・マイトナーは、一八七八年にオーストリアのウィーンに暮らすユダヤ人一家のも

とに生まれた。少女時代から物理学に興味を抱き、当時、女性が科学者になるのは難しかったにもかかわらず、マイトナーはウィーン大学で物理学の博士号を取得することができた。その後、ベルリンにあるカイザー・ヴィルヘルム研究所で、化学者のオットー・ハーンの助手として働き始める。[6] 当初は無給という待遇だったものの、やがては一つの部門のトップを任されるまでになった。ハーンとともに三〇年にわたって共同研究し、いくつかの重要な発見を成し遂げている。[7]

一九三三年にヒトラーが政権を握ったときも、マイトナーはまだ同じ研究所で要職に就いていた。ユダヤ系の家庭に生まれてはいたものの、若い頃にキリスト教に改宗し、成人してからはルーテル教会の信者を名乗ってきた。オーストリア生まれだということもあり、当初はヒトラーの反ユダヤ政策を気にすることなく、仕事に没頭していた。一方で、フランスのジョリオ＝キュリーを含めたほかの研究者は、ウランなど重い元素に中性子を衝突させるフェルミの研究に追随していて、ハーンとマイトナーもまもなくそれに興味をもつようになった。

しかし、研究に着手してすぐ、ヒトラーがオーストリアを併合し、同国の出身者を含めてすべてのユダヤ人を差別する政策をとり始める。マイトナーは自分自身をユダヤ人とは考えていなかったものの、ナチスにそんな論理が通用するはずがないとも認識していた。とにかく、できるだけ早くドイツの影響力が及ばない地域へ脱出しなければならなかったが、そんな彼女の前に一つの壁が立ちはだかる。パスポートの期限が切れていて、新たに申請したが発給を拒否され、ビザの発行も拒否されたのだ。どうすべきか考えあぐねたマイトナーは、コペンハーゲンにいるニールス・ボーアに手紙で相談したところ、ボーアの呼びかけで、オランダの知り合いの研究者がビザなしのパスポートだけでオランダに入国する手はずを整えてくれた。とはいえ、その前にナチスの警備員がいる国境を越えなければならないという難関があった。国境に着くと案の定、警備員がパスポートの提示を求めてきた。期限が切れているのを承知のうえで、マイトナーはパスポートを手渡した。警備員が入念にパスポートを調べる。びくびくしながら座ること数分間、彼女の心配をよそに、警備員は無言でパスポートを返却してくれた。それから何分か後には、オランダに無事入国し、ほっと胸をなで下ろした。

ボーアはスウェーデンのストックホルムで彼女のために職を用意してくれていたが、支援はほとんどなく、すぐに不幸な暮らしを送ることになる。一方で、ハーンと助手のフリッツ・シュトラスマンは仕掛かり中の実験を続けていた。ウランに中性子を衝突させた場合、さらに重い超ウラン元素が生成されるとフェルミは考えていたが、それを明確に証明したわけではない。その再現実験を行ったハーンとシュトラスマンは、実験結果にひどく困惑していた。フェルミによる実験結果を確認できなかったうえ、生成されたとみられるのは、重さがウランの半分ほどしかないバリウム元素だったからだ。釈然としない結果だったが、ハーンが何度実験を繰り返しても、同じ結果が得られるだけだった。原子核物理学に関してはマイトナーのほうがはるかに豊富な知識をもっていたことから、ハーンはストックホルムにいる彼女に手紙を送り、この現象を説明できるかどうか問い合わせた。

一九三八年のクリスマス

手紙を受け取ったマイトナーは実験結果に驚くとともに、困惑した。説明できない結果ではあったもののの、ハーンが間違っていないことは確信していた。中性子を衝突させたあとにバリウムが存在していたと彼が言うのなら、それが本当であるはずだ。だが、バリウムはどうやって生成されたのか。クリスマスが近づくなか、マイトナーはこの奇妙な実験結果について考えをめぐらせた。彼女には、コペンハーゲンのボーアのもとで研究する甥がいる。オットー・フリッシュという名で、まだ独身だったことから、マイトナーは彼に手紙を書いて、クリスマスを一緒に過ごさないかと誘ってみたところ、喜んで誘いに応じる返事が来た。フリッシュは原子核の磁気的性質に関連する興味深い研究に取り組んでいたため、そのことをマイトナーに話したくて仕方がなかったのだ。何か有益な助言が得られるかもしれないと期待していたのである。(8)

しかし、クリスマスへの誘いは、フリッシュにとってやや期待外れだった。マイトナーは会うやいなや、ハーンから受け取った手紙について話し始め、それを彼に手渡して読むように言ってきた。奇妙な実験結果は異物の混入による誤りかもしれないと話すフリッシュに対し、ハーンほど優秀な化学者がそんな間違いを犯すはずはないと、マイトナーは反論した。こうした議論はしばらく続いた。

核反応で放出されるものとしては、電子や中性子、アルファ粒子といった小さな粒子だけが観察されることが多かった。核反応のあと、原子核の重さがわずかに変化することはあるが、重さがウランの半分ほどにまで減った原子核が生成されるのは、あり得ないことのように思えた。ウランの原子核が真っ二つになるのならば可能だが、そんな現象はとても起きそうにない。この現象に必要なエネルギーは莫大であり、原子核に衝突した中性子のエネルギーでは小さすぎるからだ。

フリッシュはクロスカントリースキーをしようと、スキー板を持ってきていた。マイトナーは雪の上を歩きながら、スキー板をはいたフリッシュと、原子核の二つのモデルについて話し始めた。アーネスト・ラザフォードは原子核が硬い小さな球のようなものだと考えていたが、ボーアがその少し前に発表したモデルは、ラザフォードのモデルとは異なり、賛否両論を巻き起こしていた。原子核は実際には比

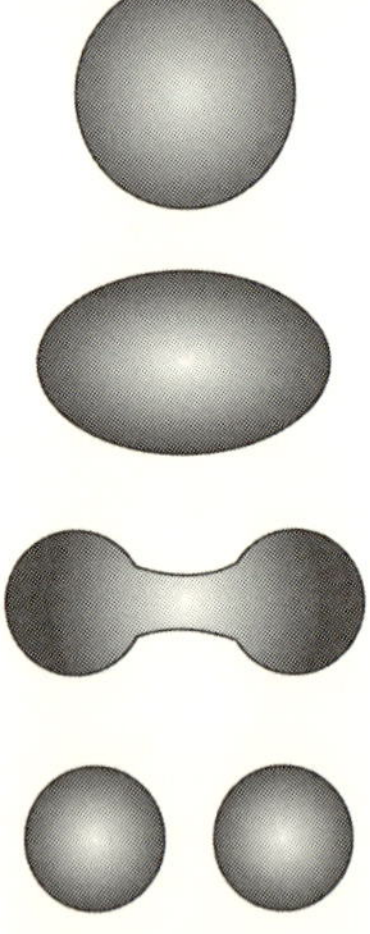

振動する水滴が二つの小さな水滴に分裂する過程

較的柔軟で、水滴（液滴）のようなものだと、ボーアは主張していたのだ。

　ラザフォードのモデルが正しいとすれば、原子核が真っ二つに分かれることはあり得ないが、ボーアのモデルには、原子核の分裂を説明できる可能性があるように思われた。二人は立ち止まり、山道の近くに倒れていた木の上に座った。マイトナーは紙と鉛筆を取り出して、ウランの原子核を球状に描いてみた。ここに中性子が衝突したら、何が起きるだろうか。仮に原子核が水滴のようなものだとしたら、形状をわずかに変えることができ、細長い形になる可能性もある。マイトナーは、水滴にかかる力の大きさを計算し始めた。水滴が形をとどめているのは、凝集力があるからだ。水滴が二つに分かれるためには、この力を上回る力が必要になる。凝集力は水滴の表面張力と関連があり、それに打ち勝つ力は中性子の衝突から得なければならない。大型で不安定なウランの原子核は、衝突の衝撃で振動するだろう。そうなるとすれば、ウランの原子核は最初は細長く伸び、揺れ続けるにつれて、鉄アレイのような形に変わる。そして、その鉄アレイの両端にできた二つの塊は、類似の電荷をもつために反発し合うだろう[9]。

　この現象が起きた場合、どれくらいの大きさのエネルギーが放出されるのか、マイトナーが計算してみたところ、およそ二億電子ボルト（一電子ボルトは、一個の電子が一ボルトの電圧差で加速されたときに得るエネルギー）にものぼることがわかった。この数字に彼女は驚いた。それ自体はさほど大きな量ではないが、数多くの原子核が分裂すれば、きわめて大きなエネルギーが発生することになるからだ。

しかし、これだけのエネルギーはどこから来るのだろうか。その場でマイトナーの頭に浮かんだのは、アインシュタインが質量とエネルギーにかかわる数式を説明した講義だった。彼女は何年も前にその講義を生で聞いている。衝突後に生成された二つの原子核の質量の和を求め、それとウランの質量との差を求めてから、アインシュタインの式を使って、その質量の差をエネルギーに変換したところ、驚いたことに、二億電子ボルトという同じ結果が得られた。明らかにこれは偶然ではない。ウランの原子核は真っ二つに分裂した——これが本当に起きたとすれば、驚くべき発見だ。二人は、この結果をできるだけ早く論文として発表しようと決めた。

フリッシュは急いでコペンハーゲンへ戻った。早くボーアに報告したくて仕方がなかったが、ボーアはアメリカへ出発する準備をしていたところで、あまり長い時間話すことはできなかった。それでも、この知らせには喜んで、できるだけ早く論文を発表するようフリッシュとマイトナーに勧めた。だが、論文をまとめ始めたフリッシュは、原子核が分裂する現象をどのような用語で表すべきかという問題に突き当たる。そのとき友人の一人が、生物学で細胞が二つに分かれる現象を英語で fission と呼び、原子核が分裂する現象と似ていることを教えてくれた。それを聞いたフリッシュは nuclear fission（核分裂）という用語を思いつき、論文で使うことにした。その論文は五週間後、科学雑誌『ネイチャー』に掲載された。

その頃にはハーンも研究結果を論文で発表していたが、マイトナーはフリッシュとともに構築した解釈のことをまだ彼に伝えておらず、ハーンの論文には核分裂に関する記述はなかった。実はマイトナーは、フリッシュとともに仕上げた論文をハーンの論文よりも先に発表したくて、ハーンに伝えるのをためらっていたのだ。しかし何という皮肉か、ハーンは核分裂を発見した功績を讃えられ、一九四四年にノーベル賞を受賞した。彼の結果を核分裂だと解釈したのはマイトナーだったにもかかわらず、彼女の功績にはまったく触れられなかった。

連鎖反応

アメリカへと出航したボーアは船上で、核分裂が発見されたことに対する興奮を隠しきれなかった。ボーアは共同研究者のレオン・ローゼンフェルトとともに、ウランの原子核が分裂するときに何が起きているのかを詳しく解き明かそうとした。しかし、論文を発表するまで二人の発見を他言しないとフリッシュに約束していたにもかかわらず、ボーアはローゼンフェルトにそのことを伝え忘れていた。

ボーアとローゼンフェルトのグループは、ニューヨークでフェルミと彼の妻、そして、ボーアのもとで学んだジョン・ホイーラーと会った。ボーアは新発見について何も話さなかったのだが、しばらくすると誰もがそのことについて知っているような状況になっていて、その時点でようやく、ローゼンフェルトに守秘義務を伝え忘れていたことに気づいたのだった。こうなったら公にするしかないと考えたボーアは、数日後にワシントンで開かれる理論物理学の会議で新発見について説明する決心をした。会議には、ハンス・ベーテ、エドワード・テラー、ジョージ・ガモフ、ハロルド・ユーリー、イジドア・アイザック・ラービ、オットー・スターン、グレゴリー・ブライトといった世界屈指の物理学者が集まった。予想どおり、新発見のニュースが発表されると誰もが強い衝撃を受けた。

新発見について聞いたフェルミは、複雑な心境を抱いた。自分がこの発見を成し遂げられる一歩手前まで来ていたことに気づかされ、悔しかったと同時に、この歴史的な発見をできるだけ早く検証することが重要だとも考えた。フェルミはすぐにコロンビア大学で検証実験に着手し、新発見が正しいことを確認して満足した。ウランの原子核は確かに分裂していたのである。

会場は新発見の話題で持ちきりになった。その後のある晩、ボーアとホイーラー、フェルミ、レオ・シラードが夕食を囲んで、アイデアを出し合った。なかでも興味深かったのは、ボーアがそのとき何気なく触れたアイデアだ。ウランの原子核が半分に分裂して軽い原子核が二つ生じたとしたら、正確な個数まではわからないものの、いくつかの中性子が余ると考えられる。核分裂の際に複数の中性子が放出されれば、それらがほかの原子核に衝突して、新たな核分裂、つまり「連鎖反応」を引き起こすかもしれない。最初は小さな数でも、倍々に増えていけば、すぐに膨大な数になる。核反応では、何分の一秒という短い時間に新たな核分裂が起きるため、きわめて短い時間に驚くほど大きなエネルギーが放出されることになるのだ[10]。

そんなアイデアに思いをめぐらせて興奮したボーアは、自分といっしょに可能性を探ってみないかと、ホイーラーに持ちかけた。ホイーラーが話に乗り、二人は共同で研究し始めたが、いくつか追加で実験する必要があることにまもなく気づく。そこでプリンストン大学の装置で実験を行い、原子核に衝突する中性子のエネルギー（速さ）が、核分裂が起きる割合にどのような影響を及ぼすのかを調べた。彼らは特に、中性子の速度が遅い（エネルギーが小さい）場合と速い（エネルギーが大きい）場合とで、核分裂が起きる割合に大きな違いが出るかどうかを知りたかった。まず、きわめて大きいエネルギーをもった中性子をウランに衝突させると、中性子のエネルギーが大きいほど、核分裂が起きる確率が高くなった。これは予想どおりの結果だったが、その一方で、予期しない結果も得られた。ごく小さいエネルギーしかもたない（低速の）中性子を衝突させても、核分裂が起きる確率が高くなったのである。低速

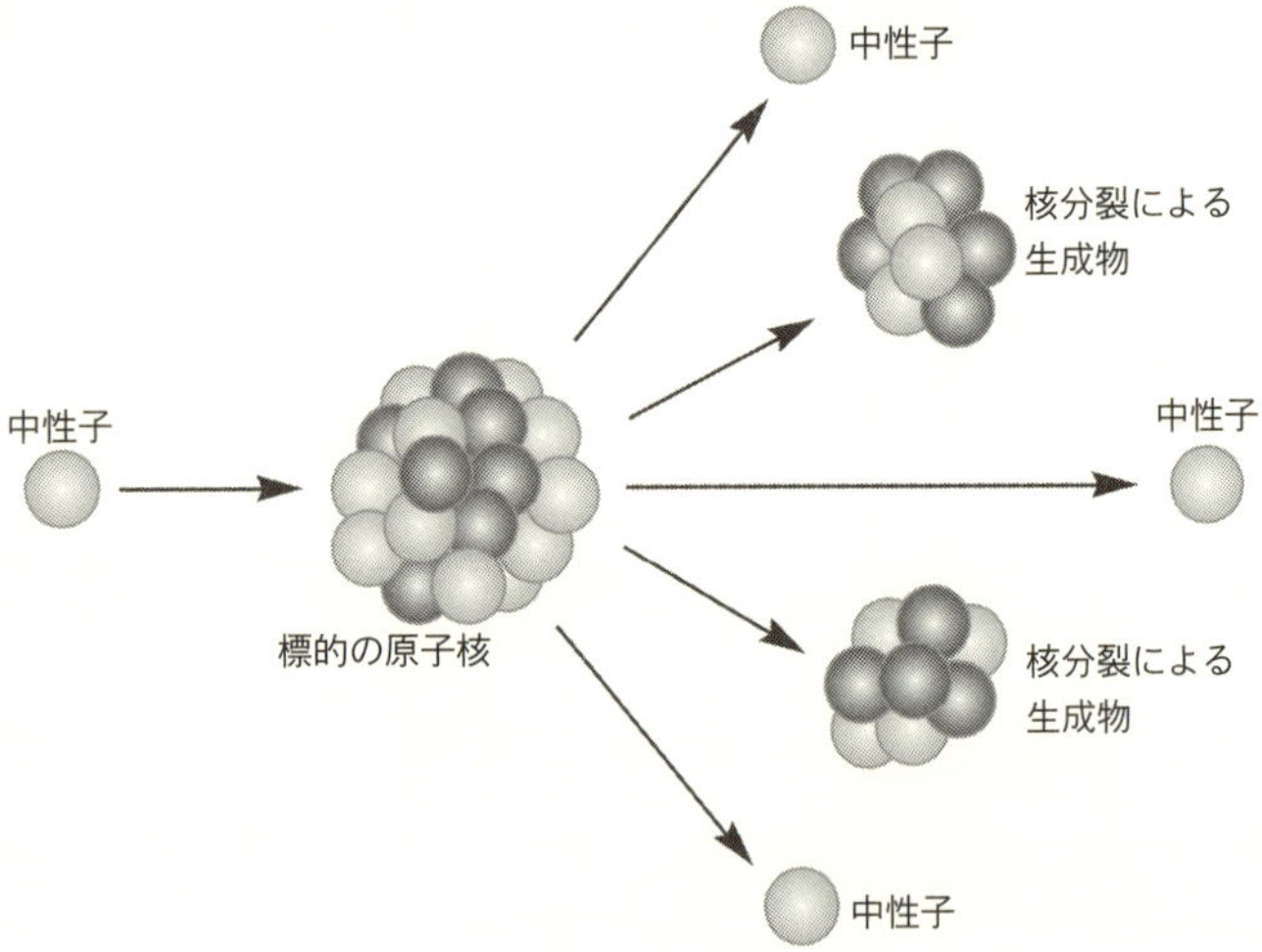

核分裂の連鎖反応

の中性子でも、高速の中性子でも核分裂が起きる確率が高くなったという結果に、ボーアとホイーラーは首をひねった。二人はその理由が何なのかを検討し、実験に天然ウランを使っているのが原因ではないかと考えた。

これがなぜ重要なのかを理解するには、元素の構造について詳しく見ていかなければならない。前に説明したように、原子核には一定の数の陽子と中性子が含まれている（ここでの説明に電子は関係ないので無視する）。元素には、それぞれ固有の質量数（A）（原子量と密接に関連している）と原子番号（Z）がある。質量数は陽子と中性子の数の合計で、原子番号は原子核に含まれている陽子の数だが、それぞれの元素を定義する基になっているのが、原子核中の陽子の数である。たとえば、炭素の原子核には六個の陽子が含まれているが、中性子の数は六個の場合もあれば、七個の場合もある。中性子の数が違っていても別の元素になるわけではなく、陽子の数が同じで中性子の数が異なるものを、同じ元素の

「同位体」と呼んでいる。ウランにも中性子数の異なる同位体があることが知られ、「ウラン238」や「ウラン235」などと表記される。天然ウランには、その二つの同位体が混在している。

ボーアとホイーラーは実験結果を詳細に分析し、低速の中性子を衝突させたときに核分裂が予期せず増えた原因は、ウラン235にあると考察した。一方、高速の中性子が衝突したときの核分裂の増加は、主にウラン238によるものだった。これはつまり、ウラン235の核分裂に必要なエネルギーがウラン238の場合よりも小さいということであり、二次的に生成される中性子がきわめて低速である場合は特に、ウラン235のほうが核分裂しやすいので爆弾に適していることになる。問題は、天然ウランのほとんどがウラン238で、ウラン235は天然ウランに〇・七パーセントしか含まれていないことだ。さらに都合が悪いことに、ウラン235とウラン238は化学的な性質が同じで、化学処理によって分離することができない。拡散法などの物理的な処理が必要になるが、それもなかなか難しい。

当時の二人は気づいていなかったが、同じように考えていた研究者はほかにもいた。パリに暮らすイレーヌ・ジョリオ＝キュリーと夫のフレデリックも、爆弾を製造できる可能性に気づいていた。さらに、ナチスの統治下にあったドイツに依然としてとどまっていたオットー・ハーンも早晩、同様の結論に至ることになる。また、世界屈指の優れた物理学者として名高いヴェルナー・ハイゼンベルクも、世界的に著名な何人かの物理学者とともにドイツにいた。そうしたなかで、核分裂を利用した爆弾の可能性をとりわけ強く懸念していたのが、レオ・シラードだった。

レオ・シラードはその数年前に、ドイツからアメリカへ渡ってきていた。ユダヤ人である彼は、ヒトラーが権力の座に就くと、自分がドイツにいられる時間はあまりないと悟り、一九三三年にイギリスへ渡って、その後アメリカに移住した。興味深いのは、シラードが当時すでに超強力爆弾について考え始めていたことだ。彼はみずからの懸念をフェルミに打ち明けたものの、フェルミは爆弾が製造できるとは考えておらず、真剣に受け取らなかった。フェルミの反応にがっかりしたシラードは、みずから行動を起こすことにする。[11] 当時知られていた世界最大のウラン鉱山がベルギー領のコンゴにあることを、彼は知っていた。ドイツの科学者たちがウランの重要性に気づけば、彼らはウランを買えるだけ買い占めようと急ぐだろう。それだけは何としても阻止しなければならないと考えたシラードは、アインシュタインがベルギーの王太后と個人的に親しいことを思い出した。当時、アメリカのプリンストン高等研究所に在籍していたアインシュタインにすぐに電話したが、あいにく彼はロングアイランドの別荘に滞在中だと告げられた。

アインシュタインの住所を教えてもらうまでは良かったのだが、シラードはそこで問題に突き当たる。彼は車が運転できなかったのだ。友人のラービに運転を頼み、いくつかのトラブルに見舞われながらも、何とか別荘にたどり着き、アインシュタインに迎えられた。シラードから新発見のニュースを聞くと、何も知らなかったアインシュタインは驚き、すぐに懸念を示した。ドイツがそうした爆弾を製造すれば、おそらく実際に使うだろう。そこが気がかりだったのだ。シラードはベルギー領コンゴにあるウラン鉱山について話し、ベルギーのエリザベート王太后に手紙を書いてはどうかと提案してみた。アインシュタインは王太后を困らせはしないかと乗り気でなかったが、それでも、ベルギーの内閣の一員である友人に手紙を書こうと申し出た。

さらに、ほかにもできることはないか、二人は話し合った。ホワイトハウスに手紙を書く案も浮上したが、シラードの名で出せば無視されるだろう。アインシュタインの名で出せば真剣に受け止めてもらえるのではないかと考え、シラードが書いた手紙にアインシュタインが署名することで話がまとまった。次の問題は、ルーズヴェルト大統領の手元までどうやって手紙を届けるかだ。大統領に直接届かなければ、何かを動かすことはできないだろう。シラードは、大統領のもとをときどき訪れているアレグザンダー・サックスという名の知人のことを思い出した。一九三九年八月一五日、サックスがその役目を引き受けると、シラードは彼に手紙を託した。

当時は、ドイツ軍がポーランド侵攻にとりかかろうとしていた時期で、大統領は多忙の極みにあった。サックスはなかなか面会の約束を取りつけることができず、何度か試みた末、一九三九年一〇月にようやく手紙を渡すことができた。大統領は、何か手を打たなければならないという点で同意し、ウランに関する諮問委員会の創設を認可した。一〇月二一日に開かれた最初の会合で、委員会は中性子にかかわる実験の予算として六〇〇〇ドルを割り当てた。シラードはその額の少なさにがっかりしたが、少なくともこれが第一歩になったと割り切った。

しかし、爆弾を製造できる段階に至るまでに、いくつか乗り越えなければならない壁があった。まず、ウランを精製しなければならない。当時、ウランの利用法は知られておらず、採掘量もごくわずかだったため、生産されていた少量のウランもその純度は低かった。また、ボーアとフェルミが有望だとみていたウラン235は、天然のウランには少量しか含まれておらず、分離する必要があった。さらに、これも重要だったが、核分裂の反応を制御する装置を開発する必要もあった。これは爆弾が製造できるかどうかを判断するには必須の装置で、それはやがて「原子炉」と呼ばれるようになる。核反応を制御するには、核分裂で放出される中性子の速度を下げる物質「減速材」も必要だ。減速材としては、重水とグラファイト（黒鉛）が知られていたが、重水は高価だったため、グラファイトのほうが適当だと考えられた。

開戦

一九三九年九月、ドイツがポーランドに侵攻して、第二次世界大戦が始まった。ヒトラーが反ユダヤ政策に着手したため、アルベルト・アインシュタインなど第一線で活躍する物理学者を含む、数多くのユダヤ人がドイツから脱出した。しかし、ノーベル賞を受賞したヴェルナー・ハイゼンベルクはユダヤ人でなかったため、国を離れるつもりはなく、アメリカのいくつかの主要大学から誘いを受けていたものの、すべて断っていた。ドイツ人として、必要とされるときに国に貢献しなければならないと感じていたのだ。また、開戦した頃には、ナチス政権も超強力爆弾を製造できる可能性について耳にしていて、ドイツの一流科学者（国を離れなかった数少ない科学者）を集めてウランの核分裂を研究し始めていた。このグループは「ウランフェアアイン」（ウラン・クラブ）と呼ばれ、メンバーには、核分裂を発見したオットー・ハーンをはじめとする著名な科学者が名を連ねていた。[12] 爆弾を製造するには実験に基づいて研究する科学者が必要だったため、当初、ウラン・クラブのメンバーは理論物理学者のハイゼンベルクを招き入れるのをためらっていた。彼はアインシュタインを含めたユダヤ人の科学者と親しいこともあって、好ましい存在とはみなされていなかったのである。興味深いのは、ハーンもどちらかというとこのクラブの活動に消極的で、結局はほとんど何の貢献もしなかったことだ。この活動への異議を唱え続けたが、当然のことながら、そうした意見が通ることはなかった。一九三九年九月下旬、クラブは立ちはだかる難題の解決に力を借りようと、ハイゼンベルクを招き入れた。彼はまもなくクラブのリーダーとなった。

ハイゼンベルクがまず気づいたのは、まず原子炉を製作しなければならないことだ。爆弾で起きる反応をゆっくりと起こす装置である。原子炉に使う減速材として最適なのは重水（重水素）だったが、ドイツでは重水があまり生産されておらず、ノルウェーのヴェモルクにある工場で生産されていた。当時、ドイツはまだノルウェーに侵攻していなかったため、必要な重水を購入しなければならなかった。しかも、その工場は、首都オスロから二四〇キロほど離れた辺境の地にあり、フィヨルドを見下ろす高台に設けられていた。

ドイツはその工場の経営者に、手に入る限りの重水を買い占めたいという話を持ちかけた。経営者側はその話に驚き、なぜドイツが大量の重水を必要としているかを知りたがったが、その質問への回答が得られなかったため、売却を拒否した。それと同時期に、パリのジョリオ＝キュリー夫妻もアメリカやドイツと同じ結論に至っていた。爆弾を製造するには原子炉が必要で、減速材として重水が欠かせない。フランス政府もやはりヴェモルクに使節を派遣し、重水が必要な理由を説明すると、ノルウェーの高官は手持ちの重水をすべて無償で提供すると約束した。

しかし一九四〇年四月、ドイツがノルウェーに侵攻すると、状況が一変する。ドイツ軍はすぐに工場を襲撃し、残念ながら重水がすべてフランスへ出荷されていたのを知るや否や、重水の生産を加速するように命じ、すべての重水を一滴残らずベルリンに出荷するように求めた。

一九四〇年六月初め、ドイツがフランスにも侵攻し、六月一四日にパリが陥落すると、ウラン・クラブの物理学者たちは重水とウランを見つけようと、ただちにジョリオ゠キュリーの研究室へ足を踏み入れた。しかし、それらはすでに運び出され、積み込まれた船は撃沈されたのだとジョリオ゠キュリーが言い張ると、ドイツ側はその説明を受け入れた。重水とウランは、実際にはイギリスへ運び出されていたのだった。

その頃には、ドイツによる研究はかなりの進展を見せていた。ウラン・クラブの研究者の一人は、ウランを核反応に使えるようにするには、ウラン235の濃度がウラン238より七〇パーセント高くなるまでウランを濃縮する必要があるとの計算結果を出していた。また、ウラン238が一個の中性子を捕獲するとウラン239が生成され、それは半減期が二三分しかない不安定な同位体であることも、ウラン・クラブは発見していた。クラブの一員であるカール・フリードリヒ・フォン・ヴァイツゼッカーによると、それが放射性崩壊すると新しい元素ができ、核分裂する可能性を秘めているという。原子炉を製造すれば、爆弾に使える新たな元素が得られる可能性があるということだ。

一九四〇年夏、ベルリンにあるカイザー・ヴィルヘルム研究所に建てられた新しいビルが、ウラン・クラブ専用に割り当てられた。「ウイルス・ハウス」と呼ばれ、隣は物理学研究所だった。その頃、ドイツは大量のウランと重水を手に入れ、ジョリオ゠キュリーの研究室から重要な最新の知識をいくつも入手していた。しかし、まもなくウラン・クラブは、天然ウランからウラン235を分離する手法を開発する段階になって、大きな壁に突き当たることになる。

イギリス側の動き

その頃、オットー・フリッシュは多忙な日々を送っていた。彼はイギリスへ移住し、バーミンガム大学でルドルフ・パイエルスと共同で研究に取り組んでいた。パイエルスは以前、ローマ大学のフェルミのもとで研究していたことがある。彼はフリッシュとともに、爆弾の製造に必要なウラン235の量を求めてみた（この量はのちに「臨界質量」と呼ばれるようになる）。二人が算出した必要量は驚くほど膨大だったが、それでも、二人の研究で爆弾が製造可能であることが明らかになった。彼らの報告書では、臨界質量よりも小さなウラン235の塊が二片必要であると結論づけられている。その二片を合わせると臨界質量を超えるのですぐに爆発が起きるが、一つ一つは臨界質量より小さいため、安全に取り扱うことができる。一九四〇年、イギリスでは二人の研究を受け、原子力研究のためにMAUD委員会と呼ばれる組織が設立された。この名称の由来が何なのかは、はっきりわからない。これはいくつかの単語の頭文字を組み合わせた頭字語ではなく、マイトナーがイギリスの友人に送った電報からとられたようだ。電報の終わりにMaudという名前が出てきて、これは何かの暗号ではないかと思われていたのである。後に判明したが、実際にはそうではなかった。

一九四一年七月、MAUD委員会は二つの報告書を発行した。[13] 一つ目の報告書によると、およそ一一キロの濃縮ウランを使えば、TNT火薬一八〇〇トン分の破壊力をもつ爆弾を製造できるという。ただちにアメリカと共同で研究を開始すべきだというのが、委員会の提言だった。当時、こうした爆弾の製造に関しては、アメリカのほうがはるかに多くの資金や人材をもっていたからだ。それに加えて、イギリスでは「チューブ・アロイズ」というコードネームで呼ばれる新しいプロジェクトが開始され、カナダと共同で核兵器の開発を進めることにもなった。

ＭＡＵＤ委員会の最終報告書は非公式に、アメリカの科学研究開発局のヴァネヴァー・ブッシュ局長に送られた。その結論は副大統領に報告され、爆弾を製造する可能性について数多くの議論がなされたが、具体的な動きはほとんどなかった。

このためイギリスは一九四一年八月、ＭＡＵＤ委員会のリーダーの一人であるマーク・オリファントをアメリカに派遣し、いったい何が問題なのか、状況を確認することにした。そこで彼が目の当たりにしたのは、アメリカのウラン委員会が報告書を金庫に入れたまま、それについてほとんど何の行動も起こしていなかったという、愕然とすべき事実だ。オリファントはすぐさま、アメリカのウラン委員会のメンバーたちに会い、行動を起こす重要性を力説した。九月には物理学者のアーネスト・ローレンスと会い、そのすぐあとには同じく物理学者のロバート・オッペンハイマーも合流した。オッペンハイマーは、イギリスによる爆弾研究の成果に驚いた。

ローレンスは、シカゴ大学のアーサー・コンプトンに連絡をとった。コンプトンの主催する米国科学アカデミーの審査委員会は、報告書を提出するようブッシュから求められ、物理学者のロバート・オッペンハイマーにも協力を要請した。ウラン２３５についてはまだ疑念が残っていたものの、カリフォルニア大学のグレン・シーボーグが九四番目の元素（プルトニウム）を生成することに何とか成功し、五月一八日には、その元素の核分裂を起こす確率がウラン２３５の二倍近いことを示していた。プルトニウムもまた原子爆弾に適した材料だということだ。原子炉を製造できれば、この新たな元素を比較的簡単に生成できるようになる。

その後、ＭＡＵＤ委員会の正式な報告書がアメリカに届き、一九四一年一〇月末にはコンプトンの審査委員会の報告書も提出された。どちらの報告書も緊急度が高く、ウラン235はおよそ一一キロの質量で臨界に達するという内容だった。

そして現地時間の一九四一年一二月七日、ハワイの真珠湾に停泊中の米軍艦隊を、日本の空母から派遣された戦闘機が急襲した。翌日、ルーズヴェルトは日本に対して宣戦布告し、まもなくアメリカはドイツとイタリアとも戦うことになる。

ハイゼンベルクとボーア

一九四〇年一二月には、ハイゼンベルクの研究チームは初めて原子炉を完成させていた。比較的簡素な装置であり、連鎖反応を起こすことはできなかったが、同様の実験はハイデルベルクとライプチヒでも進んでいた。ライプチヒでの実験ではパラフィン蝋を、ハイデルベルクでは重水をそれぞれ減速材に使ったが、どちらの実験も失敗に終わっている。その原因は、ウランの濃縮が足りずウラン235の量が少ないことにあるように思われた。当時すでにドイツの研究者は、原子炉で原子番号九四の元素を生成できれば、それも非常に優れた爆弾の材料になることを突き止めていた。プロジェクトを加速する材料はほかにもあったが、それにはさらに多くの重水が必要だったうえ、英米で進む研究も気にし始めた。自分のグループは彼らよりはるかに先を行っているとハイゼンベルクは確信していたものの、本当にそうなのか確かめる必要があった。[14]

デンマークは一九四〇年四月にドイツに占領されていたが、ボーアはコペンハーゲンの理論物理学研究所に残ることに決めた。彼はユダヤ人の子孫だったが、デンマーク政府は降伏条件の一部として、デンマーク在住のユダヤ人に危害を加えないとの条件を出していたのだ。ボーアなら英米の研究の進捗状況を知っているだろうが、どうやって彼に話しかけるかが、ハイゼンベルクにとっては問題だった。二人とも厳しく監視されていたからだ。

ドイツはデンマークを占領したとき、コペンハーゲンにドイツ文化研究所を設立していた。そこで理論物理学に関するシンポジウムを開き、ハイゼンベルクとボーアの両方を招く提案書が、ドイツの外務省に提出された。シンポジウムは一九四一年九月半ばに開かれることが決まり、ハイゼンベルクはボーアに早く話したくて仕方がなかったが、一方で、どんな反応が返ってくるかが気がかりだった。ボーアとは長年いっしょに研究して親しい間柄にあったが、今は状況ががらりと変わってしまった。ボーアはシンポジウムへの出席に乗り気ではなく、そうした会合のほとんどは参加を拒否してきた。とはいえ、ドイツによる原爆の開発がどこまで進んでいるのかも気になっていて、ハイゼンベルクがそれにかかわっていることを知っていた。

ハイゼンベルクは二度、ボーアの研究所を訪ねて昼食をいっしょに食べた。しかし、ボーアはすぐにハイゼンベルクの話にうんざりした。ハイゼンベルクは、ドイツが戦争に勝つのは重要で、東欧の発展を支えると話したのである。ボーアはその意見には断じて反対だった。二度目の会合で、ドイツの原爆開発がどこまで進んでいるのかとボーアが尋ねると、ナチスの秘密警察であるゲシュタポに一挙手一投足を監視されていることを知っていたハイゼンベルクは、ボーアの書斎へ移ろうと提案した。

話し始めてボーアが気づいたのは、ハイゼンベルクがドイツの原爆開発に対して、持てるすべての力を注いでいるということだ。ボーアはこれにショックを受けた。次にハイゼンベルクは、何かのスケッチを描き始めた。ボーアは最初、原子爆弾の図かと思って不快感を抱いたが、実はそれは原子炉のスケッチだった。そしてハイゼンベルクは、英米の研究の進捗について探りを入れ始めた。ボーアはハイゼンベルクが秘密を聞き出そうとしているのだとすぐに怪しみ、ほとんど何も話さなかった。二人にとってこの会合は、ほぼ大失敗だと言ってよかった。

マンハッタン計画

真珠湾攻撃を受ける直前の一二月六日には、のちにマンハッタン計画と呼ばれることになる計画が動き始めていた。全米の研究所でさまざまな計画が立ち上げられたが、研究所間の連携はほとんどなく、計画にかかわる人々の多くが、その進捗に不満をもち始めた。何か手を打たなければならない。

科学研究開発局の局長であるヴァネヴァー・ブッシュは、研究所間の連携を取りまとめる人物の必要性を指摘し、計画全体の指揮は陸軍工兵隊が担当すべきであると提案した。しかし、研究者の多くは陸軍将校に指図されるのを好まず、その提案を歓迎しなかった。結局ブッシュは、マンハッタン計画の軍の責任者に、軍の建設事業を監督した経験が豊富で実務的な人物として知られるレスリー・グローヴズ大佐を選んだ。当初、グローヴズはその役割に乗り気ではなかった(15)。物理学に関する知識はほとんどなかったうえ、原子爆弾が役に立つなどとは大して考えていなかったからだ。しかも、ぶっきらぼうな性格で部下にも人気がなかった。とはいえ、与えられた任務はきっちりこなすだろうとは誰もが考えていて、実際のところ、グローヴズはこの仕事にうってつけの人物だった。

グローヴズは准将に昇格し、新たな任務を割り当てられてから数週間のあいだに、計画にかかわる全米の研究所を視察して回った。コロンビア大学を訪れたときには、天然ウランからウラン２３５を分離する研究に取り組んでいたハロルド・ユーリーと懇談し、シカゴ大学では、最初の原子炉の製作にかかわっていたフェルミと面会した。その後、カリフォルニア大学バークレー校を訪問したグローヴズは、「サイクロトロン」と呼ばれる大型の粒子加速器を製作中のローレンスと会った。この視察旅行では、感銘を受けた部分もあったものの、がっかりしたこともあった。根本的な問題は、実質的な組織も協力関係もなく、関係者のあいだに切迫感もない点であるように思われた。

バークレー校でロバート・オッペンハイマーと話したとき、グローヴズはほぼ会った直後から、彼の才能に感銘を受けた。オッペンハイマーは、爆弾の製造という目標を達成するために何が必要かを総合的によく理解し、それが成し遂げられるとの揺るぎない確信をもっていた。彼の熱意と自信が、グローヴズの心を動かした。グローヴズは当初、マンハッタン計画の科学責任者にローレンスを選出しようと考えていたが、オッペンハイマーに会ったあとに考えを変えた。オッペンハイマーこそが適任だとの確信を得たグローヴズは、軍事政策委員会の次の会合で科学責任者の候補として彼の名を挙げた[16]。しかし、オッペンハイマーについて少し調べてみると、いくつかの問題があることがわかってきた。彼が一流の科学者であることは誰もが認めていたが、彼は組織で人の上に立った経験がない。しかも、連邦捜査局（ＦＢＩ）の調べで、オッペンハイマーの親友や兄弟が共産党とつながっていたことが判明し、彼が安全保障上のリスクになり得ると指摘された。グローヴズはＦＢＩからほかの候補を探すように言われ、さまざまな可能性を探ったが、調べれば調べるほど、オッペンハイマーがこの仕事の適任者であるとの思いが強くなるだけだった。グローヴズはかたくなに彼の名を再び挙げ、議論の末に、ようやくオッペンハイマーは受け入れられた。

計画をどう進めていくか、グローヴズはさっそくオッペンハイマーと協議を始めた。すべての科学者を一カ所の研究所か複合施設に集めるべきというのがオッペンハイマーの提案だったが、それはグローヴズが考えていたことでもあった。施設が世間から注目されないよう、人里からある程度離れた場所に設けなければならない。オッペンハイマーはそれまでにニューメキシコ州の北部で何度も過ごしたことがあり、その地域が必要条件をすべて満たしているのではないかと考えた。一つ頭に思い浮かんだのは、サンタフェのおよそ五〇キロ北にある、ヘメス・スプリングス近くの場所だった。一九二八年の夏、結核を患った彼が療養した場所であり、そこが理想的であるように思われた。「ロスアラモス牧場学校」と呼ばれる学校が設立されていたのだが、当時、破産の危機に瀕していたのだ。グローヴズは一帯を訪れ、オッペンハイマーの意見に同意すると、学校と周辺の土地をすぐに買いとった。

とはいえ、計画は最初から順調に進んだわけではなかった。オッペンハイマーは、三〇人ほどの科学者を集めれば十分だと考え、その程度の人数ならば自分でも統率する自信があった。さっそく彼はローレンスとともに、一流の科学者を引き入れようと全米を回り始める。辺境の地に隔離され、極秘任務を任される生活に耐えられるのか自信がもてず、なかなか誘いに乗ろうとしない者もいた。さらに、施設周辺での町や研究所の建設などを陸軍が進めていることも、人材を集める障害となった。さらに、グローヴズが研究の部門を縦割りに区分したがっていることも、科学者にとっては気がかりだった。それぞれの部門は爆弾の開発について、自分たちが担当する研究に関してはすべてを知ることができるが、その他の部門の研究はほとんど知らされない。計画の全容を知っている者の数が少なければ少ないほど、好ましいというわけだ。しかも、機密保持が最も優先され、研究成果を公にすることができない。これは、科学者の通常の仕事の仕方とは異なる。

こうした条件のすべてが、人材を集めるオッペンハイマーにとっての障害となった。また、当初三〇人だった必要な科学者の数は一〇〇人へと増え、その後、一五〇〇人へと膨れ上がった。最初の数カ月、施設の周辺は見るも無残な状態にあった。建物や研究所、道路、その他の施設が建設中で、おまけに、春の陽気でいたるところがぬかるんでいた。そんななかで、オッペンハイマーは全員が気持ちよく過ごせるように気を配らなければならなかった。何しろ、ここに集めてきたのは、エドワード・テラー、ハンス・ベーテ、フェリックス・ブロッホ、リチャード・ファインマン、ロバート・サーバーといった、世界の名だたる物理学者たちだ。顧問には、エンリコ・フェルミとイジドア・アイザック・ラービが名を連ねている（二人はすでに戦争に関する重要なプロジェクトにかかわっていた）。

彼らに課された研究課題は、ごく単純であるように見えた。臨界に達するのに十分な量の濃縮ウラン（高濃度のウラン２３５）を手に入れ、臨界未満の二つの塊を適切なタイミングで結合させて、連鎖反応を起こす。臨界に達するのに必要な質量の最初の計算結果は、有望なものではなかった。質量があまりにも大きすぎて、とても爆弾の形で飛行機に載せて運べるような重さではなかったのだ。しかし、塊を覆う反射材（タンパー）を設けることによって、核反応で生じた中性子を塊の内側へ反射させる方法が考案され、臨界に必要なウラン２３５の質量をおよそ一五キロまで低減できた。それと並行して、プルトニウムなら五キロほどの重さがあれば爆弾を製造できることも判明した。プルトニウムを製造するには原子炉を製作する必要があったため、大半の労力はウラン２３５の研究に注がれた。

とはいえ、実際にはいくつかの問題があり、連鎖反応を維持するには臨界質量よりもわずかに大きな質量が必要で、それは「超臨界質量」と呼ばれた。超臨界質量未満の二つのウラン塊を結合させると、二万トンのＴＮＴ火薬に相当する爆発力が生じる。しかし、ここで問題なのは、二つの塊をきわめて速い速度でぶつけなければならないということだ。速度が遅いと、塊の一部が核分裂を起こして爆発し、その他の部分が核分裂を起こさないうちに吹き飛ばされてしまう。計算では、二つの塊を秒速およそ一〇〇〇メートルで衝突させなければならないが、これはどんな爆弾を使っても生み出せないほど高速だった。当時、最も速い砲弾でも秒速およそ九四〇メートルまでしか出せなかった。

さらに、核分裂の引き金となる中性子にかかわる問題もあった。連鎖反応を起こすには中性子が一個あればよいが、その一個を二つの塊が衝突した瞬間に投入しなければならない。問題は中性子がいたるところに存在することだ。中性子は宇宙から常に降り注いでいる宇宙線によっても生じる。宇宙線と言っても実際には光線や放射線のようなものではなく、主にさまざまな元素の原子核や陽子、電子といった各種の粒子だ。それらが大気に当たると中性子が生成され、その中性子によってウランやプルトニウムの核分裂が起きてしまうのだ。周囲の中性子の影響を受けないよう、爆弾を遮蔽しなければならない。爆弾を遮蔽できたとしても、二つのウラン塊が合体した瞬間に連鎖反応を引き起こすためには、適切な中性子源が必要だ。臨界未満の一方の塊をもう一方に衝突させる砲身状のデザインが考案されたが、このデザインは問題が多かったため、爆縮（インプロージョン）という現象を活用した方法も提案された。球状のウラン塊の周りに従来の爆薬を詰めて爆発させれば、球体が圧縮されて塊が合体し、臨界に達して爆発するという仕組みだ。しかし、この方法にもいくつかの問題があった。それと同じくらい研究者を悩ませていたのは、簡単な原子炉さえも建設できていないという事実だった。

最初の原子炉

最初の原子炉の建設は一九四二年秋に始まった。原子炉は、言ってみれば、原爆で起きる反応をゆっくりと起こす装置で、核分裂の連鎖反応が起きていること、そして、原爆の製作が可能であることを確認するために必要だ。中性子やその衝突に関する研究で第一人者だったエンリコ・フェルミが、この研究の責任者に選ばれた。シカゴ大学のフットボール場の観客席の下にラケットボール用の室内コートがあり、原子炉はそこに建設された。長さが三〇センチ、高さと幅が一〇センチのグラファイトのブロックを幾層も積み重ねた外観から「パイル」と呼ばれ、やがて周囲に足場が設置されて、その上部へ簡単に登れるようになった。まずグラファイトのブロックを二層重ね、その上にウランの塊を入れたブロックを二層積み重ねていく。パイルには、カドミウム製の制御棒が挿入されている。カドミウムは中性子をきわめて吸収しやすい物質で、その棒を出し入れすることによって核反応を制御する。(17)

フェルミの助手として中心的な役割を果たしたのは、ハーバート・アンダーソンとウォルター・ジンという二人の科学者だ。二人がそれぞれ率いるグループは一二時間交代で働き、研究が二四時間途切れなく続く体制がとられた。パイルの内部には中性子の数を測定する計数管(カウンター)が複数設置され、パイルを徐々に積み上げていくあいだも、放出される中性子の数が入念に監視された。原子炉の中で発生する中性子の数の指標として、k(中性子増倍率)というパラメータが使われた。kが一・〇になると、パイルは臨界に達し、核分裂の連鎖反応が持続する。フェルミは、kの値が一・〇をわずかに超えたところで実験を終えるつもりだった。その時点で止めないと、核分裂を制御できなくなり、爆発するおそれがあったからだ。

一九四二年一二月一日の午後遅く、kの値があと少しで一・〇というところまでパイルが仕上がり、翌日には臨界に達すると予想された。翌朝、原子炉を見下ろせるバルコニーに数多くの見物人が集まった。フェルミの指示を受けた助手が、カドミウムの制御棒の一本をパイルからゆっくりと抜き始める。

すると、中性子計数管が発するカチカチという音が急増した。そこでフェルミは、パイルの建設中と同じように、小さな計算尺を使って手早く計算すると、制御棒をさらにもう少しだけ引き出すよう助手に指示した。カウンターが発する音は、さらに増えた。

誰もがまだかまだかと待ちわびるなか、驚いたことにフェルミはそこで昼休みを宣言した。そして昼食後、再び全員が集まり、フェルミが制御棒を昼食前の位置からさらに引き出すよう助手に指示すると、カウンターが荒れ狂ったように鳴り出した。パイルが臨界に達したのである。その後数分間にわたってカウンターを鳴りっぱなしにさせたあと、フェルミは制御棒を再び中へ入れるよう助手に言った。

これが原子力時代の始まりだと、大半の科学者は考えている。このパイルは初めて正常に動作した原子炉ではあるが、原子爆弾を完成させるには、まだまだ長い道のりを歩まなければならない。とはいえ、原爆を製作できることは確実な状況となった。

マンハッタン計画は続く

マンハッタン計画の研究が本格的に始動した。大きな課題は、天然ウランからウラン235を分離することだった。ウランの原子核はあまりにも大きくて不安定であるために核分裂を起こし、二つに分割しやすい。ウランの同位体はどれも陽子の数が九二個だが、中性子の数はウラン238が一四六個に対し、核分裂を起こしやすいウラン235のほうは一四三個だ。ウラン235に中性子を衝突させると、その原子核が分裂してバリウムとクリプトンが生成される。ここで重要なのは、この分裂に伴って中性子も放出され、それがほかのウラン235に衝突して新たな核分裂を引き起こすことである。問題は天然ウランに含まれているウラン235の割合が一パーセント未満だということだ。爆弾を製造するにはウラン235が必要で、一〇〇パーセントとはいかないまでも、ウラン235の濃度を高めた濃縮ウランが少なくとも必要だった[18]。

ウランの濃縮には、ガス拡散法、熱拡散法、電磁法という三つの方法が採用された。ガス拡散法では、天然ウランとフッ素の化合物（六フッ化ウラン）を気化させ、無数の微小な孔の開いた隔壁に通すことによって濃縮させる。重いウラン238のほうが隔壁を通過しにくいという性質を利用した手法で、同じ操作を繰り返すことによって徐々にウラン235の濃度を高めていく。戦時中の拡散技術では、濃縮ウランをマイクログラム（一〇〇万分の一グラム）単位の量しか生成できなかったため、爆弾の製造に必要な濃縮ウランを妥当な期間内に得るには、きわめて大規模な施設が必要だった。こうして一九四三年、テネシー州オークリッジにウラン濃縮工場の建設が開始された。この工場は「K－25」と呼ばれ、すべてが極秘にされていたため、そこで働いている従業員ですら工場の目的を知らなかった。ガス拡散装置の製造を担当したのは、クライスラー社である。この装置はニッケルで製造する必要があったが、当時ニッケルが不足していたために、クライスラー社はこの問題を回避する手法を開発した。

工場は面積が二〇万平方メートル近くあるという広大なもので、全長およそ一万六〇〇〇キロという長大な管にガス化されたウランを通して、爆弾に必要な量の濃縮ウランを生成する。一トンのウラン鉱石から得られる濃縮ウランは、わずか六キロ余りだった。

第二のウラン濃縮方法は、電磁法だ。ローレンス率いる研究チームがカリフォルニア州バークレー校で開発した手法で、ローレンスが開発した新型のサイクロトロン（加速器）が必要になる。この手法ではマイクログラム単位の量の濃縮ウランしか生成できなかったため、グローヴズはほとんど期待していなかったが、ガス拡散法がうまくいかなかった場合の予備の手法として、開発を承認した。電磁法で濃縮ウランを生成する工場もオークリッジに建造され、「Y－12」と呼ばれた。ガス拡散法の工場と同じくらい巨大で、やはりその目的を知っている従業員は誰もいなかった。

この二つの濃縮法をもってしても、計画の進捗は遅すぎるとグローヴズは感じ、オークリッジに熱拡散法の工場も建設する決断をした。工場はたった六九日という驚くほど短い期間のうちに完成したが、やはり生成できる濃縮ウランはわずかだった。しかし、熱拡散法で天然ウランを濃縮し、それを改めて電磁法で濃縮すると効率が格段に上がることが、そのうちわかってきた。

これらの研究を進める一方で、グローヴズは予備の研究をもう一つ用意していた。一九四二年後半にはフェルミが原子炉の製造が可能だということを示していたが、その頃には、原子炉を使えばウラン238からプルトニウムを生成でき、プルトニウムも核分裂を起こしやすいことがわかっていた。しかも、比較的高濃度のプルトニウムは、ウラン235に比べて速く生産できる。このためグローヴズは、ワシントン州ハンフォードに三基の原子炉を建造するように指示した。コードネームは「クイーン・メアリー」だ。それまでに建造されていた原子炉は比較的小型のものが一基しかなかったが、ハンフォードに建造する原子炉はそれと比べるとはるかに大型だったため、技術の開発ペースを上げる必要があった。奇妙なのは、原子炉の建造を指揮したギルバート・チャーチでさえも、原子炉の使用目的を知らなかったことだ。チャーチが全米から集めた四万五〇〇〇人もの作業員には、原子炉の目的はおろか、何を建造しているかさえも知らされなかった。

そして一九四五年初め、ようやく明るい兆しが見え始めた。生産した濃縮ウランとプルトニウムがかなりの量になり、その後数カ月で一個の原子爆弾に必要なウランと、原爆数個分のプルトニウムを用意できたのである。

その一方で、ロスアラモスでの研究も続いていた。目の前に立ちはだかっていた課題は一つ一つ解決され、臨界に達するのに必要なウランやプルトニウムの量も明らかになっていた。臨界質量未満の塊を合体させる手法については、砲身状の装置を使う方法と爆縮（インプロージョン）を利用する方法の二つの研究が本格的に行われたが、砲身状の装置を使う方法はプルトニウムには使えないことが判明した。しかも、ウラン235を使う場合でも、爆縮式ほど効果的ではないようだった。計算上は、爆縮を利用すれば、臨界質量未満の塊でも、爆発によって圧縮されると密度が増加して超臨界に達する。そのうえ、爆発を起こすために従来の爆薬を利用できるのだ。

開発された原子爆弾は二個。一つは濃縮ウランを使った「リトルボーイ」（LB）、もう一つはプルトニウムを使った「ファットマン」（FM）だ。当時は濃縮ウランよりプルトニウムのほうが大量に生産できたため、初期のテストにはプルトニウム爆弾が使われた。

トリニティ実験

一九四五年四月、事態は思わぬ方向に動く。四月一二日、原爆の開発を強力に推し進めていたフランクリン・ルーズヴェルト大統領が死去し、アメリカ合衆国第三三代大統領にハリー・トルーマンが就任したのだ。ルーズヴェルトは原爆の開発について彼にほとんど何も話していなかったにもかかわらず、トルーマンはマンハッタン計画の存在を知っていた。トルーマンにどの程度期待すればいいのか誰もわからなかったが、実際、蓋を開けてみると、彼は原爆開発に取り組むつもりだということが判明した。

ドイツとの戦争はあと数週間で終わるため、原爆はドイツとの戦いで不要なのは明らかだったが、日本は戦争をやめるつもりがなく、長期戦になる可能性もあるように思えた。

とはいえ、原爆を使用するかどうかを決断するためには、それが実際に動作することを実験して確かめなければならない。この実験は「トリニティ」と呼ばれ、ニューメキシコ州アラモゴードの北西およそ一〇〇キロに位置する人里離れた砂漠で行われることになった。爆心地となる地点には高さ約三四メートルの塔が建設され、爆弾はその塔の頂上に設置された。そこからおよそ九キロ離れた地点に、コンクリート造りの司令センターが建設されたほか、敷地内の数カ所に掩蔽壕も設けられた。さらに、爆発の衝撃を測定するために、一帯の各所に数多くの計測機器が設置された[19]。

実験用の爆弾には、小さなオレンジ程度の大きさに成形した、重さおよそ五キロの球状のプルトニウムが使われた。実験は当初、七月四日に予定されていたが、問題が発生したため七月一六日に延期された。しかし、オッペンハイマーの主張により、本番に先立つ七月一四日に予行演習を実施したところ、案の定問題が見つかった。爆薬が入った容器に、わずかなひび割れと窪みが存在したのだ。これがトラブルの原因になるのではないかとオッペンハイマーは危惧したが、二日後の七月一六日に予定されている実験を延期するには、もはや遅すぎる。そこから徹底的な再点検が始まった。ハンス・ベーテは装置の設計を隅々まで調べ上げ、何も問題がないことを確認した。とはいえ、いくつかの不確定要素はあった。なかでも大きかったのは、爆発でどれだけのエネルギーが生じるかだ。TNT火薬にして四万五〇〇〇トン分に相当するとの見方もあれば、一〇〇〇トン分にしかならないとの予測もあった。

爆発実験は、七月一六日の早朝、午前五時三〇分に行われることになった。その数時間前には雷雨が発生したものの、その後雨は上がって空が晴れたため、予定通りに進行できそうな状況となった。目を守るため、見物者全員が溶接用の眼鏡をつけた。カウントダウンが始まり、それがゼロに達すると、誰もが期待しながら息をのんだ。突然、水平線の近くの一点が、まばゆく輝いた。それから数秒後には、光の点が巨大な赤い球へと膨れ上がり、直視できないほどまぶしい光を放った。誰も一言も発しない。爆音が鳴り響き、とどろきが長いあいだ続いた。最初は無言だった見物者たちからも、やがて安堵のため息が聞こえてきた。爆弾は正常に動作したのだ。そのあいだフェルミは、準備しておいた簡単な実験を冷静に進めていた。爆発のエネルギーを推定するため、何枚かの紙片を落とし、それが衝撃波でどこまで吹き飛ばされるかを計測する。彼はこの実験結果から、爆発のエネルギーはTNT火薬にしておよそ一万トンに相当すると見積もった。実験が成功したという知らせは、ただちにトルーマン大統領に伝えられた。

ドイツ側の原爆開発

これで原爆開発の勝負はついた。アメリカは、イギリスの協力を得てドイツに勝ったのだ。とはいえ、ドイツの原爆開発はどうなっていたのだろうか。ヒトラーが原爆を含めた超兵器を求めていたことは疑いようがない。彼は超兵器を開発しているとたびたび自慢げに豪語していたのだが、ドイツが劣勢に立たされると、兵器という兵器をできるだけ早く手に入れたいと考え、原爆よりもV2ロケットのほうが早く生産できると判断して、ロケット開発を重視するようになった。やがてヒトラーは原爆研究のために資金を出す気を失い、研究費をほとんど回さなくなったものの、開発自体は終戦間近まで活発に続けられた。しかし一九四三年までには連合軍のベルリン空襲が頻度を増し、原爆研究の大部分をドイツ南西部へ移さざるを得なくなる。

とはいえ、ドイツの原爆開発がどこまで進んでいるのか、英米は依然として気になっていた。ベルリンで核分裂が発見されたように、ドイツのほうが研究では一歩先を進んでいたからだ。このためグローヴズは一九四三年末、科学者と軍人を集めて「アルソス・ミッション」という作戦を開始した。イタリア、フランス、ドイツに進軍する連合軍に同行し、ドイツの原爆開発や同様のプロジェクトについてできるだけ多くの情報を集めようというのである。サムエル・ハウトスミット博士をリーダーとする三三人の科学者と、七人の将校からなる調査団は、ボリス・パッシュ大佐の指揮のもと、ドイツの重要な物理学者を捕らえ、ドイツが確保しているとみられるウランの発見をめざした。

調査団は、進軍する連合軍の前線部隊の背後についていくことが大半だったが、戦闘に巻き込まれて銃火を浴びることもたびたびあった。こうした活動の結果、およそ一〇〇〇トンのウラン鉱石がドイツへ出荷され、ドイツ国内と同国の占領下にあったフランスへ分配されたことを、まもなく突き止めた。また、ストラスブール大学で発見された書類から、ドイツ南西部のハイガーロッホとヘッヒンゲン、タイルフィンゲンに、核研究に関連する研究所が存在することがわかった。とはいえ問題は当時、東からソ連軍がドイツへ攻め入ろうとしていたほか、フランスもドイツ南西部へ向けて軍隊を進めていたことだ。グローヴズをはじめとする軍の高官は、自分たちより先にソ連やフランスが核研究施設を手に入れるのは阻止したいと考えていた。

パッシュはドイツ南西部へ入るよう米軍の総司令官に申し入れたが、返ってきた答えは、すでに協定が結ばれ、フランスがその地域を占領することが承認されているというものだった。そのため、そこに入るためにはフランスから許可を得なければならない。それを不快に感じたパッシュは、フランスの警備兵をだましてヘッヒンゲンへと向かった。調査団はドイツ南西部へ入ったあとも足止めを食ったが、フランス軍将校と言い争った末に、ようやく通過を許された。

しかし四月二四日の朝、パッシュ大佐率いる調査団がヘッヒンゲンに到着すると、そこには依然としてドイツ軍が残っていた。その後、一時間にわたる銃撃戦が繰り広げられたが、調査団は何とか町へと足を踏み入れ、核研究施設の捜索を開始して、まもなくハイゼンベルクの研究室を発見し、何人かの重要な科学者の身柄を確保できた。ハイゼンベルク自身はすでに姿を消していたものの、そこから数キロ離れた近隣の町ハイガーロッホで、彼が製造した原子炉を見つけた。それは教会の地下の洞窟にあり、円筒形をしていて、蓋がグラファイトで覆われていた。ウランと使用済みの重水は見つからなかったが、重水の入ったドラム缶三つと、およそ一・五トンのウランの塊が近くの畑に埋められているのを、調査団は発見した。

しかし、ハイゼンベルクの行方がわからない。さらに捜索を続けると、パッシュと部下は彼が自宅で待ちかまえているところを発見した。調査団は教会の地下にある洞窟に戻り、必要なものすべてを運び出すと、爆発物を仕掛けて洞窟を爆破しようとした。だが、地上の教会や城まで破壊されてしまうから爆発物の使用はやめてほしいと教会の責任者に懇願され、調査団は爆破を中止した。

その後の調べで、ドイツの研究は原子爆弾を製造するにはほど遠い段階にあったことが判明した。ハイゼンベルクは原子炉が機能するように研究を続けていたが、成功に至っていなかった。原子炉がなければ原爆を製造することはできない。

日本への原爆投下を決断

トリニティ実験によって、原爆が正常に動作することは確認されたが、ドイツとの戦争は終結したため、ドイツに原爆を投下することはできない。一方で、日本との戦いは、米軍が優勢でやがて日本を占領することは確実な情勢だったものの、終わりが見えなかった。果たしてアメリカは原爆を使うべきか、そして、使うとすればどの都市に落とすべきか。当然ながら、原爆の使用に関しては賛否両論があった。日本軍による真珠湾攻撃や、沖縄や硫黄島での日本兵のかたくなな態度を考えると、日本は決して降伏せず、最後の一人になるまで戦ってくるだろう。東京が空襲によって壊滅状態に陥っていたにもかかわらず、日本軍は決して戦いをやめない。米軍に唯一残された道は日本本土への侵攻だったが、そうすれば大量の米兵の命が失われるのは確実で、それを望む声はほとんどなかった[20]。

一方で、原爆投下による影響を懸念する人々も多かった。なかでも、とりわけ声高に投下反対を訴えていたのは、シラードだ。トルーマン大統領に面会しようと必死で試み、五三人の科学者が署名した請願書を送ることまでして、投下の前にまず日本軍に対して原爆の威力を誇示するように求めた。トルーマンは賛否両論にじっくり耳を傾けていたようだが、結局、原爆投下の許可を出した。すでに米軍は、従来の爆弾を使った日本への空襲で二万トンのＴＮＴ火薬の投下に相当する大打撃を日本に与えていた。これは原爆およそ一個分に相当する威力だ。それでも日本は音を上げなかった。

そして一九四五年八月六日、まず広島に原爆が投下され、八月九日には二個目の原爆が長崎に落とされた。その何日か後、日本はついに白旗を掲げたのだった。

18 水素爆弾、大陸間弾道ミサイル、レーザー、そして兵器の未来

原子爆弾が開発されると、戦争の姿はがらりと変わった。まず、水素爆弾と呼ばれるさらに強力な爆弾が開発された。その威力は原爆の何千倍にもなる。次に、大陸間弾道ミサイルが開発されたことによって、ボタン一つ押すだけで、何千キロも離れた場所に水爆を投下できるようになった。そして、高度な電子機器やレーザー、人工衛星なども開発され、戦争は物理学をはじめとする科学全般への依存度をさらに高め始める。

水素爆弾の開発

前章で説明したように、ウランなどの重い原子核が不安定で、より安定した軽い原子核に分裂しやすい事実が発見されたことによって、原子爆弾が開発できるようになった。このとき、分裂してできた二

つの原子核の質量を足し合わせても、元のウランの原子核と同じ質量にはならない。質量の一部は失われたように見えるが、実際には一部の質量がエネルギーに変換されていることが、まもなく明らかになった。ウランやプルトニウムで起きるこうした現象が、いわゆる核分裂だ。しかし、質量がエネルギーに変換されるという現象は、核分裂以外の反応でも生じる。その反応によって宇宙が形成され、太陽をはじめとする恒星はエネルギーを放出している。地球上のあらゆる生命を育んでいるのも、太陽が放ったエネルギーだ。そうした反応は「核融合」(原子核融合)と呼ばれている。核分裂とは反対に、複数の原子核が融合したときにエネルギーが放出される。

しかし、核融合は重い元素では起きず、非常に軽い元素でのみ起きる。たとえば太陽では、四つの水素原子(実際にはその原子核)が融合して一つのヘリウムの原子核が生成されるときに、莫大なエネルギーが放出される。核融合の詳しい仕組みは、一九三五年から一九三八年にかけてハンス・ベーテによって解き明かされた。恒星でエネルギーが生成される仕組みについてベーテが発表するとまもなく、同じ原理に基づいて爆弾が製造できるかもしれないと科学者たちが考えるようになった。

とはいえ、太陽で起きている現象を再現しても爆弾は作れないことが、すぐに判明した。太陽の核融合反応はきわめてゆっくりと進行する。それでも太陽が燃焼し続けられるのは、太陽に莫大な量の水素が存在するからだ。自然界では、太陽以外にもさまざまな核融合反応が見られるが、それを理解するために、まず水素の同位体について解説しよう。前に説明したように、一個の陽子だけを含んだ原子核の周りを一個の電子が回っているというのが、最も単純な形の水素原子だが、その原子核に中性子が含まれることもある。その場合も別の元素に変わるわけではなく、あくまでも水素の同位体となる。原子核に中性子を一個含んだ同位体は「重水素」と呼ばれ、中性子を二個含んだ同位体は「三重水素」(トリチウム）と呼ばれる。

天然の水の分子は水素と酸素からなるが、水を構成する水素には通常、これら三種類の同位体がすべて含まれている。ただし、水を構成する水素原子のうち、重水素は五〇〇〇個に一個、三重水素は一〇億個に一個しか存在しない。つまり、通常の水素原子に比べると、重水素は希少で、三重水素はそれに輪をかけて少ないということだ。水素爆弾にとって最適な核融合反応を起こすには重水素（D）と三重水素（T）が必要なことが、研究によって明らかになった。これらは反応しやすいため、太陽でヘリウムを生成している核融合反応よりも反応のスピードがはるかに速く、反応にかかる時間は一〇〇万分の一秒に満たない。しかし、DとTを使うには、水からそれらを分離する工程が必要になる。この手法の開発は容易ではないものの、DとTを使えば水爆を製造できる可能性が見えてきた。

核融合を利用した爆弾を製造できることにいち早く気づいた人物の一人が、エンリコ・フェルミだ。マンハッタン計画が始まる前の一九四一年秋に、彼はエドワード・テラーにその可能性について言及している。テラーはハンガリー生まれの物理学者で、一九三〇年代にアメリカに渡り、水素爆弾の開発に多大な貢献をしたことから、水爆の父として知られるようになった。

原爆を開発するマンハッタン計画が始まり、オッペンハイマーがその責任者になると、テラーはロスアラモスで研究する科学者の一人に選出された。膨大な量の計算が必要なプロジェクトを割り当てられたが、（原爆さえも開発されていなかったにもかかわらず）水爆を製造できるかもしれないという期待に心を奪われていたテラーは、本来の研究をさぼり、そのほとんどを助手のクラウス・フックスに任せていた（その後、フックスがソ連のスパイだったことが明らかになる）。

テラーは水爆の開発を進める新規のプロジェクトを立ち上げるよう、オッペンハイマーに強く求め続けるが、オッペンハイマーは拒否し、テラーに腹を立てる。しかし最終的に、オッペンハイマーは折れて、水爆の可能性を探る許可をテラーに与えた。テラーは終戦後もしばらく研究を続け、ほとんど何の成果もあげられなかったが、水爆を必ず実現できるとの強い思いを抱いていた。そして一九四六年四月、ニューメキシコ州で開かれたある会合で、水爆を実現できる可能性が検討された。当時、ソ連が原爆を開発していることが明らかになり、水爆の製造も検討している可能性があったために、水爆への関心が高まっていたのだ。

一九四六年八月、トルーマン大統領は原子力委員会を設立する法案に署名した。この委員会には、原子力の知識や技術を武器に利用するだけでなく、平和利用する目的もある。それから数年のあいだに、フックスが水爆に関する機密情報の多くをソ連に漏らしていた事実が判明し、ソ連がまもなく水爆の開発を始めるとの見方が強まった。多くの軍関係者が懸念し始めるなか、一九五〇年一月、トルーマン大統領が水爆の開発を進めることを表明した。しかし、その事業にかかわるとみられていた科学者のあいだには、はっきりとした意見の相違があった。当然ながらテラーは大喜びで、アーネスト・ローレンスらも積極的に賛成していたが、一方で、オッペンハイマーやベーテといった何人かの科学者は、そうした兵器がもたらす結果を懸念し、慎重に進めるべきだとの考えを示した。

結局、当時「スーパー」と呼ばれていた水爆を開発する「突貫計画」は承認され、マンハッタン計画にかかわっていた科学者の多くが、ロスアラモスに呼び戻された。

ウラムとテラーの大発見

この頃までに、テラーは正常に動作する試作モデルを製作しようと数年にわたって取り組んでいたが、まだ満足のいくものはできていなかった。もはや水爆は実現できないのではないかとさえ思える状況だ。水爆開発に新しく加わった研究者の一人に、ポーランド出身の数学者スタニスワフ・ウラムがいた。彼は一九三五年にアメリカに移住し、プリンストンにある高等研究所に勤務したあと、一九四三年にマンハッタン計画に加わってジョン・フォン・ノイマンとともに研究した。そして一九四六年、ロスアラモスに戻ってきて水爆の開発にかかわっていた。

ウラムの仕事は、水爆に必要な核融合反応を引き起こすためにD－D反応（重水素どうしの反応）やD－T反応（重水素と三重水素の反応）を利用できるかどうかを探り、適切な設計を考案することだった。さまざまな設計が試されたが、有望な設計は見つからない。この頃までに、核融合反応を引き起こすには莫大な量の熱（数千万℃以上）が必要であることが判明し、そうした熱の生成には原子爆弾を使えそうだったが、ウラムが考案した設計にはいずれも問題があった。しかし、一九五〇年一二月、彼は妙案を思いつく。その案を実現するには、爆弾内部の水素の圧縮率を数倍高める必要があった。原爆の爆発を利用して爆縮を起こせば水素を圧縮できるが、一回の爆縮だけでは不十分であるようなので、爆発を何度か繰り返す必要があると、ウラムは考えた。一個目の爆弾を爆発させた勢いで、二個目の爆弾を起爆するというふうに、次々と起爆するのだ。「ステージング」と呼ばれる多段階の爆発を利用するこの案は有望だと、ウラムは考えていたものの、その案を完璧な状態に仕上げるまで、何カ月ものあいだ他人に話すことはなかった。(1)

テラーとはそれほど良い関係にあったわけではなく、彼がどんな反応をするのか気がかりではあったが、ウラムは仕上げた案をテラーに話す決意をついに固めた。テラーは話を聞いた直後は半信半疑だったものの、その後ウラムの案を精査するうちに、それが研究を一歩前に進める重要なステップであることに気づく。流体力学的な衝撃波、あるいは核分裂による爆発で生じた中性子を使えば、水素を十分に圧縮できる爆縮を起こせるのではないか、というのがウラムの考えだった。その可能性についてしばらく考えたテラーは、X線のほうが衝撃波や中性子よりも早く水素に到達することに気づき、X線を使えば核融合による熱核爆発の引き金となる爆縮を起こせるのではないかと考えた。それが最良の解決策であるように思えた。テラーとウラムが共著の論文で発表したこの設計は、「ウラム・テラー型」として知られるようになる。しかし、テラーは数年にわたってウラムの功績を重要視しようとしなかったため、二人のあいだには大きな確執が生じた[2]。

最初の実験「アイヴィー・マイク」

ここまで来たら次は、「ウラム・テラー型」の設計に基づいて製作した爆弾が正しく動作するかを確かめる段階に進む。開発もそれほど日を置かずに始まった。最初に試作された爆弾は、実際には爆弾と呼べる代物ではなく、あまりにも大きすぎて飛行機で運べないほどだった。爆弾の基本的な部分はアメリカ国内で製作し、それをハワイから五〇〇〇キロ近く西にある太平洋上の絶海の孤島まで運ぶ。「アイヴィー・マイク」というコードネームで呼ばれた実験は、周囲八〇キロのラグーンをおよそ四〇の小島が囲むエニウェトク環礁で実施されることになった[3]。

水爆の開発と実験を進めるために「パンダ委員会」が設立された。委員たちは水爆の設計から実験までに一年の期間を与えられたが、解決しなければならない課題は依然として山積みだった。大きな課題の一つは、D－D反応とD－T反応のどちらの核融合反応を採用するかを決めることだ。最終的に、開発のしやすさと経済性で上回るD－D反応が採用されたものの、重水素の保管方法に関する問題が残されていた。重水素は氷点下二四九℃で気化するため、液体として保管するには極低温の状態を維持しなければならない。つまり、重水素を大型のデュワー瓶（真空の容器）に入れ、極低温の状態を維持するシステムのもとで保管する必要があるということだ。加えて、水素の核融合を引き起こすために原爆（核分裂を利用する爆弾）が必要だが、当時の原爆はまだまだ大きかった。原爆の爆発で発生した放射線が、液体重水素を含んだ第二段階（セカンダリー）の領域へ放出される。爆弾全体の形は円筒状で、その中央に棒状のプルトニウムが配置され、それが核融合反応を引き起こす「起爆剤」の役割を果たす。「マイク」と呼ばれるこの装置の組み立てが公式に始まったのは、一九五二年九月のことだ。爆弾は環礁内のある島に設置され、ほかの場所には観測所がいくつか設けられて、爆発によって放出されるエネルギーの大きさを測定する。さらに、環礁の周囲には測定装置を積んだ数多くの船が停留し、上空には、何機もの飛行機が飛んでいた。こうして爆心地の周囲にさまざまな測定機器とともに設置された観測所は、合計で四〇〇地点を超えた。

実験の時刻は一一月一日午前七時一五分に設定された。「点火室」は一六キロほども離れた地点に停泊した船〈エステス〉にあったが、爆発の威力にほぼ全員が驚いた。トリニティ実験のときと同様、爆弾がどれほど強力なのか、誰もはっきりと予測できていなかったのだ。水爆は予想をはるかに上回る莫大な威力を見せ、爆発した瞬間、目がくらむほどまばゆく輝く白い火の玉が水平線に現れた。広島に投下された原爆の火の玉は直径一六〇メートルほどだったが、水爆による火の玉は直径五キロ近くもあった。二分半のあいだに、衝撃波によって生じた雲が高度三万メートルに達し、その後も成長を続けて、最終的に幅五〇キロ近い巨大なキノコ雲が形成された。このときの爆発によって、「マイク」が設置された島は跡形もなく消え、そこには直径一・六キロ以上、深さおよそ六〇メートルのクレーターが残っただけだ。この爆発のエネルギーは、TNT火薬に換算して一〇・四メガトンに相当し、それまで地球上で実施された人工の爆発では最大のものだった。

水爆の物理学

ここで、水素爆弾の仕組みを説明しよう。多くの点で水爆は原爆よりもはるかに複雑だが、そもそも原爆がなければ水爆は機能しないため、まずは原爆について説明する必要がある。前に説明したように、水爆では、核分裂反応で生じた放射線による爆縮を利用して、核融合反応に必要な温度（数千万℃以上）を得る。

核融合反応を起こすためには重水素（D）か三重水素（T）が必要だが、これらは自然界にはほとんど存在しないため、天然の水から分離しなければならない。核融合にはDとTの両方を使った反応を利用できるが、三重水素は重水素よりも生産コストがはるかに高いため、それを直接使わない手法の開発が進められた。重水素は三重水素に比べればはるかに豊富だとはいえ、「マイク」の場合のように、極低温にして液体の状態で保管しなければならない点で取り扱いが難しい。だが、重水素とリチウムを化合させて重水素化リチウムにすれば安定した固体になり、重水素よりもはるかに取り扱いやすくなる。

やがてこの手法が開発され、現代の水爆ではすべて重水素化リチウムが使われるようになった。簡単に言えば、莫大な威力の爆縮によって、核融合反応を起こせるくらい高密度に核融合燃料を圧縮する必要があった。少なくとも、燃料を通常の密度より一〇〇〇倍も高い密度まで圧縮しなければならない。

最も単純な水爆は二段階式の装置であり、ここではこの種類の水爆に絞って説明する。三段階式の水爆もあるにはあるが、たいていの水爆は二段階で構成されているうえ、ソ連が製造した三段階の水爆についてはほとんど何の情報もない。先ほど説明したように、ウラム・テラー型の設計では、燃料の圧縮にX線を利用している。X線は「プライマリー」と呼ばれる第一段階（原爆）の起爆後、光の速さで移動できるからだ。爆発では衝撃波や中性子も放出されるが、それらは水爆に利用するには遅すぎる。

水爆で重要な要素の一つは、それぞれの段階を正確に実行して次の段階へ進むことだ。一つでも手順が狂うと水爆は正しく動作しないので、タイミングはきわめて重要である。水爆は円筒形をしていて（のちの水爆の形状は長楕円に近づいていく）、プライマリー（起爆装置）が一方の端に、セカンダリー（核融合装置）がもう一方の端に配置されている。セカンダリーはプライマリーよりも一般的に大きく、やはり円筒形だが、外側の円筒よりも小さいために、二つの円筒のあいだにはある程度の空間がある。この空間は放射線の通り道（放射線チャネル）になる。セカンダリーの大部分を占めるのは、核融合の燃料である重水素化リチウムだ。セカンダリーの円筒の外側はウラン238でできていて、「タンパー・プッシャー」と呼ばれ、プライマリーが起爆されるとセカンダリーの燃料を内側へ圧迫する役割を果たす。セカンダリーの中央には、プルトニウム239かウラン235でできた直径およそ二・五センチの棒が、軸と平行に配置されている。これは「点火プラグ」と呼ばれている。[4]

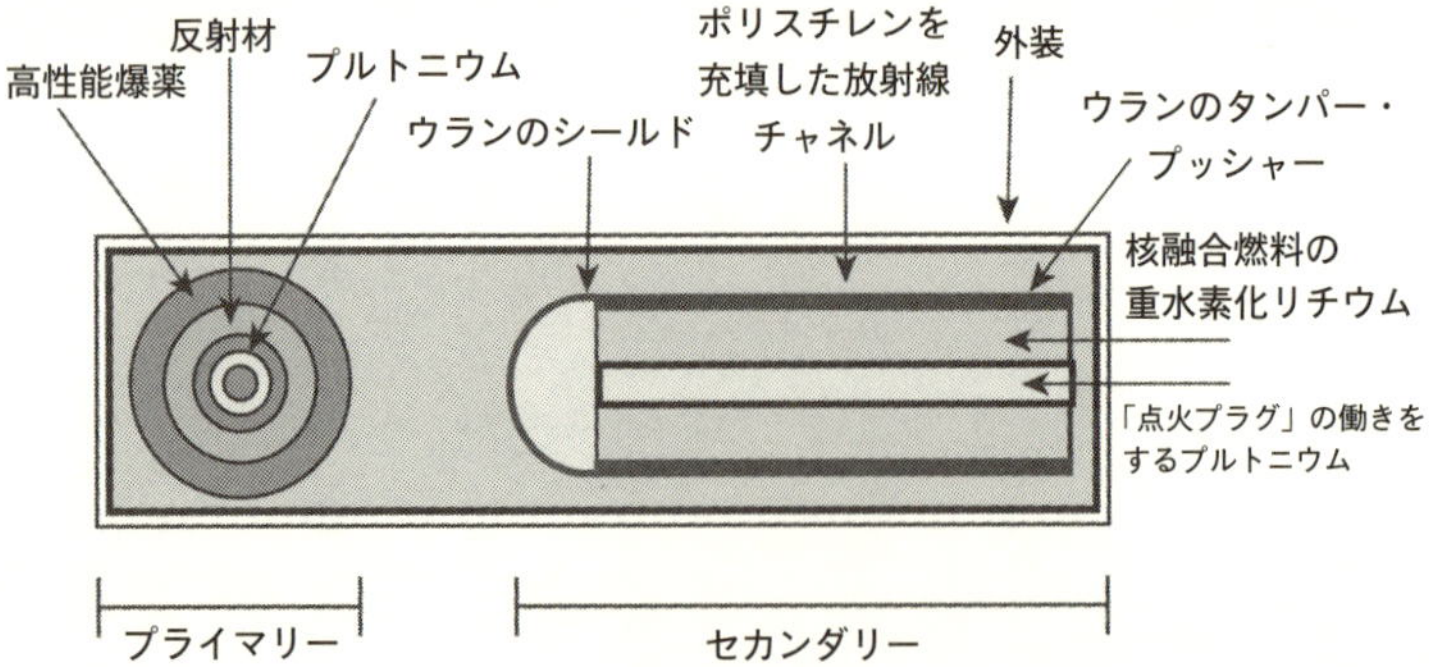

水素爆弾の内部構造

セカンダリーと外側の円筒のあいだには、発泡プラスチックが充填されている。また、核融合燃料が誤って先に起爆するのを防ぐため、セカンダリーの先端は湾曲した大型のシールドで覆われている。プライマリー（原爆）が爆発すると、生じたX線が放射線チャネルを満たすが、この空間に充填された発泡プラスチックが最初の爆発後にイオン化したガス（プラズマ）になり、爆発を制御する役割を果たす。セカンダリーの外側にあるタンパー・プッシャーの加熱が不均一になったり早すぎたりしないように制御するのが重要であり、「平衡」の状態をつくって、この領域全体でエネルギーを均一にしなければならない。

爆発が進むにつれて、セカンダリーの周囲を覆ったウランが核分裂を始め、爆縮が起きる。この爆縮によって核融合の燃料が圧縮され、その過程で中性子が放出される。この中性子が、セカンダリーの中央に配置されたウラン（あるいはプルトニウム）の棒を起爆する。この時点で核融合の燃料は上からも下からも圧縮される格好になり、あっという間に、核融合反応を起こす高温に到達する。このとき燃料の密度は、元の一〇〇〇倍を超えている。核融合反応で三重水素も生成されるため、水爆では実質的にD－D反応とD－T反応の両方が起きていることになる。

ここまでの説明を読めば、水爆では核分裂と核融合の両方からエネルギー（爆発力）を得ていることが、容易にわかるだろう。つまり水爆の爆発は、核分裂による爆発と核融合による爆発が合わさったものだと考えることができる。この違いは重要でないように思えるかもしれないが、両者のあいだには歴然とした違いがある。水爆の爆発後にまき散らされる放射線は核分裂による爆発で生じたものであり、この点で核融合による爆発は「クリーン」だと言える。放射線を放出しない「クリーンな爆弾」を作るには、小規模な核分裂による爆発だけを利用することになる。実際、放出される放射線量が比較的少ない核爆弾を製造することは可能だ。

アメリカ最大の水爆には、TNT火薬にして数十メガトンに相当する爆発力があった。ソ連はそれよりさらに強力な水爆を爆発させている。水爆は段階の数を増やすことによって威力を高めることができ、すでに触れたように、ソ連は三段階の水爆を作ったとみられている。ここで重要なのは、理論上、水爆の威力には限界がないということだ。一方で、原爆の威力には限界がある。

長距離ミサイル

水爆が開発されてまもなく、爆弾の発射システムを改良する必要性が生じた。当初は長距離爆撃機が利用され、この分野ではアメリカが圧倒的な優位にあったが、ロケットの技術革新が進み、その射程が延びると、ロケットのほうが投下システムとしてはるかに適していることがわかってきた。

すでに説明したように、ドイツ軍は第二次世界大戦の終戦間近に最初の弾道ミサイルを開発した。最も大きな成果をあげたのは、ヴェルナー・フォン・ブラウン率いる研究グループが開発したV２だ。また、終戦後はあまり注目されなかったものの、フォン・ブラウンはアメリカまで到達可能なミサイルの研究も進めていた。「アメリカ・ロケット計画」と呼ばれるこの計画で、ヒトラーは射程がきわめて長いロケットを開発し、アメリカの主要都市を爆撃したいと考えていたが、幸いにもそうしたロケットは開発されず、使用されることもなかった。

大戦が終わると、フォン・ブラウンをはじめとするドイツのロケット研究者の多くはアメリカに移住したが、なかにはソ連に移った研究者もいた。その後まもなく冷戦が進み、米ソ両国が数多くの核兵器とともに、それを発射するための長距離ミサイルを備蓄していった。ロケットの開発プロジェクトもいくつか始まった。当初は、ドイツのV2計画の延長のようなものでしかなかったが、技術はどんどん高度になり、まもなくソ連がロケット技術で大きくリードすることになる。ソ連は一九五七年八月に〈R-7〉と呼ばれる最初の大陸間弾道ミサイルの発射に成功すると、その後まもなくして、地球の周回軌道を回る世界初の人工衛星〈スプートニク〉を打ち上げた。この知らせにアメリカ人は大きな衝撃を受けたが、追い討ちをかけるように、ソ連は宇宙飛行士のユーリ・ガガーリンも宇宙へと送り込み、世界で初めて有人宇宙飛行を成功させた。

一方、第二次世界大戦後、遅れをとったアメリカは何とかソ連に追いつこうと、「突貫計画」を手早くまとめ上げた。ソ連が一九五三年に同国初の水爆実験を実施すると、アメリカの危機感はさらに強まった。一九五四年には〈アトラス〉ロケットの開発計画が開始されていたが、ロケットの打ち上げに成功したのは一九五七年末のことだった。

その後まもなく、二つの計画が進むことになる。一つは、核兵器を搭載できる大陸間弾道ミサイル（ICBM）の開発だ。もう一つは、ケネディ大統領が同時期に始めたアポロ計画で、〈サターン〉ロケットを使って人類を月まで運ぶことを目標とした。〈アトラス〉や〈レッドストーン〉、〈タイタン〉といった初期のロケットの多くは、アポロ計画とICBM計画の根幹をなしていた。

ICBMは射程が五五〇〇キロを超える弾道ミサイルで、通常は核弾頭を搭載する設計になっている。現代では最大で二万キロ近い射程を誇るICBMも多く、通常はMIRV（多目標弾頭）と呼ばれる複数の核弾頭を搭載し、それぞれの核弾頭が異なる目標を攻撃できるようになっている。こうすることによって、一回発射しただけで複数の目標を攻撃できるため、一発のICBMの効率と威力が格段に増す。MIRVのような方式が可能になったのは、核弾頭（水爆）の小型化が年々進んでいることに加え、ロケット自体の大きさも小型化したほか、その射程が延びているからだ。

初期のICBMの発射場はすべて地上の決まった場所にあり、きわめて攻撃を受けやすかった。だが、冷戦が進むにつれてその脆弱な状況も変わり、多くのICBMが主にアメリカ北部にある地下のミサイル格納庫（サイロ）で厳重に保管されるようになった。加えてICBMは、重量級の大型トラックや鉄道車両から発射できるほどまで小型化し、移動も楽になった。とはいえ、最も効果的な発射施設は原子力潜水艦である。原子炉が開発され、その技術が完成されると、原子炉はまもなく潜水艦にも使われるようになり、その効率がきわめて高いことがわかってきた。ディーゼル発電機を搭載した初期の潜水艦は水面へ頻繁に浮上する必要があったが、原子力潜水艦は何カ月も連続して潜水でき、三〇年分の原子炉用の燃料を潜水艦に積載することができるため、燃料の補充もまず必要ないと言っていい。原子炉ではスクリュープロペラの動力となる電気を発電できるだけでなく、タービンを作動させる蒸気を起こすこともできる。とはいえ、原子力潜水艦はその建造費の高さが問題で、このため保有国も限られている。

今や、アメリカが保有するすべての原子力潜水艦には、大陸間弾道ミサイルが装備されている。潜水艦に弾道ミサイルを搭載することの最大の利点は、その移動性の高さだ。ほかにも、比較的探知されにくく（潜水艦自体はソナーで探知されるが）、複数のＭＩＲＶを搭載できる点も、利点として挙げられる。

弾頭を搭載したＩＣＢＭが開発されると、その攻撃から国を防衛する手法も考えられるようになった。具体的には、到来するＩＣＢＭを撃ち落とせるミサイルを開発できるかどうかが検討された。こうしたミサイルは「弾道弾迎撃ミサイル」（ＡＢＭ）と呼ばれているが、すでに第二次世界大戦の後半にはアメリカのベル研究所がその実現の可能性を研究していたほか、Ｖ１やＶ２といったドイツのミサイルに爆撃されていたイギリスも、防衛手段を探っていた。Ｖ１は弾道ミサイルではなく、イギリス軍は戦闘機や地上からの砲撃によってその一部を撃ち落とすことができたが、高速で飛行高度が高い弾道ミサイルであるＶ２が登場すると、もはや防御する術はないように思われた。ベル研究所もＶ２ロケットを撃ち落とすことはできないと結論づけた。しかし、処理の速い計算機が登場すると、一九五〇年代半ばには、いくつかの国がＡＢＭによる迎撃システムの可能性を検討するようになっていた。

こうした迎撃システムは、ＩＣＢＭを標的にする種類と、小型のロケットを標的にする種類の二つに分類することができる。現在、ＩＣＢＭを迎撃できるシステムは二つしかなく、小型のロケットを迎撃するよりも格段にその開発が難しい。アメリカは「地上配備型中間飛翔段階（ミッドコース）防衛」（ＧＭＤ）と呼ばれるシステムを開発した。到来するＩＣＢＭをレーダーによって探知し、迎撃ミサイルを使って撃ち落とすシステムで、長い年月をかけて繰り返し試験が行われ、成功だけでなく失敗もあったが、今でも運用されている。アメリカはそれより小規模だが効果の高い、短距離のシステムも構築している。

レーザー

現代の戦争に使われる兵器では、レーザーも重要だ。一九六〇年代に初めて開発されると、レーザーは強力な兵器となって銃の代わりに使われるようになると期待された。バック・ロジャーズなど、当時のSFに登場した多くのキャラクターが光線銃（レイガン）を駆使し、その世界が実現するのも間近だと思われていたものだ。結局、レーザーが銃にとって代わることはなかったが、それでも最近では、レーザーはドローン（無人飛行機）の撃墜や小型船舶への攻撃に使われているほか、標的をマークして距離を特定するためにも広く利用されている。(5)

兵器としては利用方法が限られているレーザーだが、戦争の分野全体で見れば大きな可能性を秘めているほか、DVDプレイヤーやレーザープリンター、店舗で使われるバーコードリーダーなど、日頃よく目にする機器にも広く利用されている。また、レーザーは医療の現場で手術の手法に革新的な変化をもたらし、工業では資材の切断や溶接に広く使われている。

レーザーの起源は、アインシュタインが発表した初期の論文までさかのぼることができる。さらに古い論文では、デンマークのニールス・ボーアが原子の構造を仮定し、電子が原子核（陽子）の周りで特定のエネルギー準位に対応する独立した軌道を回っているモデルを考えた。それを基にすると、一つの原子について単純なエネルギーの分布図を描くことができる。ボーアは、電子が異なるエネルギー準位に対応する軌道へジャンプ（遷移）して行き来する可能性について触れているが、その仮説に確固たる根拠を与えたのはアインシュタインだった。

図には、複数のエネルギー準位に対応する軌道と、そのいくつかに存在する電子を示した。電子は一

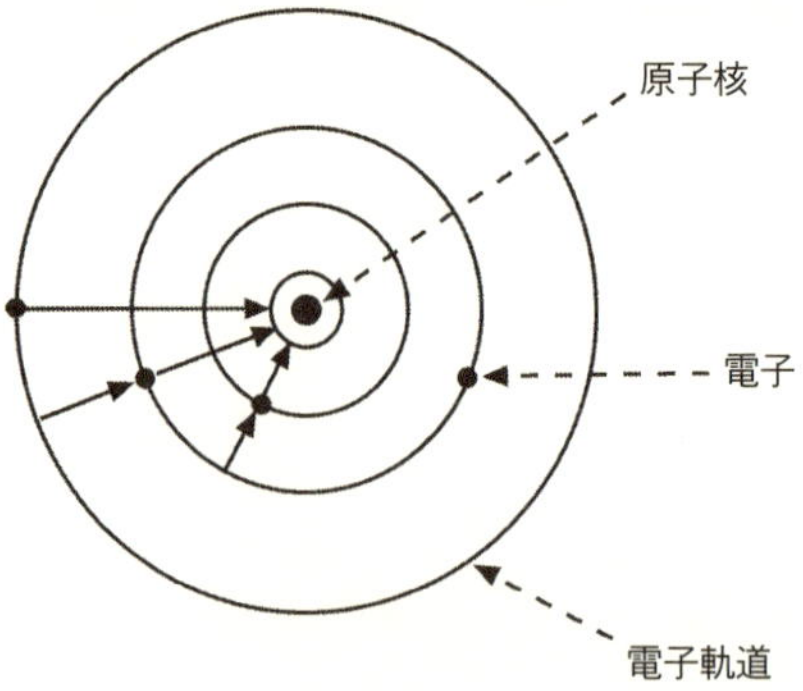

原子の基本構造

つの光子を吸収すると、上の（励起状態の）エネルギー準位、つまり原子核からさらに離れた外側の軌道へ移動する。電子はそこに短い時間だけとどまったあと、元の準位（基底状態）へ戻るのが通常だ。励起状態から下のエネルギー準位へ戻るとき、電子は一個の光子を放出する。これを「自然放出」と呼んでいる。アインシュタインは「誘導放出」という概念も示していて、この場合、励起状態にある電子に光子を外部から入射すると、それによって電子は一段下のエネルギー準位へ移るが、入射した光子を吸収することはなく、光子をもう一つ放出する。つまり、この過程で二つの光子が放出されることになる。ここで重要なのは、二つの光子は同じ波長と位相をもっていることだ。

これは興味深い現象ではあるが、発表されてから何年かは誰も関心を寄せなかった。しかし第二次世界大戦中にレーダーが開発され、広く利用されるようになると、戦後もレーダーをさらに発展させようとする気運が高まった。なかでも関心が高かったのは、マイクロ波増幅器が秘めた可能性だ。メリーランド大学のジョセフ・ウェーバーは、マイクロ波を増幅できるこの装置に注目し、詳しく研究した結果、誘導放出を利用した増幅器を製作できる可能性があると結論づけた。しかし、そのためには「反転分布」と

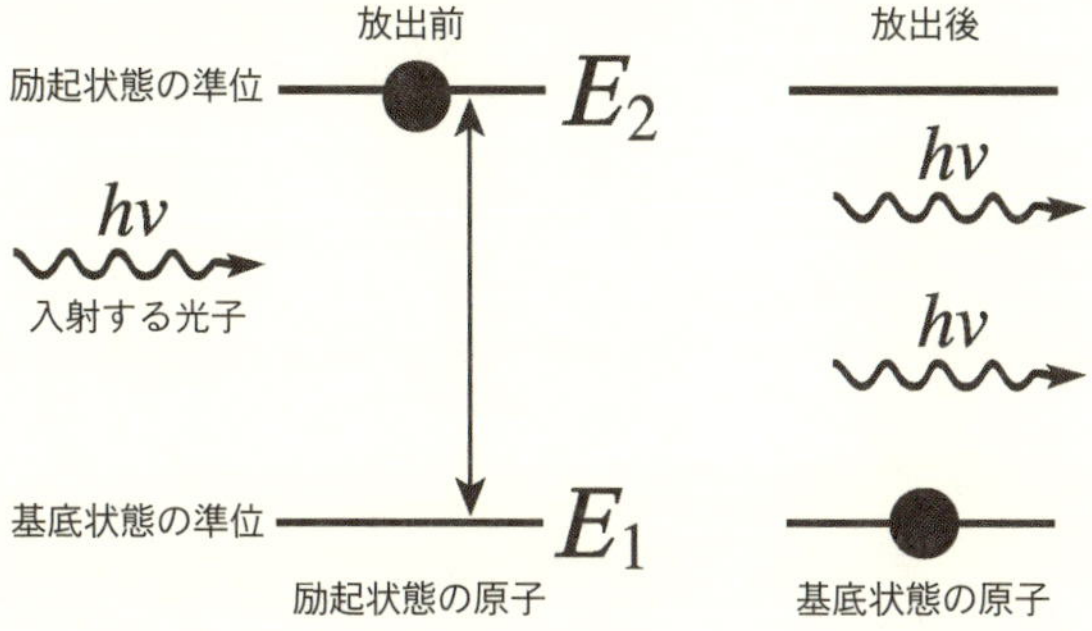

誘導放出

呼ばれる状態をつくる必要があることも、ウェーバーは指摘している。反転が起きると、原子で高いエネルギー準位にある電子の数が低い準位にある電子よりも多くなる異常な状態が生じる。通常、原子では低いエネルギー準位に大半の電子が分布し、高い準位にある電子のほうが少ない。

通常では起こらない反転分布の状態を、どうやってつくり出すのか。電子を高いエネルギー準位へ遷移させるには、何らかのエネルギー源が必要なことは明らかだ。それに適したエネルギー源はまもなく発見された。現在では、電子が高いエネルギー準位へ移る（励起する）ことを「ポンピング」と呼んでいる。

ウェーバーはマイクロ波増幅器を設計し、おそらく動作するだろうと考えていたが、製作まではしていない。増幅器を実際に製作したのは、コロンビア大学のチャールズ・タウンズだ。彼もマイクロ波を研究していて、増幅器の可能性を探っていた。タウンズは「空洞共振器」という反射壁に囲まれた中空の箱を使って反転分布の状態をつくり出すことにした。空洞共振器内で電子を励起状態にする手法を考案し、この手法で反転分布の状態をつくり出すことに成功した。さらにタウンズは、電子を基底状態へ突然下げる手法も考案している。このときに放出される電磁波は「コ

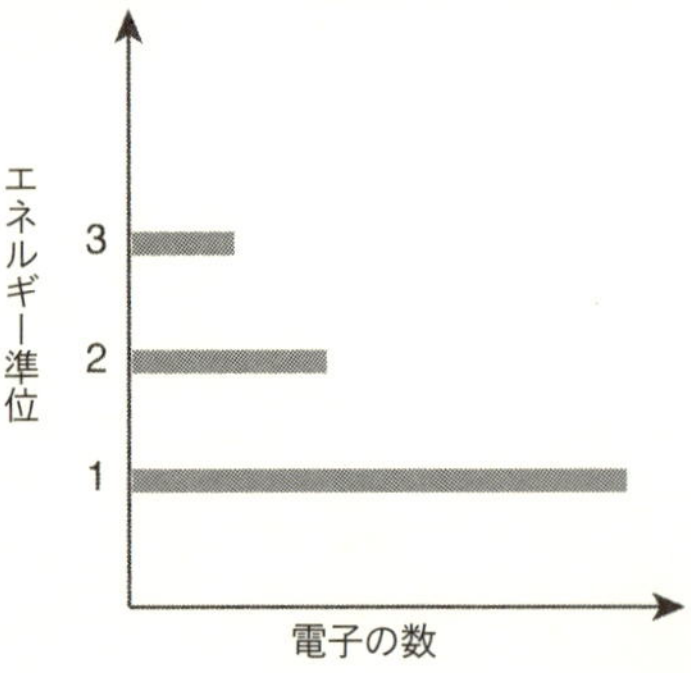

各エネルギー準位に属する電子の数の典型例

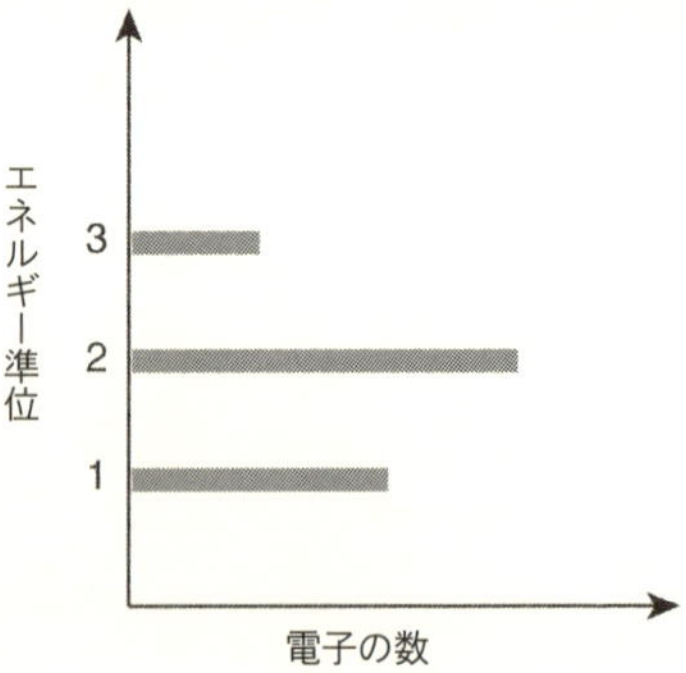

反転分布

ヒーレントな」（可干渉性をもつ）マイクロ波で、すべて波長が揃い、位相も周波数も同じになる（次ページの図を参照）。タウンズはその過程で、現在「メーザー」と呼ばれている増幅器を初めて作った（メーザーではマイクロ波を発振・増幅するが、レーザーでは可視光を増幅する）。

　メーザーを開発したあと、タウンズは可視光を使った同様の装置を製作する可能性を探り始めた。しかし、可視光の光子はマイクロ波の光子とは性質がまったく異なり、装置の開発は簡単ではなかった。数年をかけてようやく製作した新しい装置は、light amplification by stimulated emission of radiation（放射の誘導放出による光の増幅）の頭文字をとって laser（レーザー）と呼ばれ、現代社会ではさまざまな製品に利用されて、メーザーはすっかり脇に追いやられるかたちとなった。

　レーザーの基本原理はメーザーと似ている。レーザーで作り出されるのは、すべての光子がコヒーレントな光線だ。光は通常、その光子の波長がばらばらで（白い光には波長が異なるあらゆる色の光が含まれている）、波長が揃わず拡散するので、ビームのように一本の光線に集束しない。しかし、レーザー光を構成する光子（波）はすべてコヒーレントで、周波数も同じ

（上のビーム）コヒーレントな光
（下のビーム）コヒーレントでない光

であるため、一本の光線に集束させることができる。

マイクロ波の場合は空洞共振器が必要になるが、レーザーでこれに相当するものは、通常「光共振器」と呼ばれている。光共振器に使われる媒体は「利得媒体」と呼ばれ、誘導放出による光の増幅に必要な性質をもつ素材であり、液体、気体、固体、プラズマのどの状態でもかまわない。増幅には媒質をポンピングするための装置も必要で、通常は電気回路やフラッシュランプが使われる。光共振器の両端には複数の鏡が設置され、そのうちの一枚は半透鏡で、一部の光が通り抜けるようになっている。共振器内の光は利得媒体の中を通過しながら二枚の鏡の間を往復し、一回通り抜けるたびに増幅される。利得媒体は外部のエネルギー源によって励起された原子の集合となる。

利得媒体中の原子は、ポンピングされたのちに励起状態になる。最終的に反転分布の状態が生じ、一つの原子内で、高いエネルギー準位にある電子の密度が、低いエネルギー準位の電子の密度よりも高くなる。光線は共振器の内部で反射を繰り返すうちに強度を増し、やがて半透鏡を通り抜け、コヒーレントなレーザー光線となって放出される。

タウンズは教え子のアーサー・ショーロウとともに、動作可

チャールズ・タウンズ

能なレーザーを初めて設計した。製作まではしなかったものの、論文でその設計を発表し、一九五八年七月にはその案に関する特許を取得している。一方、TRG社の研究員だったゴードン・グールドも同様の装置を研究していて、一九五九年四月にその特許を取得しようとしたが、申請は却下された。しかし、グールドはタウンズとショーロウが特許を出願するより前にレーザーの製作法をノートに記録していた。いくつかの裁判が行われ、結審するまでには長い年月がかかったものの、現在ではこの二つのグループがそれぞれ個別にレーザーを発明したと考えられている。

動作可能なレーザーを初めて製作した人物は、カリフォルニアにあるヒューズ研究所のセオドア・メイマンだ。タウンズやショーロウ、グールドらは利得媒体に気体を使う装置を考案していたが、メイマンが考案した装置はそれらと大きく異なり、棒状にしたルビーの周りに螺旋状のフラッシュランプを配置し、それを光源にしてポンピングする仕組みになっている。

こうなると次は、レーザーを兵器に利用しようとする動きが出てくる。SFでは光線銃などのレーザーに似た装置が以前から描かれていたが、レーザーを使った兵器の製作は予想よりもはるかに難しいことが判明し、銃などの小火器が近い将来レーザー型兵器に置き換わる可能性はほとんどない。レーザーの消費電力が膨大なのが主な問題で、そのために技術的な難題がいくつか生じるのだ。とはいえ、レーザー兵器が実現不可能なわけではなく、アメリカ海軍は近年、敵の小型船の破壊やドローンの撃墜ができるレーザー兵器を製作している。こうした兵器の最大の利点は高価な弾薬が必要ないことではあるが、レーザー兵器自体の価格が高いという欠点もある。

多大な可能性を秘めているレーザー技術の一つに、X線レーザーがある。可視光線ではなく、コヒーレントなX線のビームを生成する技術で、光線よりもはるかにエネルギーが高く、一九八三年に提案された戦略防衛構想(「スターウォーズ計画」と呼ばれることもある)の一環として検討されていた。だが、X線レーザーは核爆弾を動力源とする必要があり、実験の結果、実現が難しいことが判明した。

半導体とコンピューター

兵器の開発で重要な役割を果たした数々の科学的な大発見や技術革新のなかで、トランジスタの発明ほど兵器の開発に大きく貢献したものはないだろう。トランジスタはさまざまな形であらゆる電子機器に利用され、今や電子部品が使われていない兵器はほぼ皆無と言っていい。こうした電子機器の時代は、二〇世紀初めに三極管(真空管)の発明とともに到来した。これによってレーダーなど数多くの電子機器が登場したが、真空管はさまざまな点で破損しやすく、比較的大きいという難点があった。しかし、一九四七年後半にベル研究所でジョン・バーディーンとウォルター・ブラッタン、ウィリアム・ショックリーがトランジスタを開発すると、電子機器の世界に革命が起きた。小型のラジオや、多様な計算機が登場し、その後まもなく高性能のコンピューターも登場した。現在では、ほとんどのトランジスタが集積回路(マイクロチップ)に組み込まれているが、トランジスタの発明こそが電子分野に革命をもたらしたのである。(6)

トランジスタは、入力される電気信号を増幅したり、回路のスイッチング(オン・オフ)を行ったりする装置で、固体物理学を研究する物理学者によって開発された。固体物理学とはその名のとおり固体を研究する学問だが、固体といってもさまざまで、電気を通す伝導体として使える固体もあれば、電気を通さない絶縁体になるものもあるうえ、その中間の性質をもつ半導体と呼ばれるものまである。トランジスタの実現に重要な役割を果たしているのは、固体のなかでもこの半導体だ。

もう少しわかりやすく説明するために、伝導体や半導体の原子の構造をここで見ていこう。少し遠回りになるが、まずは気体から説明を始めてみたい。気体の原子では、さまざまなエネルギー準位にある電子が原子核の周りを回っている。ここで気体に圧力を加えたり、その温度を下げたりすると、どうなるだろうか。原子どうしの距離が徐々に縮まり、やがて気体は液体に変わる。このとき、それぞれの原子に属する電子のエネルギー準位は、まだほかの原子のエネルギー準位と重ならず独立しているが、さらに圧力を加え続けると（あるいは温度を下げ続けると）、液体は固体に変わり、隣り合った原子どうしでエネルギー準位が重なり始めて、「エネルギー帯」と呼ばれる帯状のエネルギー領域を形成する。

こうした帯状の領域がどのように形成されるかは、素材の種類によって異なる。原子がもつエネルギー準位を詳しく調べてみると、電子が存在する準位と空の準位があることがわかる。また、エネルギー帯のあいだにはギャップ（隙間）がある。絶縁体や半導体では、「価電子帯」と「伝導帯」と呼ばれる二つの帯のあいだに「禁制帯」と呼ばれるギャップが存在する。このギャップの大きさが、伝導体か半導体か絶縁体かを決める鍵となっている。

電流とは金属や半導体の原子が形成した格子状の構造を移動する電子群を指すが、電子は実際には原子から原子へとジャンプしている。ただし、格子の中を移動するには、禁制帯を超えるだけのエネルギーをもたなければならない。つまり、電子は価電子帯から伝導帯へとジャンプするために、十分な量のエネルギーをどこかから取得しなければならないのだ。半導体がもつギャップは比較的小さいため、電子が価電子帯から伝導帯にジャンプするために必要なエネルギーもそれほど大きくない。一方、銅のような伝導体にはギャップがほとんどないため、電子は小さな電圧を加えただけで容易に移動する。

電子装置に関連して最も重要な半導体は、ゲルマニウムとケイ素（シリコン）の二つだ。ホウ素やリンといった不純物となる原子を添加（ドーピング）できるという点で、これら二つは貴重な半導体である。不純物として使われるのは、価電子（原子の最外殻にある電子で、さまざまな元素の電気伝導率に影響を及ぼす）の超過や不足がある元素だ。半導体の世界でのドーピングとは、こうした不純物を加えることによって、禁制帯の内部で、伝導帯よりわずかに下の位置や価電子帯よりわずかに上の位置に新たなエネルギー準位をつくることだ。伝導帯よりわずかに下の準位は余剰の電子を渡す不純物原子（ドナー）によって形成され、価電子帯よりわずかに上の準位は不足する電子を受け取る不純物原子（アクセプタ）によって形成される。不純物としてドナーを加えられた半導体は「n型」、アクセプタを加えられた半導体は「p型」と呼ばれている。電子がアクセプタ準位（価電子帯のすぐ上の準位）にジャンプすると、価電子帯に「正孔」が残り、その穴が陽電子のように振る舞う。

こうした情報を基に、バーディーンとブラッタンは電子機器での半導体の活用法を探り始めた。当時、最も単純な電子機器の一つは、電流が一方向にだけ流れるようにする「整流器」だった。半導体を使って整流器をつくる可能性を探り始めることにした二人だったが、そのうちもっと興味深いものを見つける。それは、単純な増幅装置だ。半導体を使えば電気信号を増幅できる、つまり電流や電圧、電力を増幅できる可能性があったのである。バーディーンとブラッタンは、実験を通じて電流と電力の増幅には成功したが、電圧の増幅は達成できなかった。彼らが最初に製作した装置は「点接触型」で、半導体の

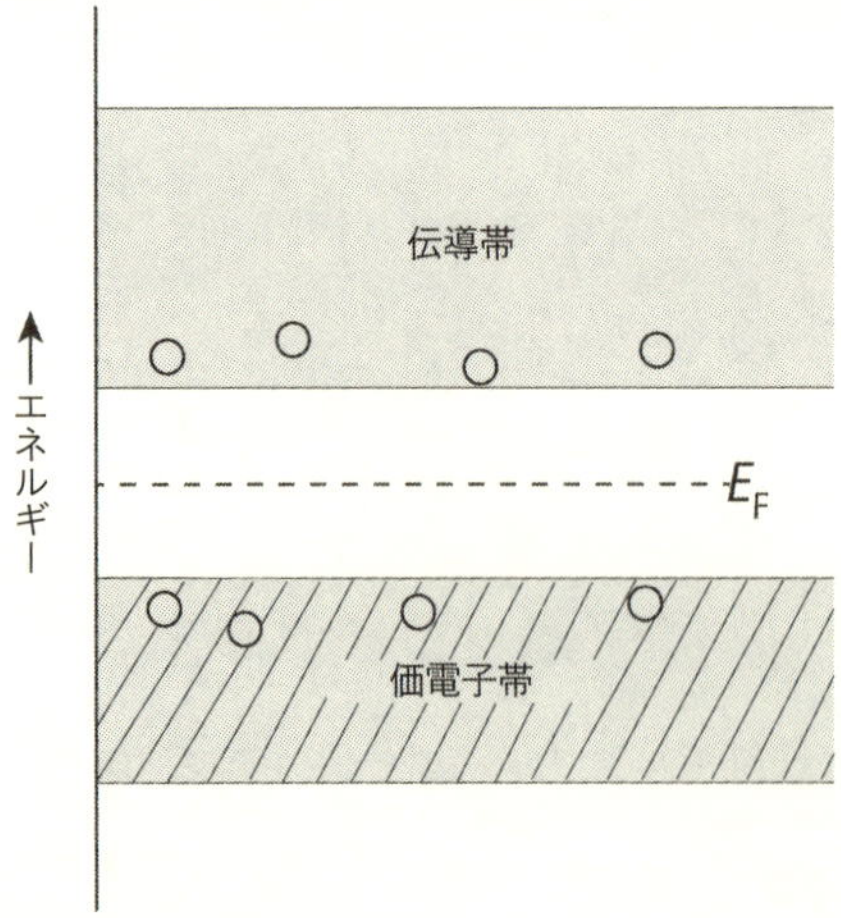

伝導帯と価電子帯。両者のあいだにはギャップ（隙間）がある。
E_F は「フェルミ準位」と呼ばれる。

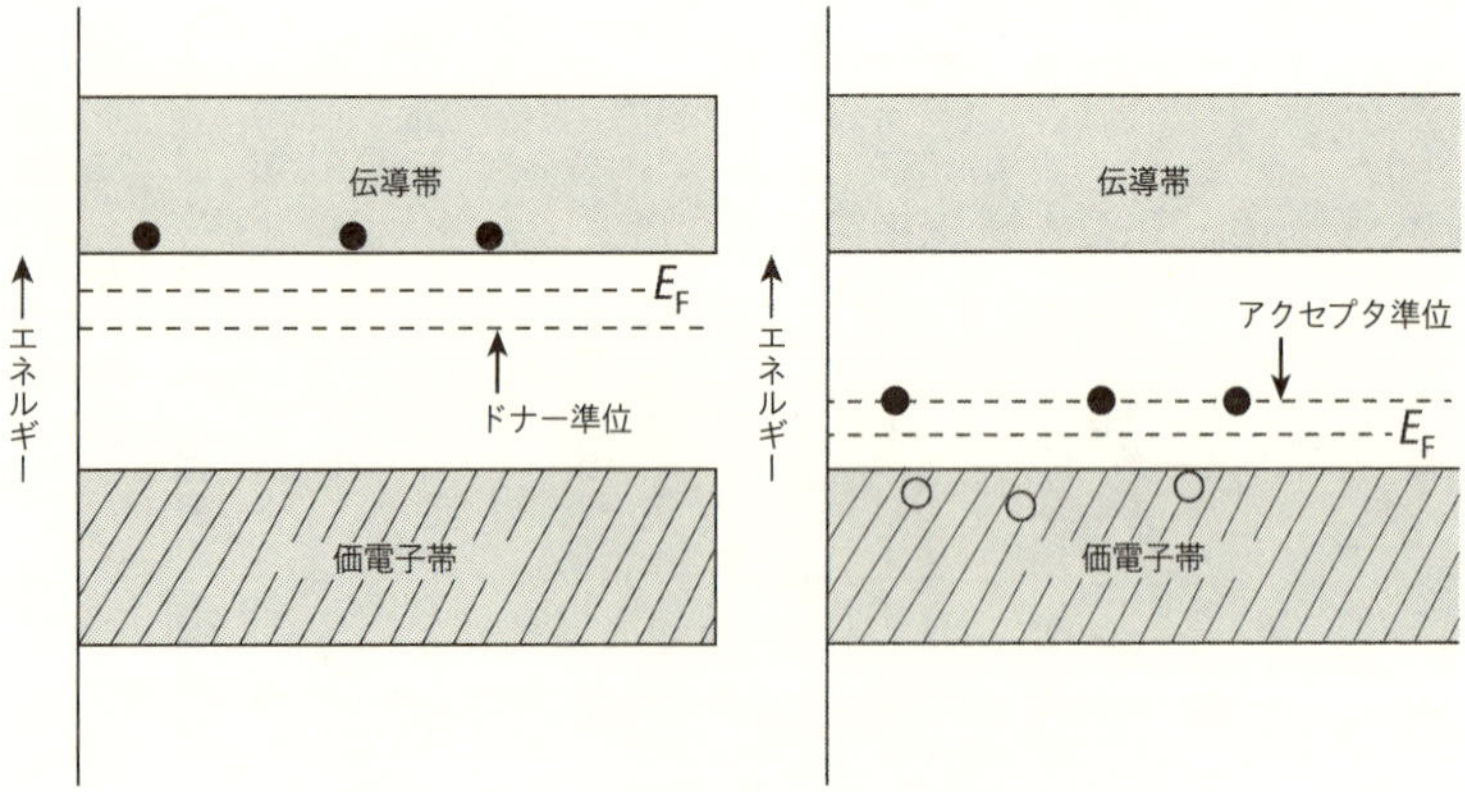

半導体のエネルギー準位。n 型（左）と p 型（右）。
p 型にはアクセプタ準位に含まれる電子と、価電子帯の正孔も示した。

表面に電極針を接触させるものだった。

バーディーンとブラッタンは装置の改良を重ねたが、表面に接触させる針にいくつかの問題が残った。大きな問題の一つは、半導体の表面に原因があるようだった。この頃には、研究グループのリーダーだったウィリアム・ショックリーも研究により深くかかわるようになっており、半導体を三層にした構造も有効で、そのほうがシンプルだという提案をした。二つのpn接合の片面どうしを合わせて、pnpまたはnpnのサンドイッチ構造をもつこの装置こそが、現在「トランジスタ」と呼ばれているものだ。

トランジスタへの接続の仕方はいくつかあるが、一般的には二つの端子を通った入力信号が増幅され、その結果、別の二端子間を通る出力信号が大きくなる。トランジスタは年々めざましい小型化を遂げ、今ではさまざまな種類の超小型回路に組み込まれるようになった。コンピューターに欠かせない装置となり、技術の進歩が進むにつれてどんどん小さくなり、それに伴ってコンピューターも小型化した。

今では、ほとんどのトランジスタが「マイクロチップ」と呼ばれる小さな集積回路に組み込まれている。「ウエハー」と呼ばれる半導体の薄片でできた基板に組み込まれるトランジスタや電子部品の数は、最初は数百だったのが、数千になり、さらには数十万へと膨れ上がった。そして驚くべきことに、マイクロチップが小型化するにつれて、その信頼性もだんだん高まっていく。今では、文字どおり何十億個ものトランジスタを小さなマイクロチップ一つに収められるようになり、それに伴って、日常生活で使われる多様な装置にあらゆる種類のコンピューターが組み込まれている。それだけでなく、戦争で使われる兵器にも革命をもたらした。戦車や飛行機、誘導ミサイル、ロケット、さまざまな銃や火砲のほか、ほぼすべての種類の爆弾に、マイクロチップが利用されている。

人工衛星とドローン

人工衛星が兵器だとみなされることはあまりないし、今のところ戦闘に直接かかわっているわけではないが、各種のレーザーや粒子ビーム兵器、果てはミサイルまで、さまざまな兵器を人工衛星に搭載することは理論的に可能だ。すでに説明したように、一九五七年に世界初の人工衛星〈スプートニク〉を打ち上げたのはソ連である。アメリカは翌年、同国初の人工衛星〈エクスプローラー1号〉を打ち上げたものの、その後も宇宙技術においてソ連の後塵を拝する時期がしばらく続いた。テレビの衛星放送や長距離電話、天気予報、GPS（全地球測位システム）によるナビゲーションなど、人工衛星は商業分野でさまざまな目的に利用されているが、偵察などのスパイ活動に使われることも多い。ここでは、主に偵察衛星に的を絞って説明する。

〈スプートニク〉の打ち上げから数年以内に、アメリカもソ連も偵察用の人工衛星を宇宙に送り込んでいる。初期の偵察衛星では記録したデータ（フィルム）を収めた容器を回収する必要があったが、まもなく情報の伝達に電波が使われるようになった。一九五九年からアメリカが「コロナシリーズ」と呼ばれる一連の偵察衛星を打ち上げて以降、偵察技術が高度になるにつれて、数多くの偵察作戦が実施された。今では、イスラエルやイギリス、フランス、ドイツ、インドといった多くの国々が、独自の偵察衛星を打ち上げている。

今や地球の軌道上には、数多くの偵察衛星がひしめいている。その大半が時速二万八〇〇〇キロを超える猛スピードで、高度一六〇キロから三二〇キロの軌道上を周回しながら、軍やCIA（中央情報局）が関心をもつさまざまな対象の写真を何百万枚と撮影している。端的に言って、偵察衛星は地上に向けられた巨大なデジタルカメラだ。巨大な鏡を搭載したハッブル宇宙望遠鏡によるすばらしい発見のニュースを耳にしたことがある読者もいると思うが、アメリカはハッブルと同等の大きさと性能をもつ望遠鏡を人工衛星に搭載し、それで地上を撮影しているのである。これらはKH（キーホール）と呼ばれる偵察衛星で、およそ一二～一五センチの物体を見分けられるほどの分解能を誇っている。[7]

とはいえ、分解能の高さだけが偵察衛星の特徴ではない。新しい衛星では、わずかに角度を変えて撮影した二枚の画像をコンピューターで処理して、三次元の画像を作成できるほか、電波や赤外線をとらえた画像も撮影できる。赤外線カメラを使えば被写体が雲に覆われているときや夜間でも撮影できるため、赤外線画像はきわめて有用だ。今や情報収集技術は洗練され、その処理速度も格段に速くなったため、個別の無線通信や携帯電話による通話の位置をほぼリアルタイムで特定でき、その所有者を攻撃する命令を数分以内に発令できるようになった。

最近のほとんどの人工衛星は、高速の大型コンピューターを搭載し、膨大な量のデータを一瞬のうちに処理することができる。そのデータはすぐに地上のオペレーションセンターへ送信される。

人工衛星に加え、「ドローン」と呼ばれる無人飛行機も今では広く利用されている。ドローンはイラクやアフガニスタンでの戦争で活用されてきた。現在、米軍が使っているドローンはいくつかあるが、主に利用されているのは〈MQ－1プレデター〉と〈MQ－9リーパー〉の二種類だ。UAV（無人航空機）やRPV（遠隔操縦機）とも呼ばれるドローンは、現代の空中戦だけでなく、戦闘全般の性質を変えていることは間違いない。当然ながら、ドローンの主な利点は、パイロットを危険にさらすことなく、敵に多大な損害を与えられることだ。また、従来の戦闘機よりも製造費がはるかに安いのも大きな利点である。〈プレデター〉は全長八・二メートルほどしかない。

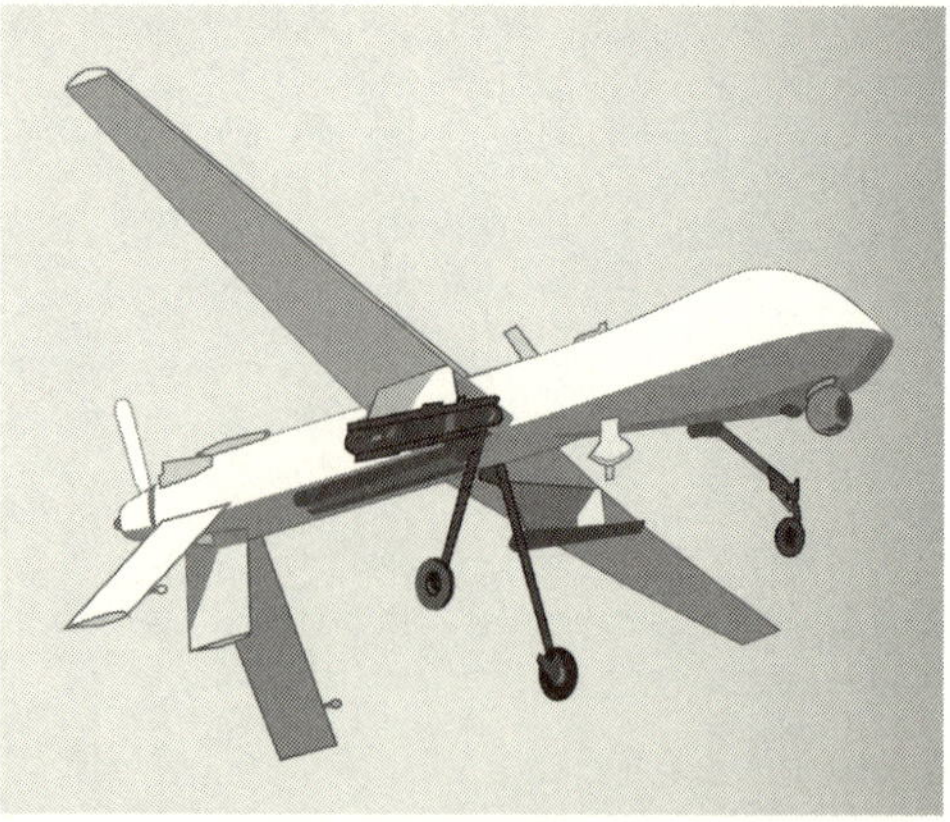

ドローン（無人飛行機）の〈プレデター〉

ドローンの「パイロット」は通常、機体から何千キロも離れた場所にいる。イラクやアフガニスタン、パキスタンに投入されたドローンの場合、パイロットはアメリカ国内の軍事施設にいて、スクリーンの前に座っている。画面には、飛行機のパイロットが通常目にする風景が映し出され、パイロットはまるで本物のコックピットに座っているかのようにドローンを操縦できるうえ、機体付近の地上にいる部隊と会話することもできる。パイロットは、敵の位置や戦闘能力など、ドローンで収集した情報を現地の部隊に伝えられるのだ。

ほとんどのドローンは戦闘機よりも格段に小さいうえ、装備も劣っている。〈プレデター〉は兵器を搭載しないことが多く、主に偵察活動に利用されているが、〈リーパー〉のほうはミサイルを装備している。一方イギリスが開発中のドローン〈タラニス〉は戦闘機ほどの大きさがあり、数種類の兵器を搭載して、敵機による攻撃から機体を防御できるようになるという。イスラエル空軍が運用するドローン〈ヘルメス450〉も、ミサイルを搭載している。ドローンを導入している国々の多くが採用しているのが、フランス製の〈スペルウェール〉だ。一二時間連続して飛行でき、赤外線やレーダーのセンサーなど、さまざまな電子機器や光学機器を搭載しているほか、ミサイルや対戦車兵器も装備している。

未来の兵器

SF映画や小説にはさまざまな未来の兵器が登場するが、そのなかで実際に使える兵器、あるいは、そもそも実現可能な兵器はどれだけあるだろうか。実際のところ、そのほとんどは空想の世界だけにとどまりそうだが、やがて実戦に投入されるかもしれない兵器もあるにはある。ここでは、実現の可能性が高い未来の兵器を紹介しよう。

なかでも興味深い兵器の一つが、電磁波爆弾（e爆弾）だ。人を死傷させずに電子機器を破壊することができる爆弾で、一連の核実験が行われていた一九六〇年頃にその構想が生まれた。ある核実験では、爆発によって生じた強力な電磁パルスが観測されている。科学者によるその後の調べで、このパルスが爆心地から一五〇〇キロ近く離れたはるか遠方の地点でも観測されたほか、何キロも離れた地点に位置していた飛行機の計器に誤動作を引き起こしていたことも判明した[8]。

当初、科学者たちは、爆発によって生じた電磁パルスがもたらす危険までは深く考えていなかったが、それでも、なぜ電磁パルスが生じるのかを調べ、まもなくその原因を突き止めた。核爆発では大量のガンマ線が発生するが、ガンマ線が高速の電子を生成し、その一部が地球の磁場に取り込まれる。この取り込まれた電子によって強力な電磁場が形成されて広範囲に電磁パルスが生じ、それによってあらゆる種類の電子機器や電気設備の内部できわめて高い電流と電圧が発生する。実質的に、コンピューターや通信機器、電話だけでなく、自動車や飛行機などに使われている電気・電子系統も含めたすべての電子機器が、この電磁パルスによって破壊される。社会のあらゆる活動が停止に追い込まれ、それによる被害額は何千億円にも達する可能性がある。(9)

軍は、こうした強力な電磁パルスを短い時間だけ生成する手法を研究してきた。電磁パルスを生成するために核爆弾を爆発させるわけにはいかないため、核爆弾を使わない手法を探った結果、それを実現できる比較的簡単な方法が見つかった。必要なのは、大型の銅線コイルの内部に仕掛けた爆発物だけだ。爆発の直前に、コンデンサー（蓄電器）からコイルに電流を流して磁場を発生させる。爆発によってコイルが一方の端から破壊されてショートしていくにつれ、磁場が圧縮されて、強力な電磁パルスがすぐに放出される。

爆発によって生じたパルスは、アメリカの大部分で社会活動を麻痺させることもできそうだ。たとえば、カンザス州など中部の州のおよそ四〇〇キロ上空でこの爆弾を爆発させれば、アメリカのほとんどの州であらゆる電子機器や電気装置が停止することになるだろう。

電磁パルスによる攻撃から社会を守る術はあるのだろうか。電磁パルスを遮断するシールドなどで電子機器やシステムを防護することはできるが、こうしたシールドは高価で、長い年月にわたって使えそうにない。

ほかの兵器についても見てみよう。X線レーザーの開発に多大な努力が注がれているという話を前に紹介したが、可視光レーザーやマイクロ波レーザーに比べると、X線を使う案には深刻な問題がある。X線レーザーによって励起された電子の寿命はきわめて短く、X線を反射する鏡の製造にもいくつかの困難があるのだ。このため、一般的にX線レーザーの干渉性は低く、この問題を回避するのも難しい。

高電離したプラズマを活性媒質に利用するのが最も有望な代替案だが、Ｘ線レーザーを使った効果的な兵器は今のところ製作されていない。

ほかには、原子やそれより小さい粒子の高エネルギーのビームを兵器として利用する手法もある。こうしたビームは世界中で毎日発生しているし、サイクロトロンや線形加速器といった各種の加速器によって生成することもできる。粒子加速器に関連する技術はよく知られており、電子や中性子、陽電子、陽子、イオンなどを加速するのに使われている。電荷を帯びた粒子は互いに反発し合って集束するのが難しく、細いビームの状態を維持しにくいことから、兵器に最も適しているのは中性子だ。中性子のビームには、光速に近い速さで移動できる、きわめて高いエネルギーを保有できるといった、いくつかの利点がある。こうしたビームの研究は、アメリカのカートランド空軍基地にあるイオンビーム研究所など、いくつかの施設で現在進められている。

もう少し一般的な兵器に目を向けると、高度な擲弾銃（グレネードランチャー）の開発も進められている。レーザーを使った距離計（レンジファインダー）とコンピューターを搭載した〈ＸＭ25〉グレネードランチャーがその一例だ。レーザー光線を使って擲弾を誘導する設計で、擲弾は標的の上空に達したところで爆発する。[10]「スマートブレット」と呼ばれる銃弾も開発中だ。誘導システムによって空中で進路を変えられる銃弾で、移動している標的を攻撃する際に特に大きな効果を発揮する。

各種のロボットも、長年にわたって兵器への利用が検討されてきた。ロボットはすでに地雷の除去に活躍しているが、キネティック・ノースアメリカ社が発売しているＭＡＲＳ（モジュール式高度武装ロボットシステム）は、遠隔操作できる無人の車両だ。内蔵カメラや動作感知装置、マイクロホンといった機器を搭載し、戦車のように無限軌道を利用して走行する。偵察や監視、目標捕捉のために配備されるほか、兵器を搭載することもできる[11]。

最後に紹介する兵器は、実現しそうにないように思えるかもしれないが、ぜひともここで言及しておきたい。ドローンや人工衛星がスパイ行為などに使われているという話はすでにしたが、人の脳から出る電磁波を解読するセンサーの開発が進んでいる。こうしたセンサーを人工衛星やドローンに搭載すれば、戦場で敵の「心を読める」ようになる時代が来るかもしれない。

未来の兵器のなかには、空想の産物でしかないように思えるものもあるだろう。とはいえ、仮にペルシャ帝国の戦士が三十年戦争で使われたマスケット銃について聞かされたとすれば、あり得ないことだと驚くはずだ。ナポレオンの兵士が第一次世界大戦に投入された戦闘機や潜水艦の話を聞いたら、いったいどんな反応を示しただろうか。広島や長崎の市民にとって、原子爆弾は空想の世界の兵器でしかなかっただろうが、一九四五年八月に原爆の投下を目の当たりにして以降、原爆は現実以外の何ものでもなくなった。自然の物理法則に対する理解を深めるにつれて、人類は兵器の破壊力をさらに高めようとしてきた。この先、物理学者が知識の幅を広げていけば、戦争に使われる兵器もどんどん進歩していくだろう。ただ、二一世紀やその先の未来のために強く望むのは、戦争による犠牲者をこれ以上増やすのではなく、物理学の進歩が、犠牲者を出さない兵器の開発を促すことだ。二〇世紀に頻繁に起きていたような悲惨な虐殺行為を起こすことなく、紛争を解決する方向へ導く技術の登場を願っている。

訳者あとがき

物理学というのは難しいと思う。

いや、物理学なんて簡単だという人だっているかもしれないし、難しいと感じる人のあいだでも、難解に感じる点は人それぞれ違うだろう。私が感じる難しさは、物理学で取り扱われている力やエネルギーといったさまざまな要素が「目に見えない」点だ。

もちろん、物理学的な現象は目に見える。放り投げたボールが放物線を描いて飛んでいく、照明のスイッチを入れたら明るくなる、スマートフォンで撮った写真を友だちに送るなど、日常のさまざまな場面で私たちは物理学的な現象を目にし、それを活用している。しかし、こうした現象を引き起こしている力やエネルギーは目に見えない。

目に見えないものを理解するために、物理学者たちはそれを表す概念を文章で示し、用語や数式を考案してきた。こうして力やエネルギーは、文字や記号という媒体を通して表現できるようになった。とはいえ、人が直接目にしているのは、あくまでも文字や記号でしかない。力そのものが目に見えるようになったわけではないのだ。

物理学者は、用語や数式を使って力やエネルギーの働きを表現し、頭の中で想像して理解している。だが、そもそも用語や数式が理解できなければ、それらの働きを想像することはできない。物理学が苦手な人には、用語や数式が表している「目に見えないもの」を理解するのが、本当に難しい。

理科の先生が物理学を教えるときに苦労する点も、まさにそこにあるのだと思う。中学や高校で、物理学にまったく興味のない生徒に教えるのは大変だ。用語や数式だけを並べて説明しても、興味がない生徒は、それが意味している概念を想像しようとすらしない。力やエネルギーは目に見えないから、それが存在すると言われてもなかなか信じられないのだ。信じられないものには、興味をもたない。興味をもたなければ、想像しない。つまらないから、授業中にスマートフォンで友だちとメッセージをやり取りして退屈を紛らわす。文字の入力や通信を裏で支えている技術が、物理学を応用して生まれたものだということも知らずに。

そんな生徒たちを何とか振り向かせようと、先生たちはあっと驚く実験を考え出し、ときどき授業で披露して、物理学に興味をもたせようとする。でも、授業で実験ばかりしているわけにはいかない。受験のためには理論も教えなければならないし、毎回実験をしていたら先生の体がもたないからだ。

大学で物理学専攻の学生に教えるのなら、まだいいだろう。学生たちはみずから選択して物理学を勉強しにきたわけだから、少なくとも物理学に興味をもっている。興味があれば、難しくても、想像力を目いっぱい働かせて教授の話に耳を傾け、専門書を読み込んで、なんとか理解しようと努力する。大事なのは「興味がある」という点。目に見えないものに興味をもたせるのが一苦労なのだ。

本書の著者であるバリー・パーカーも、苦労したのかもしれない。次世代の物理学者を育てるためには、物理学に興味をもつ学生を増やさなければならない。どうすれば興味をもってもらえるのかと考えた末に行き着いたのが、戦争と物理学を組み合わせるというアイデアだったのだろう。

これが化学や生物学ではうまくいかない。化学や生物学を通して戦争を語ろうとすると、取り上げられる話題や時代の幅が狭くなり、一冊の本として成り立たせるのはなかなか難しい。その点、物理学を通して語れば、古代の弓矢からハイテクを駆使した現代の兵器まで、戦争のさまざまな側面を一冊の本に盛り込める。

「科学知識の普及の一助となるよう願っている」と著者が序文に書いているように、本書の対象はあくまでも「科学者でない人々」だ。説明に際して数式はあまり使われていないし、数式が登場する部分は「読み飛ばしてもかまわない」とまで書かれている。

本の中では、教壇に立つ先生のように実験を披露することはできない。そこで、読者に興味をもってもらうために著者が採り入れたのが、「ストーリーを盛り込む」という手法だ。だから冒頭の「カデシュの戦い」の物語を読み始めると、物理学に関する本というよりも、まるで歴史書を読んでいるかのような感覚を抱く。ストーリーを通じて読者を物理学の世界に引き込もうという作戦だ。

中世以前には物理学という学問が確立されていなかったこともあって、古代や中世の戦争について取り上げた前半の章では、ストーリーと物理学が切り離されているような印象を受ける。しかし、レオナルド・ダ・ヴィンチやガリレオが登場する第6章あたりから、両者がだんだん交じり合ってきて、原子爆弾の開発に関する第17章に入ると、主役が物理学者になり、ストーリーと物理学が完全に融合している。序文の冒頭で「戦争の物理学にまつわる本を書いている」という著者に対し、友人が「原子爆弾のことだね」と答える場面が紹介されているが、そのエピソードが示すように、原爆の開発は物理学が戦争に利用された典型的な例だと考えられているのだろう。だからこそ著者は、物理学が「人類のより良い生活のためにも数多く活用されているということも、知っておいてほしい」と付け加えている。

数多くのストーリーを盛り込んで「科学者でない人々」を物理学の世界へ誘おうという著者の作戦は、どの程度成功するだろうか。それは読者一人ひとりの判断に委ねるしかないが、私が本書の翻訳を通じて感じたのは、「戦争の物理学」というテーマだけで一冊の本が書けるほど、物理学が人類の営みと深くかかわっているということだ。

二〇一四年のノーベル物理学賞が青色ＬＥＤの開発に貢献した三人に授与されたことからもわかるように、私たちの身の回りには物理学を応用した製品があふれ、もはやそれなしでは生活できない。今後も同じような生活を送るためには、そうした製品を開発できる技術者の育成が欠かせない。誰もが物理学への興味を失ってしまったら、そのうち生活に必要な製品を開発できる技術者がいなくなってしまう。製品の開発さえもコンピューター任せになるかもしれない。そうなると、だんだん人間が製品を制御できなくなり、人間が製品に制御されてしまう時代が来るのではないか。考えすぎかもしれないが、そんな事態に陥らないよう、科学知識を次世代へ継承することは大切であるし、私のように製品を使うほうの人間も、製品に操られる立場にならないよう、ある程度の知識を身につけておいたほうがよさそうだ。

スマートフォンを使ったり飛行機で旅をしたりするために物理学を理解する必要はないのだが、それらを動かしている目に見えない力やエネルギーをときどき頭に思い描いてみることは、コンピューターへの依存度が高まっている現代に思考能力を低下させないためにも、大事なことであるように思う。

翻訳を進めるなかで原書の記述に疑問が生じた際には、著者に確認していただき、その回答に応じて記述を修正した。白揚社の阿部明子さんと筧貴行さんには、訳文の厳しいチェックから著者とのやり取りまで、翻訳作業のさまざまな場面で大変お世話になった。この場を借りて御礼を申し上げたい。どうもありがとうございました。

二〇一六年一月

藤原多伽夫

10. Barry Parker, *Quantum Legacy* (Amherst, NY: Prometheus Books, 2002), p.217.
11. Ibid., p. 213.
12. Aczel, *Uranium Wars*, p. 132.
13. Jim Baggott, *Atomic: The First War of Physics* (New York: Pegasus, 2010), p. 100.
14. Ibid., p. 89; Aczel, *Uranium Wars*, p. 146.
15. Baggott, *Atomic: First War of Physics*, p. 232.
16. Rhodes, *Making of the Atomic Bomb*, p. 447.
17. Aczel, *Uranium Wars*, p. 157.
18. Baggott, *Atomic: First War of Physics*, p. 279.
19. Ibid., p. 299.
20. Aczel, *Uranium Wars,* p. 178.

18　水素爆弾、大陸間弾道ミサイル、レーザー、そして兵器の未来

1. Richard Rhodes, *Dark Sun* (New York: Simon and Schuster, 1995), p. 466; "Cold War: A Brief History of the Atomic Bomb," atomicarchive.com, http://www.atomicarchive.com/history/coldwar/page04.htm (accessed June 22, 2013).
2. Rhodes, *Dark Sun*, p. 468; "Thermonuclear Weapon."
3. Rhodes, *Dark Sun*, p. 482.
4. Ibid., p. 506.
5. Barry Parker, *Quantum Legacy* (Amherst, NY: Prometheus Books, 2002), p. 159.
6. Parker, *Quantum Legacy*, p. 179.
7. "What Is the Keyhole Satellite and What Can It Really Spy On?" How Stuff Works, http://science.howstuffworks.com/question529.htm (accessed September 12, 2013).
8. Joe Haldeman and Martin Greenberg, *Future Weapons of War* (Riverdale, NY: Baen, 2008).
9. "How E-Bombs Work," How Stuff Works, http://sciencehowstuffworks.com/e-bomb3.htm (accessed June 28, 2013).
10. Joel Baglole, "XM25- Future Grenade Launcher," About.com, http://usmilitary.about.com/od/weapons/a/xm25grenadelaunch.htm (accessed June 29, 2013).
11. "MAARS," Qinetiq North America, https://www.qinetiq-na.com/products/unmanned-systems/maars/, (accessed September 12, 2013).

4. Mary Bellis, "The History of Sonar," About.com, http://inventors.about.com/od/sstartinventions/a/sonar_history.htm (accessed May 25, 2013).
5. "The German U-Boats," uboat.net, http://www.uboat.net/boats.htm (accessed May 30, 2013).

16 第二次世界大戦

1. Jennifer Rosenberg, "World War II Starts," About.com, http://history1900s.about.com/od/worldwarii/a/wwiistarts.htm (accessed June 1, 2013); "World War Two—Causes," History on the Net.com, http://www.historyonthenet.com/WW2/causes.htm (accessed June 1, 2013).
2. Editors of Legacy Publishers, "Start of World War II: September 1939–March 1940," How Stuff Works, http://history.howstuffworks/world-war-ii/start-world-war-2.htm (accessed June 1, 2013).
3. TheophileEscargot, "1940; The Battle of France," Kuro5hin, http://www.kuro5hin.org/story/2002/5/14/55627/2665 (accessed June 4, 2013).
4. Louis Brown, *A Radar History of World War II* (Philadelphia: Institute of Physics, 1979).
5. Robert Buderi, *The Invention That Changed the World* (New York: Simon and Schuster, 1996), p. 79.
6. Brown, *Radar History*, p. 107.
7. Buderi, *Invention*, p. 89.
8. "The Battle of Britain," BBC, http://www.bbc.co.uk/history/battle_of_britain (accessed June 5, 2013).
9. "Reasons for America's Entry into WWII," Hubpages, http://jdf78.hubpages.com/hub/Reasons-for-American-Entry-Into-WWII (accessed June 7, 2013).
10. Kennedy Hickman, "World War II: V-2 Rocket," About.com, http://militaryhistory.about.com/od/artillerysiegeweapons/p/v2rocket.htm (accessed June 10, 2013).
11. "World War 2 Code Breaking: 1939–1945," History, http://www.history.co.uk/explore-history/study-topics/history-of-ww2/code-breaking.html (accessed June 13, 2013).
12. "More Information About: Alan Turing," BBC, http://www.bbc.co.uk/history/people/alan_turing (accessed June 14, 2013).

17 原子爆弾

1. Isaac Asimov, *The History of Physics* (New York: Walker and Company, 1966), p. 598.
2. Amir Aczel, *Uranium Wars* (New York: MacMillan, 2009), p. 179.
3. Ibid., p. 74.
4. Ibid., p. 88.
5. Richard Rhodes, *The Making of the Atomic Bomb* (New York: Simon and Schuster, 1986), p. 204.
6. Ibid., p. 79.
7. Aczel, *Uranium Wars*, p. 61.
8. Ibid., p. 104.
9. Rhodes, *Making of the Atomic Bomb*, p. 256.

history1900s.about.com/od/worldwari/p/World-War-I.htm (accessed April 28, 2013).

5. O'Connell, *Of Arms and Men*, p. 262.
6. Stephen Sherman, "Legendary Aviators and Aircraft of World War One," 2001, Acepilots.com, http://acepilots.com/wwi/ (accessed April 30, 2013).
7. Michael Duffy, "The War in the Air—Air Aces of World War One," firstworld war.com, http://www.firstworldwar.com/features/aces.htm (accessed April 30, 2013).
8. "Jan. 31, 1917: Germans Unleash U-Boats," This Day in History, History, http://www.history.com/this-day-in-history/germans-unleash-u-boats (accessed May 3, 2013); Alex L., "U-Boats in World War I," HistoryJournal.org, http://historyjournal.org/2012/08/28/u-boats-in-world-war-i/ (accessed May 5, 2013).
9. "Poison Gas and World War One," History Learning Site, http://www.historylearningsite.co.uk/poison_gas_and_world_war_one.htm (accessed May 5, 2013).
10. Michael Duffy, "Weapons of War—Poison Gas," firstworldwar.com, http://www.firstworldwar.com/weaponry/gas.htm (accessed May 7, 2013).
11. "Tanks and World War One," History Learning Site, http://www.historylearningsite.co.uk/tanks_and_world_war_I (accessed May 11, 2013).
12. Michael Duffy, "Weapons of War—Tanks," firstworldwar.com, http://www.firstworldwar.com/weaponry/tanks.htm (accessed May 11, 2013).
13. "Apr. 6, 1917: America Enters World War I," This Day in History, History, http://www.history.com/this-day-in-history/america-enters-world-war-i (accessed May 12, 2013).

14　無線とレーダーの開発

1. Barry Parker, *Science 101: Physics* (Irvington, NY: Collins-Smithsonian, 2007), p. 129.
2. Ibid., p. 122.
3. Ibid., p. 121.
4. Parker, Science 101, pp. 123, 132.
5. "Learn about Australian Weather Watch Radar," Australian Government Bureau of Meteorology," http://www.bom.gov.au/australia/radar/about (accessed May 17, 2013).
6. Robert Buderi, *The Invention That changed the World* (New York: Simon and Schuster, 1996), p. 103.
7. Louis Brown, *A Radar History of World War II* (Philadelphia: Institute of Physics Publishing, 1999), p. 84.
8. James Phinney Baxter III, quoted in Buderi, *Invention That Changed the World*.

15　ソナーと潜水艦

1. Isaac Asimov, *The History of Physics* (New York: Walker and Company, 1966), p. 124.
2. Nathan Earls, "The Physics of Submarines," University of Alaska Fairbanks, http://ffden-2.phys.uaf.edu/212_fall2003.web.dir/nathan_earls/intro_slide.html (accessed May 20, 2013).
3. Marshall Brain and Craig Freudenrich, "How Submarines Work," How Stuff Works," http://science.howstuffworks.com/transport/engines-equipment/submarine (accessed May 22, 2013).

13. "Balloons in the American Civil War," CivilWar.com, http://www.civilwar.com/weapons/observation_balloons.html (accessed March 21, 2013).

11 銃弾と砲弾の弾道学

1. Nelson DeLeon, "Elementary Gas Laws: Charles Law," Chemistry 101 Class Notes, Spring 2001, http://www.iun.edu/~cpanhd/C101webnotes/gases/charleslaw.html (accessed March 25, 2013).
2. "Introduction to Ballistics," Federation of American Scientists, http://www.fas.org/man/dod-101/navy/docs/swos/gunno/INFO6.html (accessed March 29, 2013).

12 航空力学と最初の飛行機

1. Isaac Asimov, *The History of Physics* (New York: Walker and Company, 1966), p. 133.
2. "Wright Brothers History: First Airplane Flight," Welcome to the Wright House, http://www.wright-house.com/wright-brothers/wrights/1903.html (accessed April 5, 2013).
3. Mary Bellis, "A Visual Timeline: The Lives of the Wright Brothers and Their Invention of the Airplane," About.com, http://inventors.about.com/od/wstartinventors/a/TheWrightBrothers.htm (accessed April 5, 2013).
4. Quentin Reynolds, *The Wright Brothers: Pioneers of American Aviation* (New York: Random House, 1981).
5. Fred Howard, *Wilbur and Orville: A Biography of the Wright Brothers* (New York: Ballantine Books, 1988), p. 72.
6. "What Makes an Airplane Fly—Level 1," Allstar Network, http://www.allstar.fiu.edu/aero/fltmidfly.htm (accessed April 8, 2013).
7. Mary Bellis, "The Dynamics of Airplane Flight," About.com, http://inventors.about.com/library/inventors/blairplanedynamics.htm (accessed April 8, 2013).
8. "What Is Drag?" National Aeronautics and Space Administration, http://www.grc.nasa.gov/WWW/k-12/airplane/drag1.html (accessed April 10, 2013).
9. "The Birth of the Fighter Plane, 1915," EyeWitness to History, 2008, http://www.eyewitnesstohistory.com/fokker.htm (accessed April 14, 2013).
10. R. L. O'Connell, Of arms and Men (New York: Oxford University Press, 1989), p. 262.

13 機関銃の戦争——第一次世界大戦

1. Ernest Volkman, *Science Goes to War* (New York: John Wiley, 2002), p. 151; R. L. O'Connell, *Of Arms and Men* (New York: Oxford University Press, 1989), p. 233.
2. Michael Duffy, "Weapons of War—Machine Guns," firstworldwar.com, http://www.firstworldwar.com/weaponry/machineguns.htm (accessed April 20, 2013).
3. "World War I—Weapons," History on the Net, http://www.historyonthenet.com/WW1/weapons.htm (accessed April 22, 2013).
4. Michael Duffy, "How It Began—Introduction," firstworldwar.com, http://www.firstworldwar.com/origins/ (accessed April 25, 2013); Jennifer Rosenberg, "World War I, About.com, http://

5. Bronowski, *Ascent of Man*, p. 274.
6. Volkman, *Science Goes to War*, p. 126; J. J. O'Connor and E. F. Robertson, "Benjamin Robins," MacTutor History of Mathematics Archive, http://www-history.mcs.st-andrews.ac.uk/Biographies/Robins.html (accessed February 27, 2013).
7. C. D. Andriesse, *Huygens: The Man behind the Principle* (Cambridge: Cambridge University Press, 2011).

9 ナポレオンの兵器と電磁気の発見

1. Ernest Volkman, *Science Goes to War* (New York: John Wiley, 2002), p. 136.
2. J. Bronowski, *The Ascent of Man* (Boston: Little, Brown and company, 1973), p. 148.
3. John H. Lienhard, "No. 728: Death of Lavoisier," Engines of Our Ingenuity, http://www.uh.edu/engines/epi728.htm (accessed August 15, 2013).
4. Robert Wilde, "Napoleon Bonaparte," About.com, http://europeanhistory.about.com/od/bonapartenapoleon/a/bionapoleon.htm (accessed March 3, 2013).
5. Woburn Historical Commission, "Count Rumford," Middlesex Canal website, http://www.middlesexcanal.org/docs/rumford.htm (accessed March 5, 2013).
6. Barry Parker, *Science 101: Physics* (Irvington, NY: Collins-Smithsonian, 2007), p. 110.
7. Ibid., p. 112.
8. Ibid., p. 116.
9. Ibid., p. 118.

10 アメリカの南北戦争

1. Jack Kelly, *Gunpowder* (New York: Basic Books, 2004), p. 180.
2. R. L. O'Connell, *Of Arms and Men* (New York: Oxford University Press, 1989), p. 191.
3. Kelly, *Gunpowder*, p. 182.
4. Ibid., p. 188; O'Connell, *Of Arms and Men*, p. 191.
5. Kelly, *Gunpowder*, p. 213; O'Connell, *Of Arms and Men*, p. 196.
6. "Battle of Gettysburg," The History Place, http://www.historyplace.com/civilwar/battle.htm (accessed March 9, 2013).
7. Howard Taylor, "The Telegraph in the War Room," Learning-Online, http://www.alincolnlearning.us/Civilwartelegraphing.html (accessed March 13, 2013).
8. Mary Bellis, "Introduction to Joseph Henry," About.com, http://inventors.about.com/od/hstartinventors/a/Joseph_Henry.htm (accessed March 14, 2013).
9. Barry Parker, *Science 101: Physics* (Irvington, NY: Collins-Smithsonian,2007), p. 118.
10. Kelly, *Gunpowder*, p. 191.
11. Craig L. Symonds, "Damn the Torpedoes! The Battle of Mobile Bay," Civil War Trust, http://www.civilwar.org/battlefields/mobilebay/mobile-bay-history-articles/damn-the-torpedoes-the.html (accessed March 18, 2013).
12. "Civil War Submarines," AmericanCivilWar.com, http://americancivilwar.com/tcwn/civil_war/naval_submarine.html (accessed March 19, 2013).

3. "Tartaglia Biography," MacTutor History of Mathematics, http://www-history.mcs.st-and.ac.uk/Biographies/Tartaglia.html (accessed February 3, 2013).
4. J. Bronowski, *The Ascent of Man* (Boston: Little, Brown and Company, 1973), p. 198.
5. Mary Bellis, "Galileo Galilei," About.com, http://www.inventors.about.com/od/gstartinventors/a/Galileo_Galilei.htm (accessed February 6, 2013); "Galileo Galilei," *Wikipedia*, http://en.wikipedia.org/wiki/Galileo_Galilei (accessed February 6, 2013).

7 初期の銃から、三十年戦争、ニュートンの発見まで

1. J. R. Partington, *A History of Greek Fire and Gunpowder* (Baltimore: Johns Hopkins University Press, 1999), p. 97.
2. Jack Kelly, *Gunpowder* (New York: Basic Books, 2004), p. 70.
3. Kelly, Gunpowder, p. 76.
4. Ernest Volkman, *Science Goes to War* (New York: John Wiley and Sons, 2002), p. 91; Matt Rosenberg, "Prince Henry the Navigator," About.com, http://www.geography.about.com/od/historyofgeography/a/princehenry.htm (accessed February 13, 2013).
5. Volkman, *Science Goes to War*, p. 99; F. Streicher, "Paolo dal Pozzo Toscanelli," *Catholic Encyclopedia* (New York: Robert Appleton, 1912), available online at New Advent, http://www.newadvent.org/cathen/14786a.htm (accessed February 14, 2013).
6. A. F. Pollard, "King Henry VIII," excerpted from *Encyclopedia Britannica*, 11th ed. (Cambridge: Cambridge University Press, 1910), 8: 289, available online at Luminarium.org, http://www.luminarium.org/renlit/tudorbio.htm (accessed February 15, 2013).
7. Mary Bellis, "William Gilbert," about.com, http://www.inventors.about.com/library/inventors/bl_william_gilbert.htm (accessed February 17, 2013).
8. Volkman, *Science Goes to War*, p. 104.
9. Dava Sobel, *Longitude: The True Story of a Lone Genius Who Solved the Greatest Problem of His Time* (New York: Walker and company, 2007).
10. Kelly, *Gunpowder*, p. 132.
11. R. L. O'Connell, *Of Arms and Men* (New York: Oxford University Press, 1989), p. 141.
12. Barry Parker, *Science 101: Physics* (Irvington, NY: Collins-Smithsonian, 2007), p. 8; J. Bronowski, *The Ascent of Man* (Boston: Little, Brown and Company, 1973), p. 221.

8 産業革命の影響

1. Ernest Volkman, *Science Goes to War* (New York: John Wiley and Sons, 2002), p. 116.
2. "Louis XIV Biography," Bio, http://www.biography.com/people/louis-xiv-9386885 (accessed February 22, 2013).
3. J. Bronowski, *The Ascent of Man* (Boston: Little, Brown and company, 1973), p. 259.
4. Mary Bellis, "James Watt—Inventor of the Modern Steam Engine," About.com,http://inventors.about.com/od/wstartinventors/a/james_watt.htm (accessed February 24, 2013); Carl Lira, "Biography of James Watt," Michigan State University College of Engineering, http://www.egr.msu.edu/~lira/supp/steam/wattbio.html (accessed February 24, 2013).

world-physics-problems.com/physics-of-archery.html (accessed January 5, 2013).

4 ローマ帝国の勃興と、英仏の初期の戦い

1. Ernest Volkman, *Science Goes to War* (New York: John Wiley and Sons, 2002), p. 35.
2. Robert O'Connell, *Of Arms and Men* (New York: Oxford University Press, 1989), p. 69.
3. "The Battle of Adrianople (Hadrianopolis)," Illustrated History of the Roman Empire, http://www.roman-empire.net/army/adrianople.html (accessed January 10, 2013).
4. David Ross, "The Battle of Hastings," Britain Express, http://www.britainexpress.com/History/battles/hastings.htm (accessed January 13, 2013).
5. Kennedy Hickman, "Hundred Years' War: Battle of Crécy," About.com, http://www.militaryhistory.about.com/od/battleswars12011400/p/crecy.htm (accessed January 16, 2013).
6. Volkman, *Science Goes to War*, p. 38.
7. "The Battle of Agincourt," BritishBattles.com, http://www.britishbattles.com/100-years-war/agincourt.htm (accessed January 19, 2013).
8. Robert Hardy, *Longbow: A Social and Military History* (New York: Lyons and Burford, 1993).
9. "The Physics of Archery," Mr. Fizzix, 2001, http://mrfizzix.com/archery (accessed January 21, 2013).
10. Franco Normani, "The Physics of Archery," Real World Physics Problems, http://www.real-world-physics-problems.com/physics-of-archery.html (accessed January 24, 2013).

5 火薬と大砲――戦争の技法と世界を変えた発見

1. Jack Kelly, *Gunpowder* (New York: Basic Books, 2004), p. 12.
2. Ibid., p. 17.
3. J. R. Partington, *A History of Greek Fire and Gunpowder* (Baltimore: Johns Hopkins University Press, 1999), p. 22.
4. Kelly, *Gunpowder*, p. 23; Partington, *A History of Greek Fire and Gunpowder*, p. 69.
5. Robert O'Connell, *Of Arms and Men* (New York: Oxford University Press, 1989), p. 108; Kelly, Gunpowder, p. 41.
6. Partington, *A History of Greek Fire and Gunpowder*, p. 91.
7. Ernest Volkman, *Science Goes to War* (New York: John Wiley and Sons, 2002), p. 53; Kelly, *Gunpowder,* p .49.
8. Volkman, *Science Goes to War*, p. 63; Kelly, *Gunpowder*, p. 55.
9. Chris Trueman, "Charles VIII," History Learning Site, http://www.historylearningsite.co.uk/c8.htm (accessed January 27, 2013).

6 時代を先取りした三人――レオナルド・ダ・ヴィンチ、タルタリア、ガリレオ

1. Christopher Lampton, "Top 10 Leonardo da Vinci Inventions," HowStuffWorks.com, January 25, 2011, http://www.howstuffworks.com/innovations/famous-inventors/10-Leonardo-da-Vinci-Inventions.htm (accessed February 1, 2013).
2. Ernest Volkman, *Science Goes to War* (New York: John Wiley and Sons, 2002), p. 77.

註

1 はじめに

1. Jimmy Dunn, "The Battle of Megiddo," Tour Egypt, http://www.touregypt.net/featurestories/megiddo. htm (accessed July1, 2013).
2. N. S. Gill, "Pharaoh Thutmose III and the Battle of Megiddo," About.com, http://ancienthistory.about.com/od/egyptmilitary/qt/070607Megiddo.htm (accessed July 2, 2013).

2 古代の戦争と物理学の始まり

1. For an excellent account of the Battle of Kadesh, see Robert Collins Surh, "Battle of Kadesh," *Military History*, August 1995. The article can also be found online at Historynet.com, http://www.historynet.com/battle-of-Kadesh.htm (accessed July 23, 2013).
2. Ernest Volkman, *Science Goes To War* (New York: John Wiley and Sons, 2002), p. 17.
3. Ibid., p. 20.
4. Robert O'Connell, *Of Arms and Men* (New York: Oxford University Press, 1989), p. 39.
5. "Aristotle," Ancient Greece, http://www.ancientgreece.com/s/People/Aristotle (accessed December 15, 2012).
6. Linda Alchin, "Ballista," Middle Ages, http://www.middle-ages.org.uk/ ballista.htm (accessed December 18, 2012).
7. Linda Alchin, "Trebuchet," http://www.middle-ages.org.uk/trebuchet.htm (accessed December 20, 2012).
8. W. W. Tarn, Philip of Macedon, Alexander the Great (Boston: Beacon Press, 1972).
9. Volkman, *Science Goes To War*, p.30.
10. E. J. Dijksterhuis, *Archimedes* (Princeton, NJ: Princeton University Press, 1983).

3 古代の兵器の物理学

1. Isaac Asimov, *The History of Physics* (New York: Walker, 1966), p. 13.
2. Ibid., p. 26.
3. Ibid., p. 65.
4. Ibid., p. 84.
5. Barry Parker, *Science 101: Physics* (Irvington, NY: Collins-Smithsonian, 2007), p. 24.
6. Ibid., p. 26.
7. "The Physics of Archery," Mr. Fizzix, 2001, http://www.mrfizzix.com/archery (accessed January 3, 2013).
8. Franco Normani, "The Physics of Archery," Real World Physics Problems, http://www.real-

ローズ『原子爆弾の誕生』神沼二真ほか訳、紀伊國屋書店、1995年）

Sarton, George, *Ancient Science through the Golden Age of Greece*. Mineola, NY: Dover Publications, 2011.

Sebag-Montefiore, Hugh. *Enigma: The Battle of the Code*. New York: Wiley, 2004.（ヒュー・S＝モンティフィオーリ『エニグマ・コード』小林朋則訳、中央公論新社、2007年）

Snodgrass, A. M. *Arms and Armor of the Greeks*. Baltimore: Johns Hopkins University Press, 1998.

Sobel, Dava. *Longitude: The True Story of a Lone Genius Who Solved the Greatest Problem of His Time* (New York: Walker and company, 2007).（デーヴァ・ソベル『緯度への挑戦』藤井留美訳、角川書店、2010年）

Volkman, Ernest. *Science Goes to War*. New York: Wiley, 2002.（アーネスト・ヴォルクマン『戦争の科学』茂木健訳、神浦元彰監修、主婦の友社、2003年）

Weller, Jac. *Weapons and Tactics*. Boulder, CO: Paladin Press, 2007.

主な参考文献

Aczel, Amir. *Uranium Wars*. New York: MacMillan, 2009.（アミール・D・アクゼル『ウラニウム戦争』久保儀明ほか訳、青土社、2009年）

Asimov, Isaac. *The History of Physics*. New York: Walker, 1966.

Baggott, Jim. *Atomic: The First War of Physics*. New York: Pegasus, 2010.（ジム・バゴット『原子爆弾 1938〜1950年』青柳伸子訳、作品社、2015年）

Bronowski, J. *The Ascent of Man*. Boston: Little, Brown, 1973.（J・ブロノフスキー『人間の進歩』道家達将ほか訳、法政大学出版局、1987年）

Brown, Louis. *A Radar History of World War II*. Philadelphia: Institute of Physics Publishing, 1999.

Buderi, Robert. *The Invention That Changed the World*. New York: Simon and Schuster, 1996.

Collier, Basil. *The Battle of Britain*. New York: MacMillan, 1962.

Griffith, Paddy. *Battle Tactics of the Civil War*. New Haven, CT: Yale University Press, 1987.

Guillen, Michael. *Five Equations That Changed the World*. New York: Hyperion, 1996.

Guilmartin, John. *Gunpowder and Galleys*. Cambridge: Cambridge University Press, 1964.

Hardy, Robert. *Longbow: A Social and Military History*. New York: Lyons and Burford, 1993.

Hodges, Andrew. *Alan Turing: The Enigma*. Princeton, NJ: Princeton University Press, 2012.（アンドルー・ホッジス『エニグマ　アラン・チューリング伝』土屋俊ほか訳、勁草書房、2015年）

Hughes, B. P. *Firepower: Weapon Effectiveness on the Battlefield, 1630–1850*. New York: Da Capo, 1997.

Jones, R. V. *Most Secret War*. New York: Penguin, 2009.

Keegen, John. *A History of Warfare*. New York: Vintage, 1994.

Kelly, Jack. *Gunpowder*. New York: Basic Books, 2004.

Kennedy, Gregory. *Germany's V-2 Rocket*. Atglen, PA: Schiffer, 2006.

Maraden, E. W. *Greek and Roman Artillery*. New York: Oxford, 1969.

O'Connell, Robert. *Of Arms and Men*. New York: Oxford, 1989.

Padfield, Peter. *Guns at Sea*. New York: St. Martin's, 1974.

Pais, Abraham. J. *Robert Oppenheimer: A Life*. New York: Oxford University Press, 2006.

Parker, Barry. *Science 101: Physics*. Irvington, NY: Collins, 2007.

Partington, J. R. *A History of Greek Fire and Gunpowder*. Baltimore: Johns Hopkins University Press, 1999.

Rhodes, Richard. *Dark Sun*. New York: Simon and Schuster, 1995.（リチャード・ローズ『原爆から水爆へ』小沢千重子ほか訳、紀伊國屋書店、2001年）

———. *The making of the Atomic Bomb*. New York: Simon and Schuster, 1986.（リチャード・

バリー・パーカー（Barry Parker）
アイダホ州立大学物理学名誉教授。物理学に関する定評ある書籍を多数執筆。邦訳書に『アインシュタインの遺産』『アインシュタインの予言』『アインシュタインの情熱』（共立出版）などがある。

藤原多伽夫（ふじわら・たかお）
翻訳家、編集者。静岡大学理学部卒業。自然科学、探検、環境、考古学など幅広い分野の翻訳と編集に携わる。訳書に『ヒマラヤ探検史』（東洋書林）、『戦争と科学者』『「日常の偶然」の確率』（原書房）などがある。

The Physics of War: From Arrows to Atoms
by Barry Parker

The Physics of War: From Arrows to Atoms. Amherst, NY: Prometheus Books, 2014.

戦争（せんそう）の物理学（ぶつりがく）

二〇一六年三月二十五日　第一版第一刷発行
二〇一八年四月　十　日　第一版第四刷発行

著　者　バリー・パーカー
訳　者　藤原多伽夫（ふじわらたかお）

発行者　中村　幸慈
発行所　株式会社　白揚社　©2016 in Japan by Hakuyosha
〒101-0062　東京都千代田区神田駿河台1-7
電話03-5281-9772　振替00130-1-25400

装　幀　高麗隆彦
印刷・製本　中央精版印刷株式会社

ISBN 978-4-8269-0187-1

ジョージ・ガモフ著　崎川範行訳

新版　1、2、3…無限大

ミクロの世界から限りないマクロの世界まで、現代科学の基礎を軽妙な語り口で解き明かす。子どもから大人まで自然の不思議を堪能できる、第一線で活躍している多くの科学者が夢中で読みふけった不朽の名作の登場。　四六判　400頁　2500円

ジョージ・ガモフ／ラッセル・スタナード著　青木薫訳

不思議宇宙のトムキンス

世界中の科学者が皆愛読した超ロングセラー『不思議の国のトムキンス』が最新科学をふんだんに採り入れてアップデート！　相対性理論や量子の奇妙な世界を楽しく冒険しながら物理学がしっかり学べる科学入門書の決定版。　四六判　360頁　1900円

パレ・ユアグロー著　林一訳

時間のない宇宙

ゲーデルとアインシュタイン　最後の思索

アリストテレス以来最大の論理学者といわれるゲーデルは、プリンストン高等研究所でアインシュタインと出会った。認識論と実在論、集合論、論理学、宇宙論、量子論をめぐって展開された知の巨人たちの思索の旅。　四六判　288頁　2500円

ジョセフ・メイザー著　松浦俊輔訳

ゼノンのパラドックス

時間と空間をめぐる2500年の謎

運動について不条理な逆説（パラドックス）を考案したギリシャの哲人ゼノン。空間と時間の謎をめぐり繰り広げられた数多くの科学者たちの奮闘と、それに伴う物理学の発展の歴史を説く驚きと発見に満ちた科学読み物。　四六判　280頁　2400円

フランク・クロース著　大塚一夫訳

なんにもない

無の物理学

世界からあらゆるものを取り去っていくと最後に何が残るのか？古代ギリシャから続く謎を解くべく、オックスフォード大学物理学教授がガリレオ、ニュートン、アインシュタイン、素粒子物理学を通して無の正体に迫る。　B6判　232頁　2500円

経済情勢により、価格が多少変更されることがありますのでご了承ください。
表示の価格に別途消費税がかかります。